工业机器人工作站系统组建

主　编　王富春　关来德

副主编　甘　霖　李东恒　曾庆文

参　编　邓其贵　梁　云　夏　雨

　　　　何冬康　李骏鹏

北京理工大学出版社

BEIJING INSTITUTE OF TECHNOLOGY PRESS

内 容 简 介

本书包含 9 章内容，面向汽车、机械等行业选取搬运、码垛、装配、视觉分拣、机床上下料、弧焊、点焊等工业机器人典型的应用为学习目标，以组建工业机器人典型工艺工作站作为教学项目，分别设置了初识工业机器人工作站、工业机器人搬运工作站系统组建、工业机器人码垛工作站系统组建、工业机器人装配工作站系统组建、工业机器人视觉分拣工作站系统组建、工业机器人机床上下料工作站系统组建、工业机器人弧焊工作站系统组建、工业机器人点焊工作站系统组建、工业机器人焊装线系统组建 9 个学习项目，学习者完成各个项目的学习后，能了解工业机器人工作站系统工作原理，掌握组建常见机器人工作站的方法和步骤，能够根据应用需求独立地设计并组建相应的控制系统。

本书内容选择合理、结构清楚、面向应用，适合作为高职高专院校工业机器人技术、电气自动化技术、机电一体化技术、机电设备技术、智能制造装备技术和工业过程自动化技术等专业的教材用书，也可作为工程人员的培训教材。

图书在版编目（CIP）数据

工业机器人工作站系统组建 / 王富春，关来德主编.
--北京：北京理工大学出版社，2021.9（2024.12重印）
ISBN 978-7-5763-0307-0

Ⅰ.①工…　Ⅱ.①王…②关…　Ⅲ.①工业机器人-工作站-系统集成技术　Ⅳ.①TP242.2

中国版本图书馆 CIP 数据核字（2021）第 184643 号

责任编辑：张鑫星　　**文案编辑**：张鑫星
责任校对：周瑞红　　**责任印制**：李志强

出版发行 / 北京理工大学出版社有限责任公司
社　　址 / 北京市丰台区四合庄路 6 号
邮　　编 / 100070
电　　话 /（010）68914026（教材售后服务热线）
（010）68944437（课件资源服务热线）
网　　址 / http://www.bitpress.com.cn

版 印 次 / 2024 年 12 月第 1 版第 3 次印刷
印　　刷 / 河北盛世彩捷印刷有限公司
开　　本 / 787 mm×1092 mm　1/16
印　　张 / 16.25
字　　数 / 385 千字
定　　价 / 49.90 元

前　言

随着当前经济社会对智能制造装备技术人才的需求不断增加，根据国家推进新型工业化、加快建设制造强国、网络强国、数字中国的强国战略，教材贯彻落实党的二十大精神，以立德树人为根本宗旨，强调创新精神、劳动精神、职业素养的培养，融入工业视觉、工业网络、数字孪生等新技术，充分体现制造业高端化、智能化、绿色化的最新发展，推动制造业智能装备技术高素质、高技能应用型人才的培养。

本书针对高职高专学生的特点，结合企业的需要，以“结果导向”理念构建教学项目，针对工业机器人主流品牌进行编写。本书基于企业以及高职高专院校中使用较多的 FANUC 工业机器人，选择工业机器人搬运、码垛、装配、视觉分拣、机床上下料、弧焊、点焊以及焊装线系统组建为应用案例，既能满足工业机器人技术相关专业的教学需要，又能使学生了解常用工业机器人工作站系统的组建方法。本书在编写时考虑到课程涉及的知识点多、内容广以及高职高专学生的知识现状和学习特点，教学项目由浅入深，由易到难，符合学生认知规律；在真实案例中融入“1+X”标准，凸显职业教育特色；以步骤详尽的工作手册方式编写教材，便于学生以及企业工程技术人员教学、培训与自学。

本书内容对接企业对工业机器人技术应用岗位能力需求，融入“1+X”证书能力标准，结构清楚，应用性强，适合作为高职高专工业机器人技术、电气自动化技术、机电一体化技术、机电设备技术、智能制造装备技术和工业过程自动化技术等专业的教学用书，也可作为工程人员的培训教材。本书配套的课程资源网站：https://mooc1.chaoxing.com/course/217474348.html.

本书由柳州职业技术学院的王富春和关来德主编，柳州职业技术学院的甘霖、李东恒和广西汽车集团有限公司的曾庆文副主编，柳州职业技术学院的邓其贵、梁云、夏雨、何冬康和李骏鹏参与了本书的编写；王富春完成了全书的统稿工作。第一章由梁云编写；第二章由王富春编写；第三章由王富春、邓其贵编写；第四章由甘霖编写；第五章由夏雨编写；第六章由甘霖、曾庆文编写；第七章由何冬康和李骏鹏编写；第八章由李东恒编写；第九章由关来德编写。本书在编写过程中参考了大量的书籍、文献及手册资料，在此向各相关作者表示诚挚谢意。由于编者水平有限，书中难免有不恰当之处，敬请读者批评指正。

目　录

学习笔记

项目一　初识工业机器人工作站

项目学习导航

<table>
<tr><td rowspan="1">学习目标</td><td>知识目标：
1. 了解工业机器人的定义、分类、组成、适用场合。
2. 了解工业机器人系统集成的概念及技术方案规划过程。
3. 了解工业机器人典型工作站的应用。
4. 了解工业机器人典型工作站的功能组成。
技能目标：
1. 了解不同类型工业机器人及应用场合。
2. 了解典型工业机器人工作站的组成及其工作原理。
3. 组建机器人弧焊工作站的组成系统。
素养目标：
1. 养成良好的职业道德、行为操守及团队合作精神。
2. 具有科学创新精神、决策能力、执行能力</td></tr>
<tr><td>知识重点</td><td>工业机器人工作站的应用</td></tr>
<tr><td>知识难点</td><td>工业机器人工作站系统集成规划设计</td></tr>
<tr><td>建议学时</td><td>4 学时</td></tr>
<tr><td>实训任务</td><td>任务　工业机器人工作站系统认识</td></tr>
</table>

项目导入

工业机器人在工业及其他领域的某些岗位，可取代人承担越来越多的工作，是实现工业智能化和自动化生产的关键设备，通过学习本节内容，了解工业机器人工作站的结构、组成及典型应用的相关知识。

学习笔记

任务　工业机器人工作站系统认识

【任务描述】

通过学习，了解典型工业机器人工作站的概念、定义、结构、组成及应用场合。

【学前准备】

(1) 准备 FANUC 工业机器人说明书。

(2) 查阅资料，了解工业机器人的工作原理、结构、组成。

【学习目标】

(1) 了解工业机器人的组成及特点。

(2) 熟悉工业机器人外围设备的种类及作用。

(3) 熟悉工业机器人工作站的控制原理及工作过程。

预备知识

1. 工业机器人工作站的定义

工业机器人工作站是把工业机器人本体、机器人控制器、控制软件和应用软件，配以相应的周边设备，用于完成如焊接、搬运、码垛、机床上下料、喷涂等某一特定工序作业的独立生产系统。

工业机器人工作站与工业机器人生产线的区别在于，工业机器人工作站用于简单的生产作业，一般由一台或两台机器人组成的生产系统；工业机器人生产线用于工序内容多的复杂作业，使用多台机器人组成的机器人生产系统。图 1-1 所示为机器人码垛工作站，图 1-2 所示为机器人汽车焊接生产线。

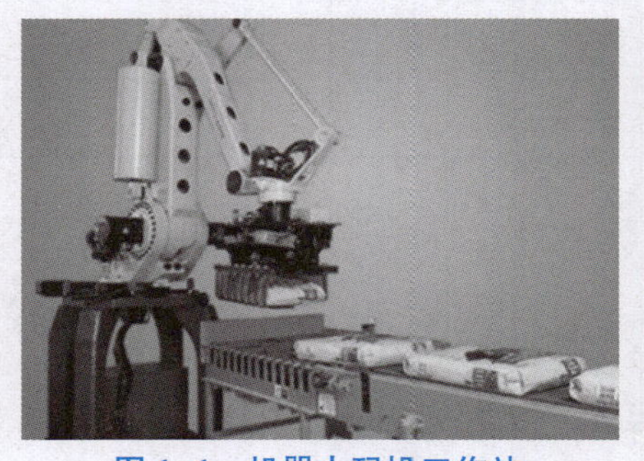

图 1-1　机器人码垛工作站

图 1-2　机器人汽车焊接生产线

2. 机器人的选型

组建一套机器人工作站，其核心部件之一是机器人，机器人的规格种类众多，我们如何选择一台合适的工业机器人？下面从机器人的 9 个专业参数方面进行选择机器人。

学习笔记

1）应用场合

人机混合的半自动线，特别是需要经常变换工位或移位移线的情况，以及配合新型力矩感应器的场合，协助型机器人是很好的选择，如图 1-3 所示。

紧凑型的取放料机器人应用，可以选用水平关节型机器人，如图 1-4 所示。

针对小型物件快速取放的场合，并联机器人最适合这样的需求。

喷涂、搬运、去毛刺、焊接、涂胶等用途，垂直多轴串联机器人更优，可以适应一个非常大范围的应用，如图 1-5 所示。

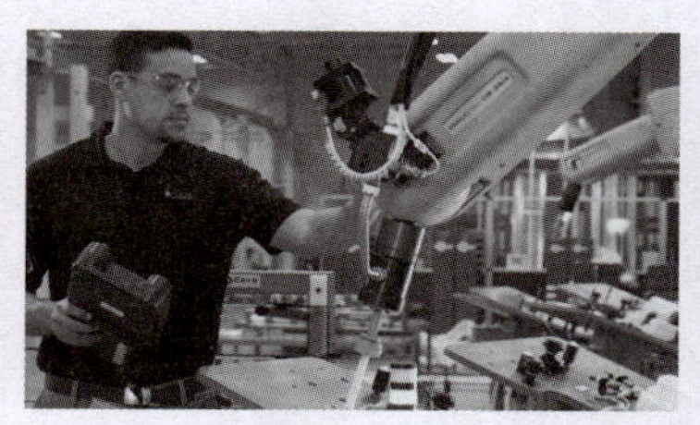

图 1-3　协助型机器人

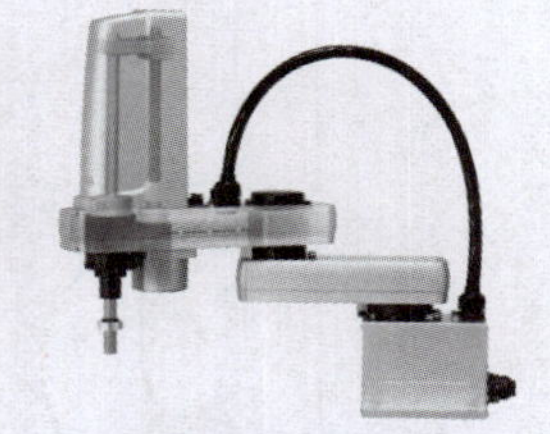

图 1-4　水平关节型机器人

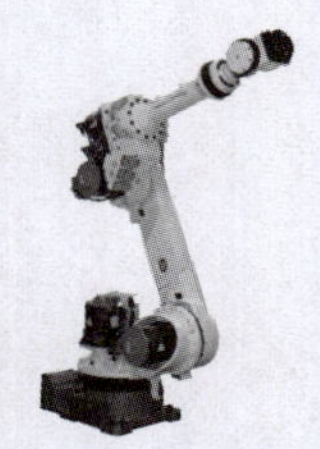

图 1-5　垂直多轴串联机器人

2）有效负载

有效负载是指机器人在其工作空间可以携带的最大负荷。

如机器人完成的工作是将目标工件从一个工位搬运到另一个工位，需要将工件的质量以及机器人手爪的质量加到其工作负荷。特别需要注意的是机器人的负载曲线，在空间范围的不同距离位置，实际负载能力会有差异。

3）自由度（轴数）

机器人配置的轴数直接关联其自由度。如果是针对一个简单的直来直去的场合，比如从一条皮带取放到另一条，简单的 4 轴机器人就足以应对。但是，如果应用场合在一个狭小的工作空间，且机器人手臂需要很多的扭曲和转动，6 轴或 7 轴机器人将是最好的选择。6 轴串联机器人自由度示意图如图 1-6 所示。

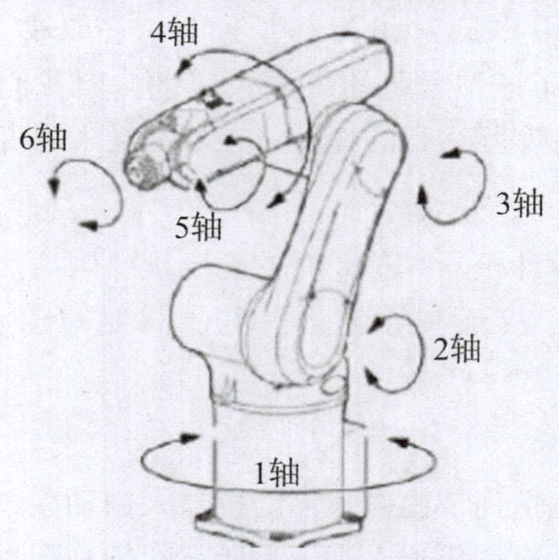

图 1-6　6 轴串联机器人自由度示意图

轴数一般取决于应用场合。应当注意，在成本允许的前提下，轴数越多，灵活性越高，方便后续重复利用改造机器人到另一个应用场合，能适应更多的工作任务。

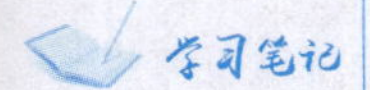

4）最大动作范围

当评估目标应用场合的时候，应该了解机器人需要到达的最大距离。选择一个机器人不是仅仅凭它的有效载荷，也需要综合考量它到达的确切距离。每个公司都会给出相应机器人的动作范围图，由此可以判断，该机器人是否适合于特定的应用。机器人的动作范围示意图（注意机器人在近身及后方的一片非工作区域）如图 1-7 所示。

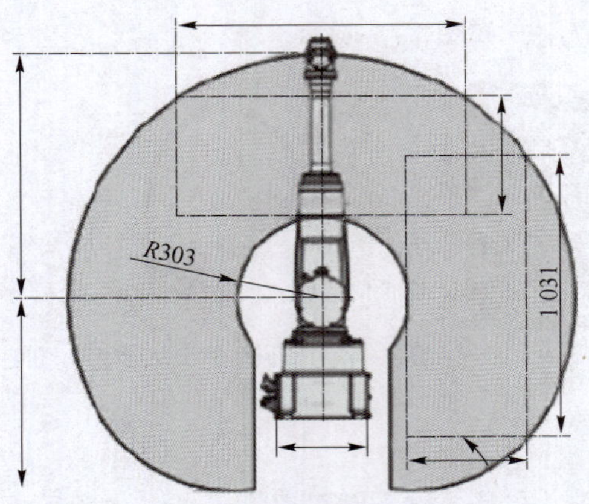

图 1-7　机器人的动作范围示意图

5）重复精度

重复精度可以描述为机器人完成例行的工作任务每一次到达同一位置的能力，一般在±0. 05 ~ ±0. 02 mm，甚至更精密。例如，如果需要机器人组装一个电子线路板，可能需要一个超级精密重复精度的机器人。如果应用工序比较粗糙，比如打包、码垛等，工业机器人就不需要那么精密。

6）速度

这个参数与每一个用户息息相关。事实上，它取决于在该作业需要完成的 Cycle Time。规格表列出了该型号机器人最大速度，但我们应该知道，考量从一个点到另一个点的加减速，实际运行的速度将在 0 和最大速度之间。

7）本体质量

机器人本体质量是设计机器人单元时的一个重要因素。如果工业机器人必须安装在一个定制的操作台，甚至在导轨上，可能需要知道它的质量来设计相应的支撑。

8）制动和转动惯量

基本上每个机器人制造商都提供他们的机器人制动系统的信息。有些机器人对所有的轴配备制动系统，有些机器人则不是所有的轴都配置制动系统。要在工作区中确保精确和可重复的位置，需要有足够数量的制动系统。另外一种特别情况，意外断电发生的时候，不带制动系统的负重机器人轴不会锁死，有造成意外的风险。

9）防护等级

根据机器人的使用场合，选择达到一定的防护等级（IP 等级）的标准。一些制造商提供相同的机械手针对不同的场合不同的 IP 防护等级的产品系列。如果机器人在与生产食品相关的产品，医药、医疗器具，或易燃易爆的环境中工作时，IP 等级会有所不同。一般，标准：IP40，油雾：IP67，清洁 ISO 等级：3。

学习笔记

3. 工业机器人典型工作站

随着现代制造业和服务业的转型升级，工业机器人在焊接、搬运、包装、装配、金属切割、打磨、喷涂、涂装等领域得到了越来越多的应用。

1）机器人焊接工作站

定义：用工业机器人替代人工焊接。把焊枪固定在机器人手臂上，然后通过程序控制电焊机启动、焊接、停止，同时控制机器人手臂旋转、摆动等实现连续轨迹控制和点位控制，实现全自动焊接。

主要用途：机器人焊接工作站广泛用于汽车及其零部件制造、摩托车、五金家电、工程机械、航空航天、化工等行业的自动化焊接工程，如图 1-8 和图 1-9 所示。

图 1-8　机器人焊接工作站（弧焊）

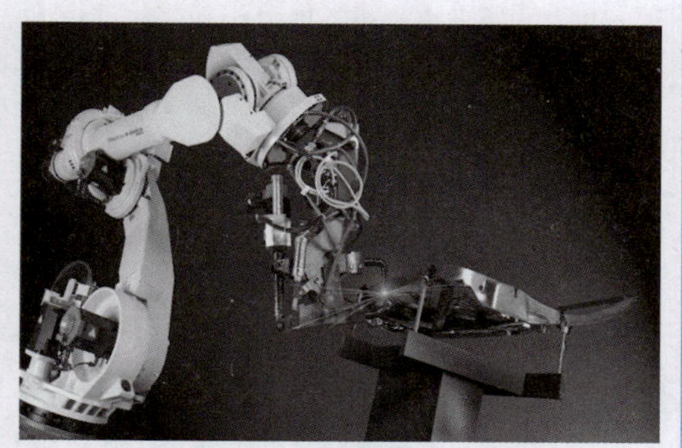

图 1-9　机器人焊接工作站（点焊）

工作站构成部分：机器人焊接工作站一般由以下几部分构成。

（1）焊接机器人：机器人本体、机器人控制系统、示教器；

（2）焊接系统：焊接电源、焊枪、焊枪、送丝机构；

（3）外部轴单元或焊接工作台：伺服行走滑台、伺服变位机、固定工作台、气动变位机、旋转台；

（4）夹具单元：全自动电控夹具、手动阀气动夹具、手动夹具；

（5）安装结构单元：机器人底座、整体方便移动式大底板；

（6）电气控制单元：PLC 电气控制系统、传感器、操作控制台、启动按钮盒；

（7）安全防护单元：安全围栏、安全锁、安全光栅；

（8）清枪单元：自动清枪站。

2）机器人搬运工作站

定义：机器人搬运工作站是可以进行自动化搬运作业的机器人工作站，如图 1-10所示。

用途：机器人搬运工作站广泛用于汽车生产、机床上下料、冲压机自动生产线、自动装配流水线、码垛包装箱等自动化搬运作业场合。

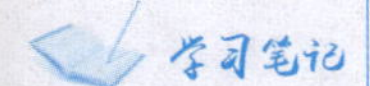

工作站构成部分：机器人搬运工作站一般由以下几部分构成。

(1) 搬运机器人：机器人本体、机器人控制系统、示教器、机器人行走导轨；

(2) 搬运执行单元：手爪、托盘、真空吸盘；

(3) 安装结构单元：机器人底座；

(4) 电气控制单元：PLC 电气控制系统、传感器、操作控制台、启动按钮盒；

(5) 安全防护单元：安全围栏、安全锁、安全光栅。

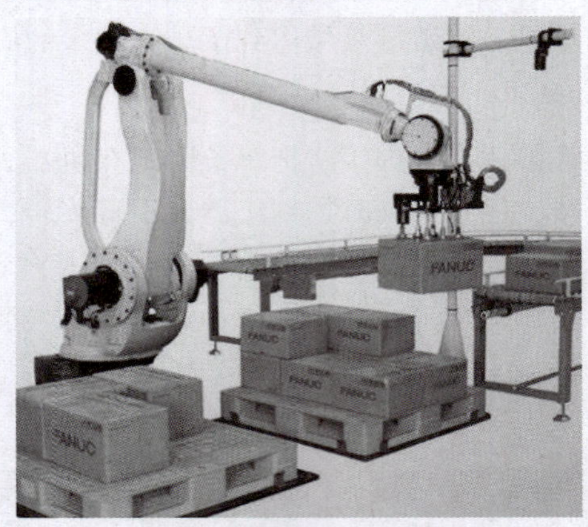

图 1-10 机器人搬运工作站

3）机器人喷涂工作站

定义：机器人喷涂工作站是可进行自动喷漆或喷涂其他涂料的机器人工作站，如图 1-11 所示。机器人喷涂工作站按喷涂工艺来分，一般分为有气喷涂和无气喷涂两种方式。

图 1-11 机器人喷涂工作站

用途：机器人喷涂工作站广泛用于汽车、仪表、电器、搪瓷、五金、家具等工艺生产。

工作站构成部分：机器人喷涂工作站一般由以下几部分构成。

(1) 喷涂机器人：机器人本体、机器人控制系统、示教器、机器人行走导轨；

(2) 喷涂单元：油漆喷涂系统、喷枪、气动控制柜、换色阀、齿轮泵、电动机、空气供给管路、空气压力调节系统；

（3）安装结构单元：机器人底座；

（4）电气控制单元：PLC 电气控制系统、传感器、操作控制台、启动按钮盒；

（5）安全防护单元：喷房高压防护系统、安全围栏、安全锁、安全光栅。

任务实施

根据表 1-1 机器人工作站图片及相关信息，查阅资料，叙述相应工作站的结构组成、工作原理。

表 1-1　机器人工作站图片及相关信息

序号	机器人工作站图片	机器人工作站名称	机器人工作站用途
1		机器人搬运工作站	用于数控、机床上下料
2		机器人弧焊工作站	带变位机的弧焊机器人工作站，用于管架焊接
3		机器人喷涂工作站	用于汽车保险杠的喷涂
4		机器人打磨工作站	配合砂带机，用于金属部件的抛光打磨
5		机器人涂胶工作站	用于汽车风窗玻璃涂胶
6		机器人点焊工作站	用于金属部件的点焊加工
7		机器人纸箱搬运工作站	配合货物传送线，用于纸箱包装的货物搬运

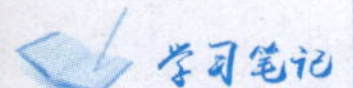

续表

序号	机器人工作站图片	机器人工作站名称	机器人工作站用途
8		机器人视觉检测工作站	配合流水线，用于流水线上货物的检测
9		机器人钻孔工作站	机器人末端关节搭载钻孔机，用于金属部件的钻孔加工

任务评价

任务评价如表1-2所示。

表1-2　任务评价

序号	考核要点	项目（配分：100分）	教师评分
1	职业素养	团队合作能力（5分）	
		信息搜索、查询能力（5分）	
2	机器人搬运工作站	工作站的结构组成、工作原理叙述完整、清晰（10分）	
3	机器人弧焊工作站	工作站的结构组成、工作原理叙述完整、清晰（10分）	
4	机器人喷涂工作站	工作站的结构组成、工作原理叙述完整、清晰（10分）	
5	机器人打磨工作站	工作站的结构组成、工作原理叙述完整、清晰（10分）	
6	机器人涂胶工作站	工作站的结构组成、工作原理叙述完整、清晰（10分）	
7	机器人点焊工作站	工作站的结构组成、工作原理叙述完整、清晰（10分）	
8	机器人纸箱搬运工作站	工作站的结构组成、工作原理叙述完整、清晰（10分）	
9	机器人视觉检测工作站	工作站的结构组成、工作原理叙述完整、清晰（10分）	
10	机器人钻孔工作站	工作站的结构组成、工作原理叙述完整、清晰（10分）	
得分			

问题探究

（1）机器人工作站与机器人生产线的区别是什么？

（2）机器人搬运工作站与机器人码垛工作站各有什么特点？

学习笔记

项目二　工业机器人搬运工作站系统组建

项目学习导航

学习目标	**知识目标：** 1. 学会 FANUC 工业机器人的信号类型及 I/O 模块。 2. 学会 FANUC 工业机器人的编程指令。 3. 学会 FANUC 工业机器人的自动运行设置。 **技能目标：** 1. 能针对 FANUC 工业机器人进行 I/O 信号配置。 2. 能基于 FANUC 工业机器人进行 RSR 自动运行设置，实现程序自动运行。 3. 能为工业机器人搬运工作站组建一套控制系统并调试。 **素养目标：** 养成严谨认真的工作精神
知识重点	1. 工业机器人 I/O 信号配置。 2. 工业机器人自动运行设置
知识难点	1. 工业机器人 I/O 信号配置。 2. PLC 与工业机器人的信号传输与控制
建议学时	14 学时
实训任务	任务 2.1　FANUC 工业机器人的 I/O 配置 任务 2.2　工业机器人搬运程序编写 任务 2.3　搬运工作站 RSR 自动运行设置 任务 2.4　搬运工作站控制系统连接与调试

项目导入

使用 I/O 连接方式实现工业机器人与 PLC 的通信是机器人工作站控制系统最典型的一种系统组建方式，本项目通过完成工业机器人 I/O 配置、工业机器人示教编程、工业机器人自动运行设置、PLC 与工业机器人的连接与调试等工作任务，学会以 I/O 连接方式组建一套工业机器人工作站控制系统。

学习笔记

任务 2.1 FANUC 工业机器人的 I/O 配置

【任务描述】

针对型号为 LR Mate 200id 的 FANUC 工业机器人，将 UI（外围设备系统输入信号）、UO（外围设备系统输出信号）、DI（数字量输入信号）、DO（数字量输出信号）配置到 CRMA15/16 通信板上，完成工业机器人 CRMA15/16 通信板的 I/O 简易配置。

【学前准备】

（1）准备 FANUC 工业机器人说明书。

（2）了解工业机器人安全操作事项。

【学习目标】

（1）可复述 FANUC 工业机器人的 I/O 分类。

（2）能辨识 I/O 模块类型。

（3）学会 CRMA15/16 模块的配置。

1. I/O 信号

I/O（输入/输出信号）是工业机器人与末端执行器、外部装置等系统的外围设备进行通信的电信号，分为通用 I/O 信号和专用 I/O 信号。

（1）通用 I/O 信号是由用户自定义而使用的 I/O，其分类如表 2-1 所示。

表 2-1 通用 I/O 信号分类

通用 I/O 信号			
名称	表示形式	数量	说明
数字输入/输出	DI[i]/DO[i]	512/512	可以将物理编号分配给逻辑编号（进行再定义）
群组输入/输出	GI[i]/GO[i]	0~32767	可以将物理编号分配给逻辑编号（进行再定义）
模拟输入/输出	AI[i]/AO[i]	0~16383	可以将物理编号分配给逻辑编号（进行再定义）

（2）专用 I/O 信号是用途已经确定的 I/O，其分类如表 2-2 所示。

表 2-2 专用 I/O 信号分类

专用 I/O 信号			
名称	表示形式	数量	说明
外围设备（UOP）系统输入/输出	UI[i]/UO[i]	18/20	可以将物理编号分配给逻辑编号（进行再定义）

续表

专用I/O信号			
名称	表示形式	数量	说明
操作面板（SOP）输入/输出	SI[i]/SO[i]	15/15	其物理号码被固定为逻辑号码，因而不能进行再定义
机器人输入/输出	RI[i]/RO[i]	8/8	其物理号码被固定为逻辑号码，因而不能进行再定义

（3）外围设备（UOP）系统输入/输出。

①UI 即面向外围设备的系统输入信号，一共有 18 个系统输入信号，分别为：

UI[1]“*IMSTP”：急停信号；

UI[2]“*Hold”：运动保持信号；

UI[3]“*SFSPD”：安全输入信号；

UI[4]“*Cycle Stop”：周期停止信号；

UI[5]“Fault reset”：错误清除信号；

UI[6]“Start”：启动信号；

UI[7]“Home”：回原点；

UI[8]“Enable”：使能信号；

UI[9]~UI[16]“RSR1~8/PNS1~8/STYLE1~8”：程序选择信号；

UI[17]“PNS strobe”：PN 滤波信号；

UI[18]“Prod start”：自动操作信号（信号下降沿有效）。

②UO 即面向外围设备的系统输出信号，一共有 20 个系统输出信号，分别为：

UO[1]“Cmd enabled”：命令使能信号输出；

UO[2]“System ready”：系统准备就绪信号输出；

UO[3]“Prg running”：程序执行状态输出；

UO[4]“Prg paused”：程序暂停状态输出；

UO[5]“MotI/On held”：暂停输出；

UO[6]“Fault”：报警输出；

UO[7]“At perch”：机器人就位输出；

UO[8]“TP enabled”：示教盒使能输出；

UO[9]“Batt alarm”：电池异常报警信号输出；

UO[10]“Busy”：处理器忙输出；

UO[11~18]“ACK1/ACK8”：证实信号，当 RSR 输入信号被接收时，输出一个相应的脉冲信号；

UO[11~18] SNO1~SNO8：该信号组以 8 位二进制码表示相应的当前选中的 PNS 程序号；

UO[19]“SNACK”：信号数确认输出；

UO[20]“Reserved”：预留信号。

2. CRMA15/16 I/O 模块

FANUC 工业机器人 I/O 模块的硬件种类有 I/O 印制电路板、I/O 单元 MODEL

学习笔记

学习笔记

A/B、CRMA15/16。CRMA15/16 为 FANUC 工业机器人的一种典型 I/O 模块，各有 50 个端口，包含的端口类型有数字量输入（IN1～28）、数字量输出（OUT1～24）、24 V、0 V、输入公共端、输出公共端以及未定义的厂家保留端口，其相应的端口物理地址如表 2-3 和表 2-4 所示。

表 2-3　CRMA15 板端口物理地址

插孔编号	物理地址	插孔编号	物理地址	插孔编号	物理地址
01	IN1	18	0 V	35	OUT3
02	IN2	19	输入公共端 1	36	OUT4
03	IN3	20	输入公共端 2	37	OUT5
04	IN4	21	厂家保留	38	OUT6
05	IN5	22	IN17	39	OUT7
06	IN6	23	IN18	40	OUT8
07	IN7	24	IN19	41	厂家保留
08	IN8	25	IN20	42	厂家保留
09	IN9	26	厂家保留	43	厂家保留
10	IN10	27	厂家保留	44	厂家保留
11	IN11	28	厂家保留	45	厂家保留
12	IN12	29	0 V	46	厂家保留
13	IN13	30	0 V	47	厂家保留
14	IN14	31	输出公共端 1	48	厂家保留
15	IN15	32	输出公共端 1	49	24 V
16	IN16	33	OUT1	50	24 V
17	0 V	34	OUT2		

表 2-4　CRMA16 板端口物理地址

插孔编号	物理地址	插孔编号	物理地址	插孔编号	物理地址
01	IN21	18	0V	35	OUT23
02	IN22	19	输入公共端 3	36	OUT24
03	IN23	20	厂家保留	37	厂家保留
04	IN24	21	OUT20	38	厂家保留
05	IN25	22	厂家保留	39	厂家保留
06	IN26	23	厂家保留	40	厂家保留
07	IN27	24	厂家保留	41	OUT9
08	IN28	25	厂家保留	42	OUT10
09	厂家保留	26	OUT17	43	OUT11
10	厂家保留	27	OUT18	44	OUT12
11	厂家保留	28	OUT19	45	OUT13
12	厂家保留	29	0 V	46	OUT14
13	厂家保留	30	0 V	47	OUT15
14	厂家保留	31	输出公共端 2	48	OUT16
15	厂家保留	32	输出公共端 2	49	24 V
16	厂家保留	33	OUT21	50	24 V
17	0 V	34	OUT22		

学习笔记

CRMA15、CRMA16 两块 I/O 通信板加起来的输入端口有 28 个，即 IN1～28，该 28 个端口只能用于配置 DI、UI、GI 信号。输出端口有 24 个，即 OUT1～24，该 24 个端口只能用于配置 DO、UO、GO 信号。

3. 信号配置

将 FANUC 工业机器人的通用 I/O 信号和专用 I/O 信号地址定义到 I/O 通信板上的对应端口，该过程称之为信号配置，FANUC 工业机器人允许用户根据实际需求进行完整配置或者简易配置。

1）完整配置

完整配置即把 18 个 UI 信号和 20 个 UO 信号都全部配置到 CRMA15/16 板中的端口，剩下的端口用于 DI/DO、GI/GO、AI/AO 信号的配置，这种配置方式称为完整配置。

2）简易配置

简易配置是只选取当前所组建的工作站需要用到的部分 UI 和 UO 信号进行分配定义，其余的端口相应的分配成 DI/DO、GI/GO、AI/AO 信号。

任务实施

根据机器人搬运工作站控制系统需求，采用简易配置方式对 CRMA15/16 I/O 模块端口进行配置，完成 UI、UO、DI、DO 信号的配置并验证。

步骤 1：规划信号地址。

定义 CRMA15/16 I/O 模块端口的信号地址，包括 8 个 UI 信号、4 个 UO 信号、20 个 DI 信号、20 个 DO 信号，如表 2-5 和表 2-6 所示。

表 2-5　CRMA15 板端口定义

插孔编号	信号名称	插孔编号	信号名称	插孔编号	信号名称
01	DI101	18	0 V	35	DO103
02	DI102	19	SDICOM1	36	DO104
03	DI103	20	SDICOM2	37	DO105
04	DI104	21		38	DO106
05	DI105	22	DI117	39	DO107
06	DI106	23	DI118	40	DO108
07	DI107	24	DI119	41	
08	DI108	25	DI120	42	
09	DI109	26		43	
10	DI110	27		44	
11	DI111	28		45	
12	DI112	29	0V	46	
13	DI113	30	0V	47	
14	DI114	31	DOSRC1	48	
15	DI115	32	DOSRC1	49	24 V
16	DI116	33	DO101	50	24 V
17	0 V	34	DO102		

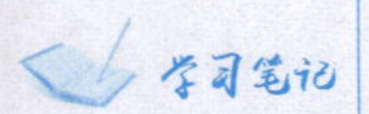

表 2-6　CRMA16 板端口定义

插孔编号	信号名称	插孔编号	信号名称	插孔编号	信号名称
01	Cycle Stop	18	0 V	35	Batt Alarm
02	FaultReset	19	SDICOM3	36	Busy
03	Start	20		37	
04	Enable	21	DO120	38	
05	RSR1	22		39	
06	RSR2	23		40	
07	RSR3	24		41	DO109
08	RSR4	25		42	DO110
09		26	DO117	43	DO111
10		27	DO118	44	DO112
11		28	DO119	45	DO113
12		29	0 V	46	DO114
13		30	0 V	47	DO115
14		31	DOSRC2	48	DO116
15		32	DOSRC2	49	24 V
16		33	Cmd Enabled	50	24 V
17	0 V	34	Fault		

步骤 2：配置 UI 系统输入信号，如表 2-7 所示。

配置 UI 系统输入信号

表 2-7　配置 UI 系统输入信号

操作步骤	操作说明	示意图
1	在示教器上依次单击按键："菜单"→"I/O"→"UOP"进入"I/O UOP 输入"界面	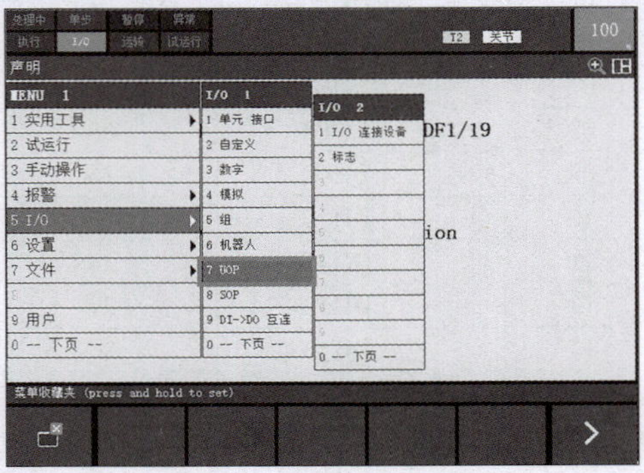

续表

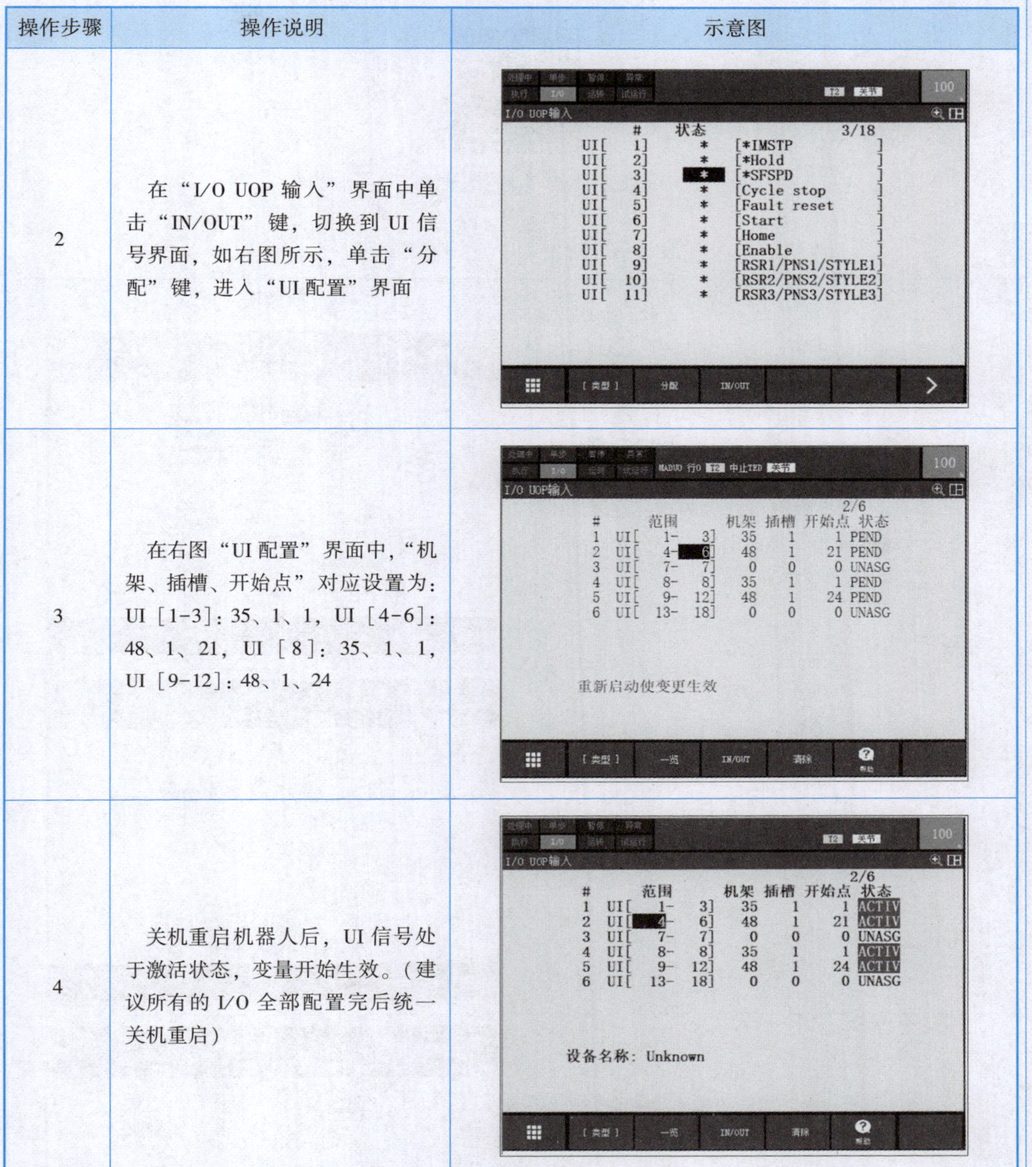

操作步骤	操作说明	示意图
2	在“I/O UOP 输入”界面中单击“IN/OUT”键，切换到 UI 信号界面，如右图所示，单击“分配”键，进入“UI 配置”界面	
3	在右图“UI 配置”界面中，“机架、插槽、开始点”对应设置为：UI［1-3］：35、1、1，UI［4-6］：48、1、21，UI［8］：35、1、1，UI［9-12］：48、1、24	
4	关机重启机器人后，UI 信号处于激活状态，变量开始生效。（建议所有的 I/O 全部配置完后统一关机重启）	

小贴士

（1）机架（RACK）：构成 I/O 模块的硬件种类，0 表示处理 I/O 印制电路板，1~16 表示 I/O 单元 MODEL A/B，48 表示 CRMA15/16。

（2）插槽：指构成机架的 I/O 模块部件的编号。使用处理 I/O 印刷电路板的情况下，按所连接的印刷电路板顺序分别为插槽 1、2、3…；使用 I/O 单元 MODEL A/B 的情况下，则为用来识别所连接模块的编号。

（3）开始点：开始点指代的是表 2-3、表 2-4 中的物理地址数值。

（4）当“机架、插槽、开始点”对应输入的参数值为“35、1、1”时，即表示将该行 I/O 信号设置为 Always On（常 1）。

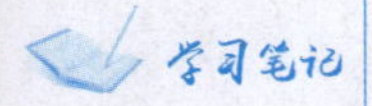

步骤3：配置 UO 系统输出信号，如表 2-8 所示。

配置 UO 系统输出信号

表 2-8　配置 UO 系统输出信息

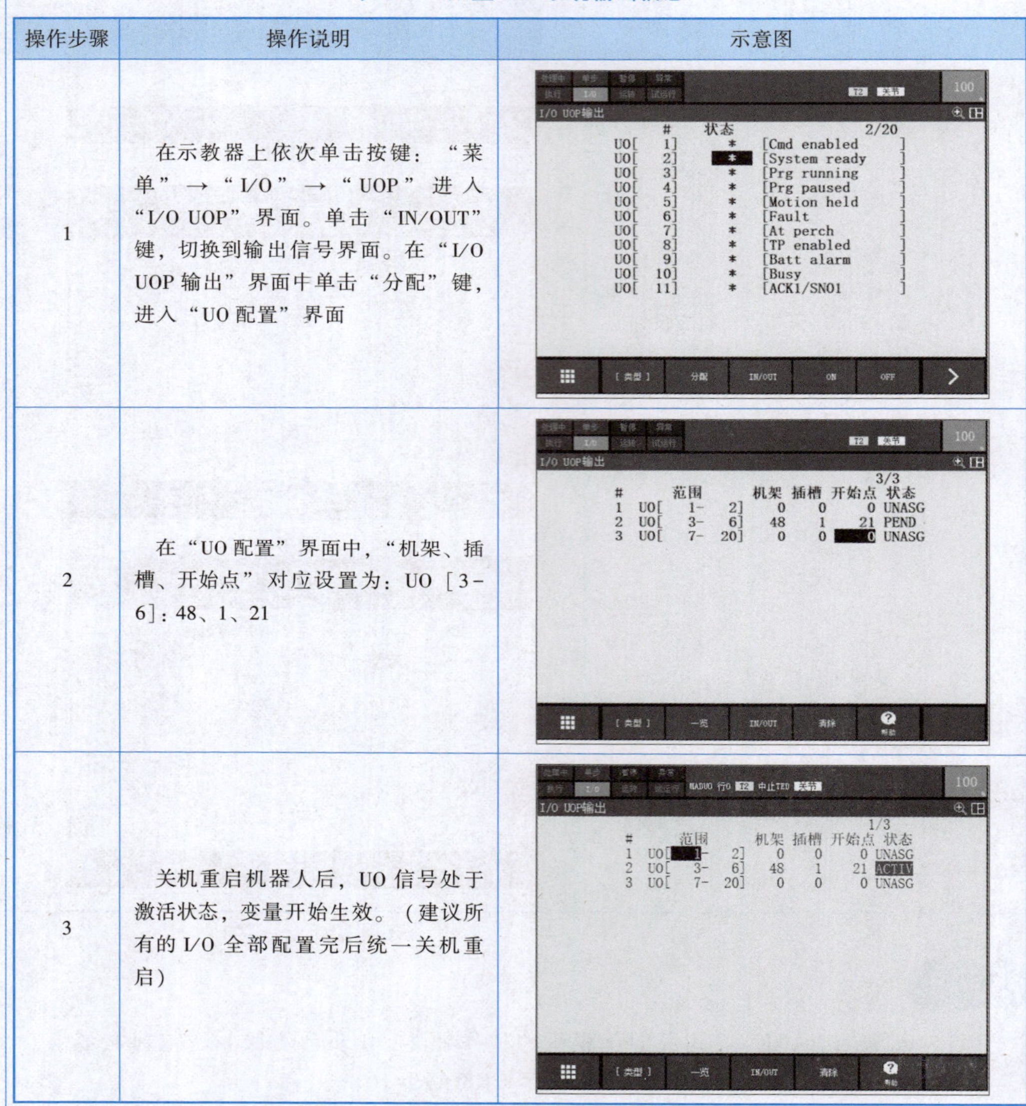

操作步骤	操作说明	示意图
1	在示教器上依次单击按键：“菜单”→“I/O”→“UOP”进入“I/O UOP”界面。单击“IN/OUT”键，切换到输出信号界面。在“I/O UOP 输出”界面中单击“分配”键，进入“UO 配置”界面	
2	在“UO 配置”界面中，“机架、插槽、开始点”对应设置为：UO［3-6］：48、1、21	
3	关机重启机器人后，UO 信号处于激活状态，变量开始生效。（建议所有的 I/O 全部配置完后统一关机重启）	

步骤4：配置 DI 输入信号，如表 2-9 所示。

配置 DI 输入信号

学习笔记

表 2-9　配置 DI 输入信号

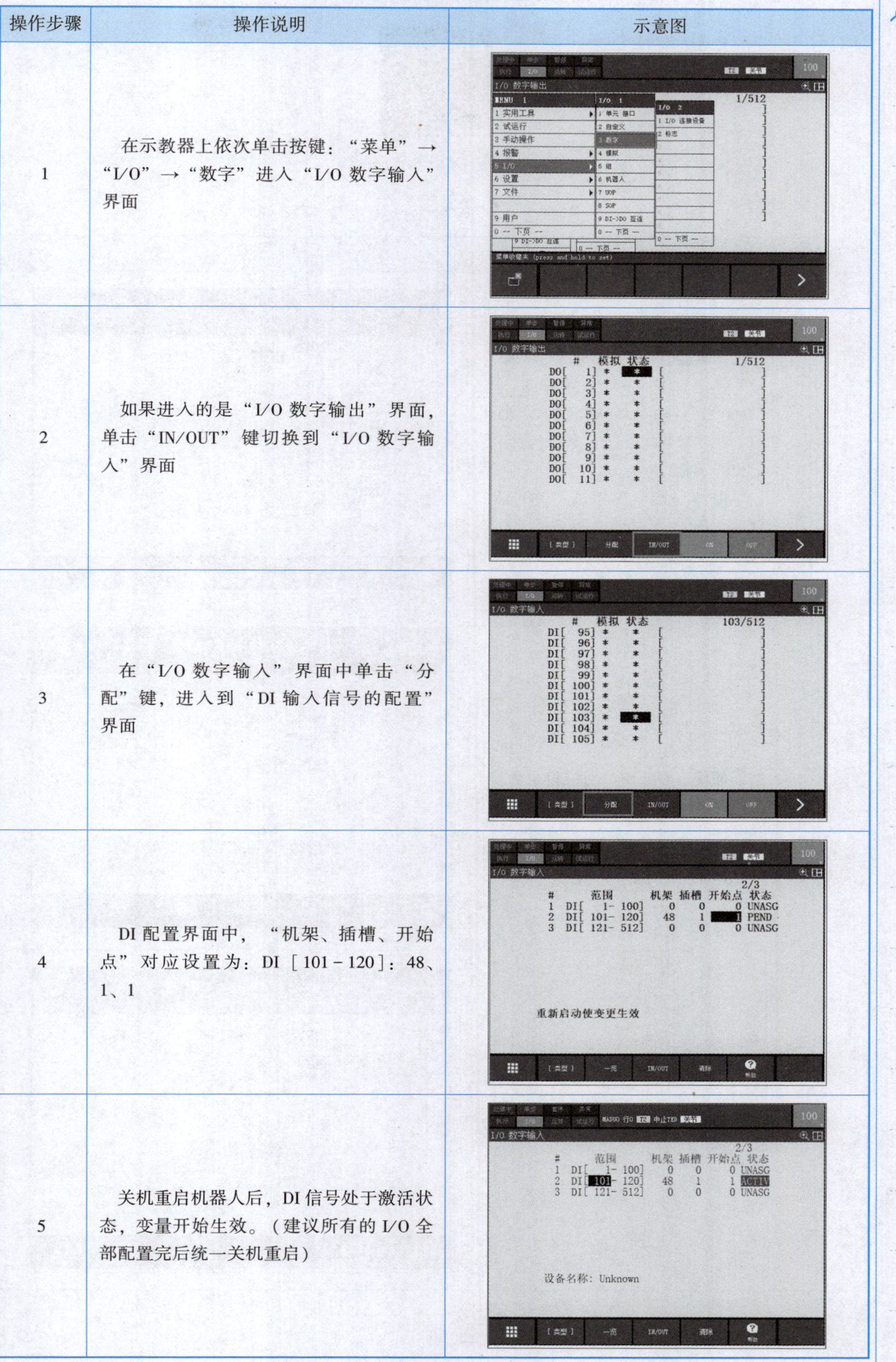

操作步骤	操作说明	示意图
1	在示教器上依次单击按键："菜单"→"I/O"→"数字"进入"I/O 数字输入"界面	
2	如果进入的是"I/O 数字输出"界面，单击"IN/OUT"键切换到"I/O 数字输入"界面	
3	在"I/O 数字输入"界面中单击"分配"键，进入到"DI 输入信号的配置"界面	
4	DI 配置界面中，"机架、插槽、开始点"对应设置为：DI［101－120］：48、1、1	
5	关机重启机器人后，DI 信号处于激活状态，变量开始生效。（建议所有的 I/O 全部配置完后统一关机重启）	

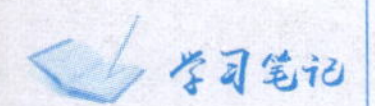

步骤 5：配置 DO 输出信号，如表 2-10 所示。

配置 DO 输出信号

表 2-10　配置 DO 输出信号

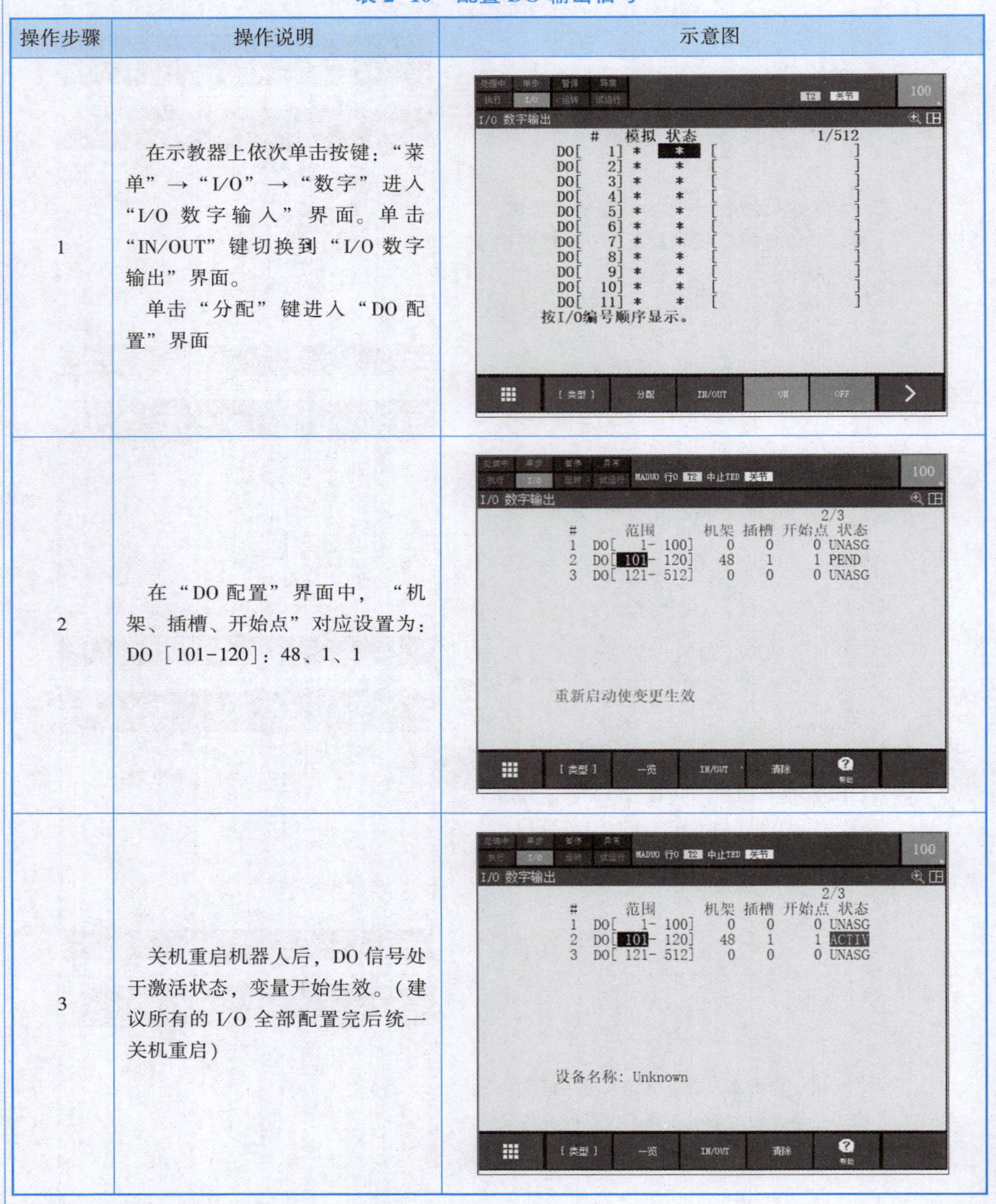

操作步骤	操作说明	示意图
1	在示教器上依次单击按键：“菜单”→“I/O”→“数字”进入“I/O 数字输入”界面。单击“IN/OUT”键切换到“I/O 数字输出”界面。 单击“分配”键进入“DO 配置”界面	
2	在“DO 配置”界面中，“机架、插槽、开始点”对应设置为：DO［101-120］：48、1、1	
3	关机重启机器人后，DO 信号处于激活状态，变量开始生效。（建议所有的 I/O 全部配置完后统一关机重启）	

步骤 6：验证 I/O 配置，如表 2-11 所示。

表 2-11 验证 I/O 配置

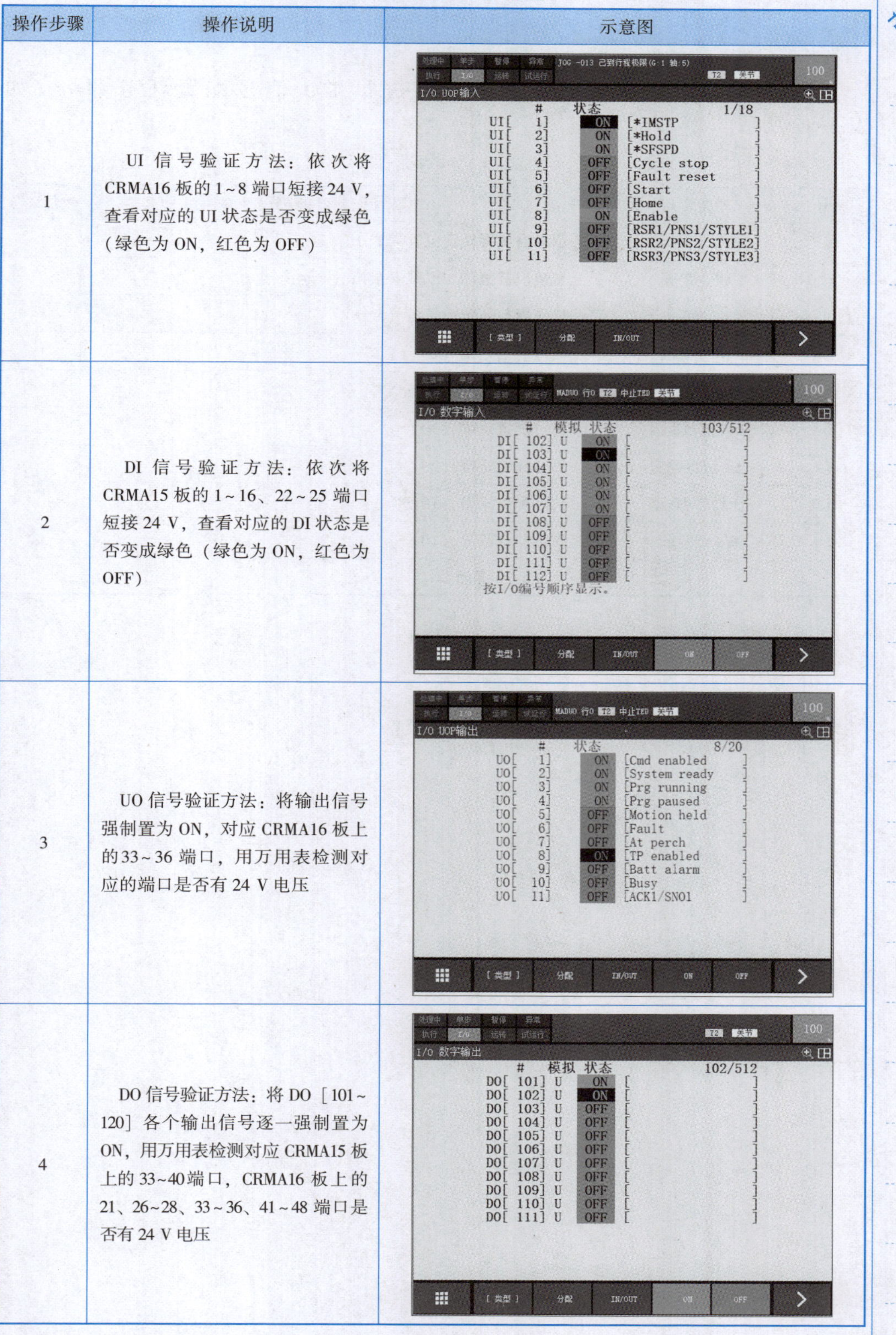

操作步骤	操作说明	示意图
1	UI 信号验证方法：依次将 CRMA16 板的 1~8 端口短接 24 V，查看对应的 UI 状态是否变成绿色（绿色为 ON，红色为 OFF）	
2	DI 信号验证方法：依次将 CRMA15 板的 1~16、22~25 端口短接 24 V，查看对应的 DI 状态是否变成绿色（绿色为 ON，红色为 OFF）	
3	UO 信号验证方法：将输出信号强制置为 ON，对应 CRMA16 板上的 33~36 端口，用万用表检测对应的端口是否有 24 V 电压	
4	DO 信号验证方法：将 DO［101~120］各个输出信号逐一强制置为 ON，用万用表检测对应 CRMA15 板上的 33~40 端口，CRMA16 板上的 21、26~28、33~36、41~48 端口是否有 24 V 电压	

学习笔记

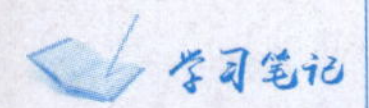

任务评价

CRMA15、CRMA16 板的 100 个端口进行 I/O 信号配置任务评分，如表 2-12 所示。

表 2-12 任务评价

序号	考核要点	项目（配分：100 分）	教师评分
1	职业素养	示教器放置规定位置（2 分）	
		着装规范整洁，佩戴安全帽（3 分）	
		操作规范，爱护设备（5 分）	
2	信号规划	信号规划正确（20 分）	
3	UI 信号配置	信号配置正确（20 分）	
4	UO 信号配置	信号配置正确（10 分）	
5	DI 信号配置	信号配置正确（20 分）	
6	DO 信号配置	信号配置正确（10 分）	
	信号验证	正确验证信号（10 分）	
得分			

任务 2.2　工业机器人搬运程序编写

学习笔记

【任务描述】

编写工业机器人运动程序，要求工业机器人从 HOME 点出发，使用吸盘将工件从甲地搬运至乙地，机器人最终回到 HOME 点。

【学前准备】

(1) 准备 FANUC 工业机器人说明书。

(2) 了解工业机器人安全操作事项。

【学习目标】

(1) 学会 RSR 自动运行命名规则。

(2) 学会 FANUC 工业机器人的运动指令和非运动指令。

1. RSR 自动运行程序命名

FANUC 机器人通过外部信号实现程序自动运行的方式主要有三种：RSR、PNS、STYLE。其中 RSR 启动是通过机器人服务请求信号 RSR1～RSR8 选择和开始程序，而通过该方法选择程序首先需要按照 RSR 程序命名方法对程序进行命名。其命名规则为：RSR 自动运行程序的程序名通常由字母和数字组成，共七位，前三位为字母，后四位为数字，该四位数字又由基数和记录号相加而得。

如：程序名 RSR0112 的程序的基数就是 100，RSR 记录号为 12。程序名 RSR0112＝RSR+基数+RSR 记录号；

程序 RSR1199，那么它的基数为 1000，RSR 记录号为 119；

程序 RSR2135，基数为 2000，RSR 记录号为 135。

2. 机器人运动类型

指令格式：　n:　J　@P[i]　j%　FINE　ACC100

n：程序行号，由数字组成。

J：运动类型，FANUC 工业机器人运动指令主要有 L、J、C 三种运动类型，分别代表关节、直线、圆弧运动。

(1) J（关节动作）：不进行轨迹控制/姿势控制。

(2) L（直线动作，含回转动作）：进行轨迹控制/姿势控制。

(3) C（圆弧动作）：进行轨迹控制/姿势控制。

@：位置指示符。

P[i]：位置数据类型。

P[ ]：一般位置。

PR[ ]：位置寄存器。

i：位置号。

j%：速度单位，对应不同的运动类型速度单位不同。

①J:%，sec，msec。

②L、C：mm/sec，cm/min，inch/min，deg/sec，sec，msec。

学习笔记

FINE：终止类型，有以下两种方式。

① FINE：准确到达位置。

② CNT+R（转弯半径）：根据转弯半径绕过目标位置，可以使机器人的运动看上去更连贯。

ACC100：附加运动语句，常见的方式有：Wjnt、ACC、Offest、Skip……

3. 机器人非运动类型

（1）DI 用来接收输入信号，常见的用法有：

①R[1] =DI[1]

DI[1]的值赋给寄存器 R[1]。

②IF DI[1]=ON，CALL TEST

如果满足 DI[1]等于 ON 的条件，则调用程序 TEST。

（2）DO 用来改变信号输出状态，常见的用法有：

① DO[i]= （Value）

Value=ON 发出信号。

Value=OFF 关闭信号。

②DO[i]=Pulse ，（Width）

Width：脉冲宽度，脉冲允许的时间范围为 0.1~25.5 s。

小贴士

机器人信号（RI/RO）指令、模拟信号（AI/AO）指令、群组信号（GI/GO）指令的用法和数字信号指令类似。

（3）等待指令 WAIT。

等待指令 WAIT 后可以是时间、变量、信号以及各种比较式，常见的用法有：

① WAIT 0.5：等待 0.5 s 后执行下一个语句。

② WAIT R[1]：等待 R[1]状态为 ON 后执行下一个语句。

③ WAIT DI[1]：等待 DI[1]状态为 ON 后执行下一个语句。

④ WAIT R[1]>=R[2]：等待 R[1]>=R[2]状态为真后执行下一个语句。

⑤ WAIT R[1]>=R[2] or DI[1] ：等待 R[1]>=R[2]状态为真或 DI[1]状态为 ON 后执行下一个语句. 可以通过逻辑运算符“or”和“and”将多个条件组合在一起，但是“or”和“and”不能在同一行使用。

小贴士

当程序在运行中遇到不满足条件的等待语句时，会一直处于等待状态，此时，如果想继续往下运行，按示教器中的【FCTN】（功能）键后，选择【RELEASE WAIT】（解除等待）跳过等待语句，并在下个语句处等待。

任务实施

以 RSR 自动运行命名规则新建程序，依据控制要求示教编程，完成工业机器人程序编写。

RSR 程序命名规则

步骤 1：以 RSR3 作为程序请求信号，基数 100，对应程序记录号 33，完成机器人搬运程序示教与 RSR 参数设置，如表 2-13 所示。

学习笔记

表 2-13　机器人搬运程序示教与 RSR 参数设置

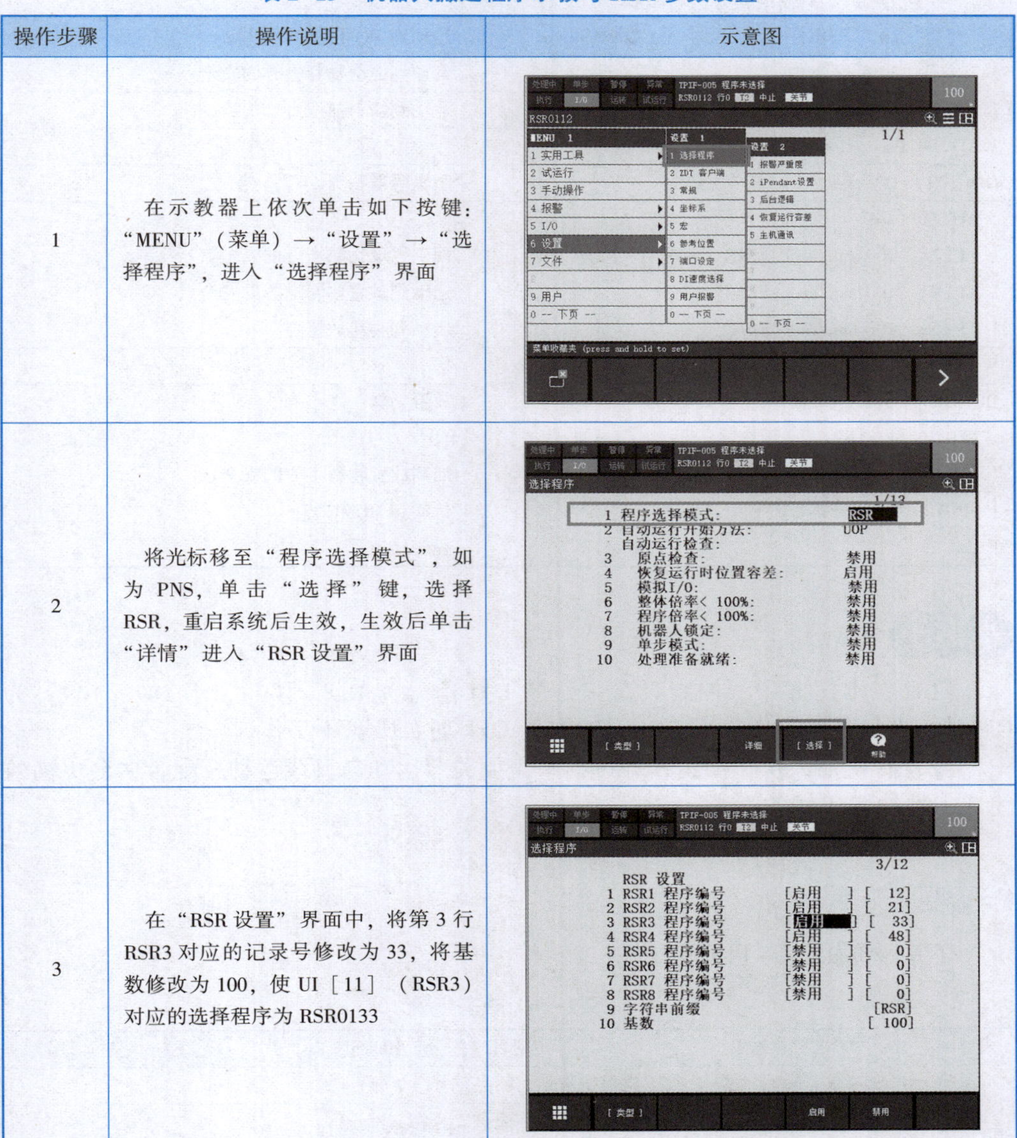

操作步骤	操作说明	示意图
1	在示教器上依次单击如下按键："MENU"（菜单）→"设置"→"选择程序"，进入"选择程序"界面	
2	将光标移至"程序选择模式"，如为 PNS，单击"选择"键，选择 RSR，重启系统后生效，生效后单击"详情"进入"RSR 设置"界面	
3	在"RSR 设置"界面中，将第 3 行 RSR3 对应的记录号修改为 33，将基数修改为 100，使 UI［11］（RSR3）对应的选择程序为 RSR0133	

步骤 2：新建 RSR0133 程序，编写工业机器人搬运程序。工业机器人运动路径如图 2-1 所示。

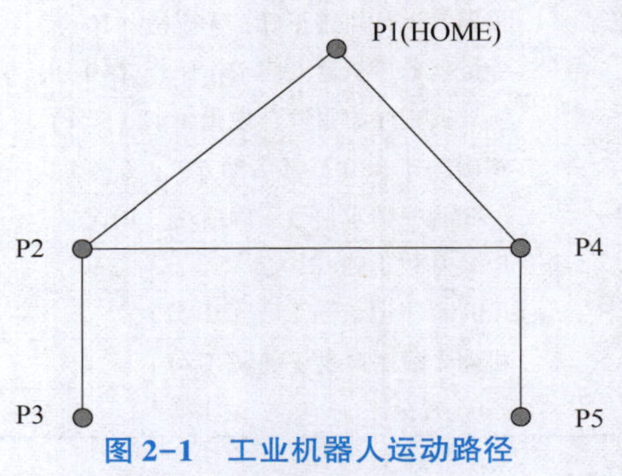

图 2-1　工业机器人运动路径

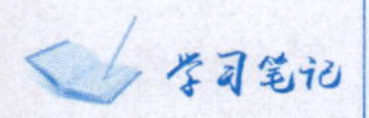

参考程序：RSR0133

J　P[1]　20%　FINE	运动到 HOME 点
J　P[2]　20%　FINE	运动到抓取物料上方的安全点
L　P[3]　100 mm/sec　FINE	运动到物料抓取点
WAIT. 50（sec）	
DO[109]=ON	吸盘吸取物料
WAIT. 50（sec）	
L　P[2]　100 mm/sec　FINE	回到抓取物料上方的安全点
L　P[4]　100 mm/sec　FINE	运动到放置物料上方的安全点
L　P[5]　100 mm/sec　FINE	运动到物料放置点
WAIT. 50（sec）	
DO[109]=OFF	放置物料
WAIT. 50（sec）	
L　P[4]　100 mm/sec　FINE	回到放置物料上方的安全点
J　P[1]　20%　FINE	运动到 HOME 点
END	程序结束

小贴士

（1）在本任务中，控制吸盘工作的 I/O 信号为 DO［109］，当 DO［109］为 ON 时，吸盘吸气工作；当 DO［109］为 OFF 时，吸盘不工作。

（2）在机器人执行搬运任务过程中需要关节运动与直线运动相配合，会更高效完成工件的搬运任务。

任务评价如表 2-14 所示。

表 2-14　任务评价

序号	考核要点	项目（配分：100 分）	教师评分
1	职业素养	工位保持清洁，物品整齐（2 分）	
		着装规范整洁，佩戴安全帽（3 分）	
		操作规范，爱护设备（5 分）	
2	机器人搬运程序编写	机器人正确吸持工件（10 分）	
		机器人正确放置工件（10 分）	
		机器人运行轨迹正确，无碰撞（10 分）	
		完成任务后机器人回工作原点（10 分）	
		机器人程序编写符合规范要求（5 分）	
3	RSR 运行设置	正确选择 RSR 外部启动方式（5 分）	
		RSR 程序请求信号正确启用（10 分）	
		RSR 基数正确（10 分）	
		RSR 程序记录号正确（10 分）	
		机器人程序命名正确（10 分）	
得分			

任务 2.3 搬运工作站 RSR 自动运行设置

学习笔记

【任务描述】

采用 RSR 自动运行方式启动程序，对已编写好的机器人程序完成 RSR 自动运行设置。

【学前准备】

(1) 准备 FANUC 工业机器人说明书。

(2) 了解工业机器人安全操作事项。

【学习目标】

学会 FANUC 工业机器人 RSR 自动运行设置。

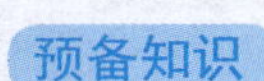

预备知识

1. 自动运行

自动运行：指外部设备通过信号或信号组的输入/输出来选择与执行程序，FANUC 工业机器人的自动运行方式有 3 种，分别为 RSR、PNS 和 STYLE。

RSR 自动运行方式：通过机器人启动请求信号（RSR1～RSR8）选择和开始程序。RSR 自动运行方式的特点：

(1) 当一个程序正在执行或中断时，被选择的程序处于等待状态，一旦原先的程序停止，就开始运行被选择的程序。

(2) 最多只能选择 8 个程序。

2. RSR 自动运行时序图（图 2-2）

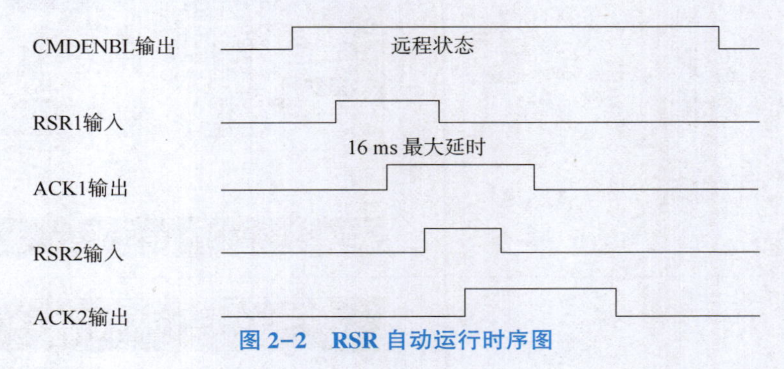

图 2-2 RSR 自动运行时序图

任务实施

对已经编好的工业机器人程序 RSR0133 进行 RSR 自动运行设置。

RSR 自动运行设置

步骤 1：RSR 自动运行设置，如表 2-15 所示。

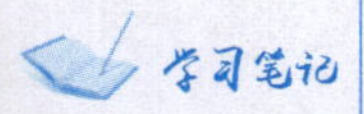

表 2-15　RSR 自动运行设置

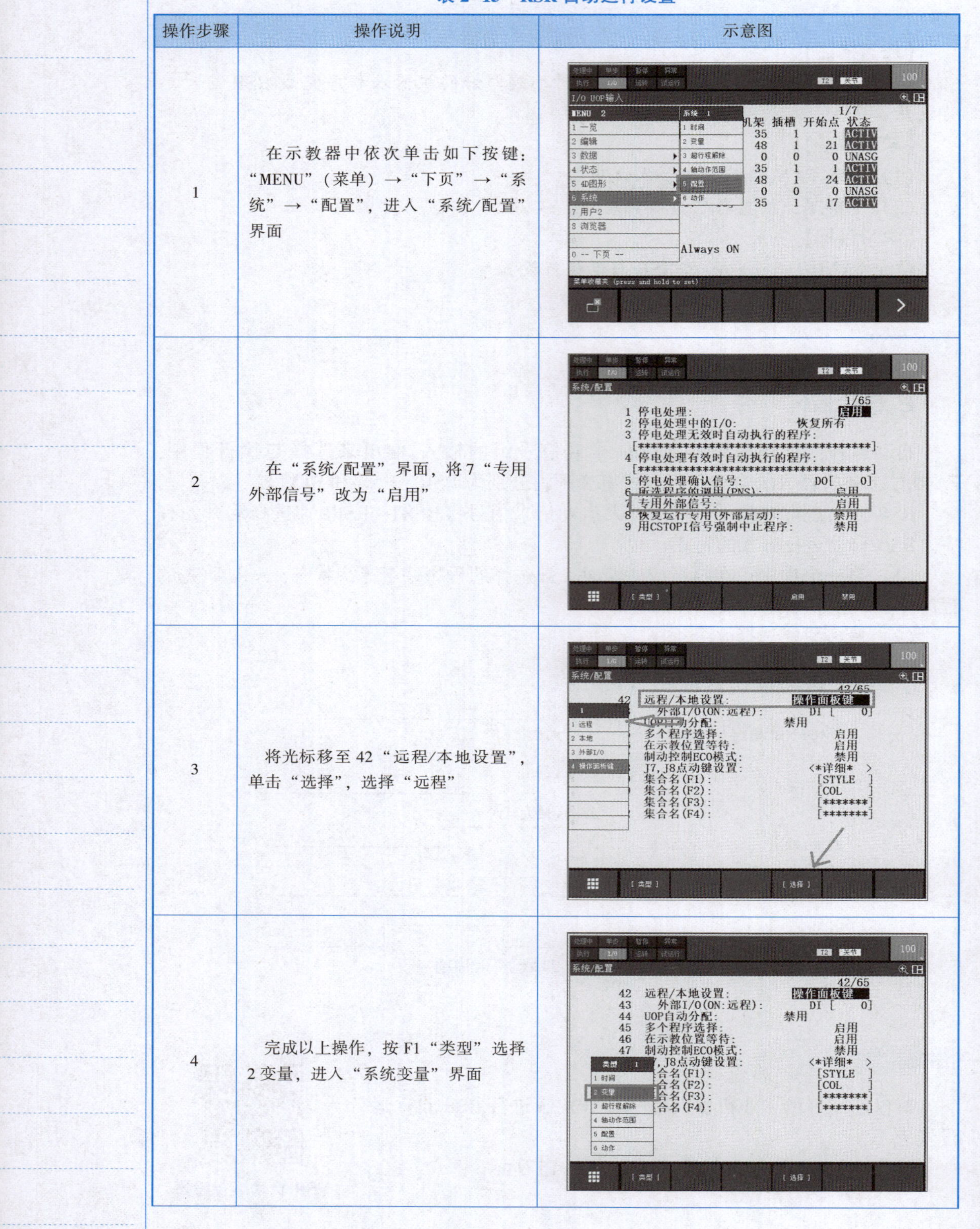

操作步骤	操作说明	示意图
1	在示教器中依次单击如下按键："MENU"（菜单）→"下页"→"系统"→"配置"，进入"系统/配置"界面	
2	在"系统/配置"界面，将 7"专用外部信号"改为"启用"	
3	将光标移至 42"远程/本地设置"，单击"选择"，选择"远程"	
4	完成以上操作，按 F1"类型"选择 2 变量，进入"系统变量"界面	

续表

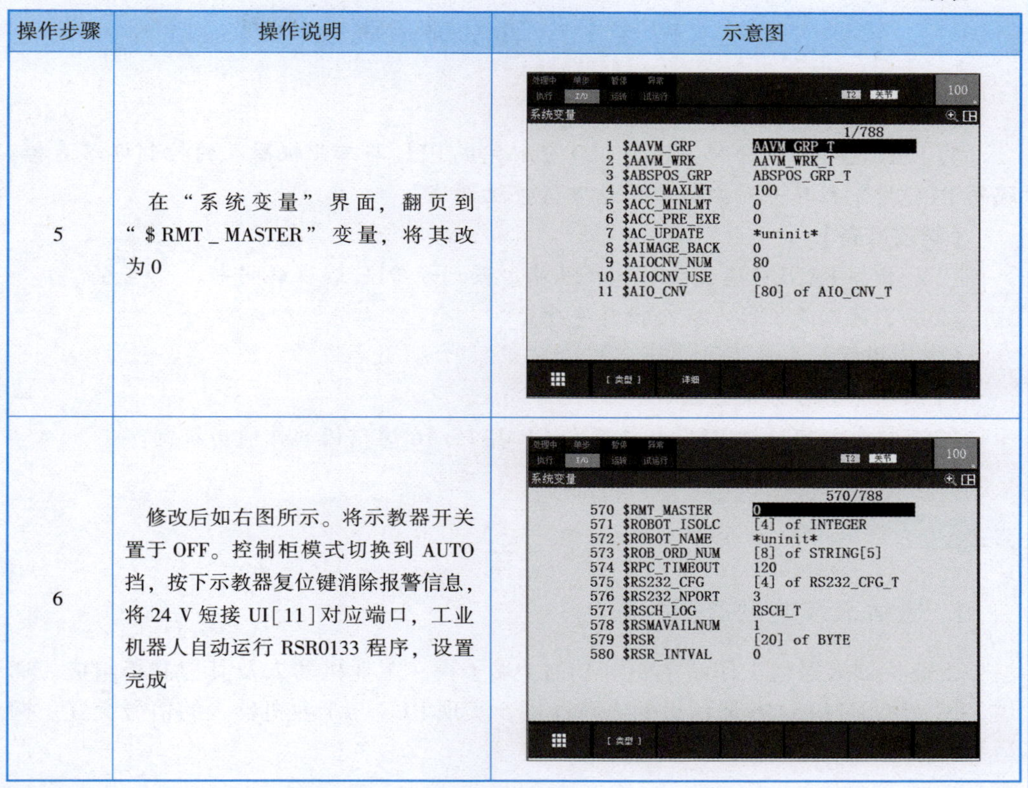

操作步骤	操作说明	示意图
5	在"系统变量"界面，翻页到"$RMT_MASTER"变量，将其改为0	
6	修改后如右图所示。将示教器开关置于OFF。控制柜模式切换到AUTO挡，按下示教器复位键消除报警信息，将24 V短接UI[11]对应端口，工业机器人自动运行RSR0133程序，设置完成	

任务评价

对已编写好的机器人程序完成RSR自动运行设置操作评分，如表2-16所示。

表2-16　任务评价

序号	考核要点	项目（配分：100分）	教师评分
1	职业素养	工位保持清洁，物品整齐（2分）	
		着装规范整洁，佩戴安全帽（3分）	
		操作规范，爱护设备（5分）	
2	RSR自动运行设置	专用外部信号启用（20分）	
		运程启用（20分）	
		变量修改（20分）	
		信号验证（30分）	
得分			

学习笔记

任务 2.4 搬运工作站控制系统连接与调试

【任务描述】

对 PLC 进行 I/O 分配，根据 I/O 分配完成 PLC 与工业机器人的控制电路连接，编写 PLC 控制程序并对搬运工作站进行整机调试。

【学前准备】

(1) 准备 FANUC 工业机器人说明书、西门子 PLC 编程说明书。

(2) 了解工业机器人安全操作事项。

【学习目标】

(1) 学会 I/O 分配方法。

(2) 学会如何通过 PLC 与机器人 CRMA15/16 通信板的传输与控制。

1. 搬运工作站设备拓扑图

工业机器人搬运工作站主要由 PLC、端子板、工业机器人及其控制柜组成，通过 PLC 与 CRMA15/16 通信板的电路连接，实现 PLC 与工业机器人的信号交互。搬运工作站设备拓扑图如图 2-3 所示。

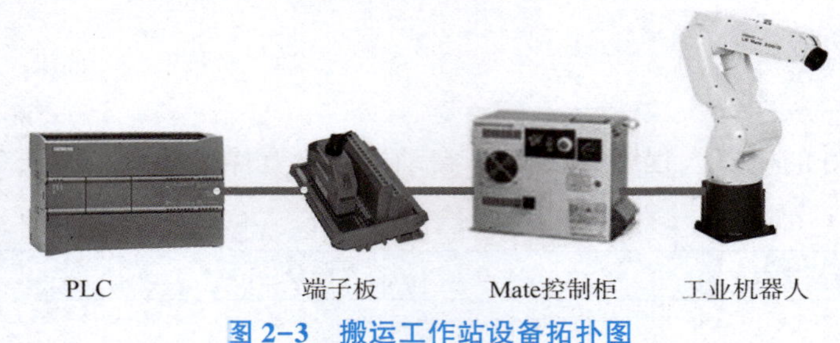

图 2-3 搬运工作站设备拓扑图

2. 通信信号交互原则

PLC 与工业机器人之间的通信采用 I/O 通信方式，其通信信号交互原则为：

(1) PLC 的输出信号由工业机器人的输入地址接收，如 Q0.3 定义为 PLC 的工业机器人使能，对应工业机器人的外部设备系统输入信号 UI[8]（Enable），当 Q0.3 有输出时，UI[8]接收到信号使得工业机器人处于使能状态。

(2) PLC 的输入信号接收来自工业机器人的输出信号，当编码器电池电压过低时，外部设备系统输出信号 UO[9]（Batt Alarm）有输出，假如其对应连接的 PLC 端口为 I0.7，地址 I0.7 状态为 1。

根据控制要求对 PLC 进行 I/O 分配，依据 I/O 分配表进行线路连接，完成 PLC

控制程序的编写并进行搬运工作站控制系统的调试验证。

步骤 1：对 PLC 进行 I/O 分配。

根据控制系统启动、停止、复位等控制要求，对 PLC 进行输入输出 I/O 分配。PLC 的 I/O 信号配置如表 2-17 所示。

表 2-17　PLC 的 I/O 信号配置

序号	名称	信号类型	地址	备注
1	Cycle stop	输出信号	Q0. 0	周期停止信号
2	Fault reset	输出信号	Q0. 1	错误清除信号
3	Start	输出信号	Q0. 2	启动信号
4	Enable	输出信号	Q0. 3	机器人使能
5	RSR1	输出信号	Q0. 4	调用 RSR1 程序
6	RSR2	输出信号	Q0. 5	调用 RSR2 程序
7	RSR3	输出信号	Q0. 6	调用 RSR3 程序
8	RSR4	输出信号	Q0. 7	调用 RSR4 程序
9	START	输入信号	I0. 0	启动
10	STOP	输入信号	I0. 1	停止
11	RESET	输入信号	I0. 2	复位

步骤 2：线路连接。

设计 PLC 与工业机器人 I/O 接线图，并基于 I/O 接线图进行线路连接，PLC 与工业机器人 I/O 接线图如图 2-4 所示，图中 PLC 与工业机器人之间的 I/O 连接通过中间继电器实现电气隔离，可有效地保护设备安全。

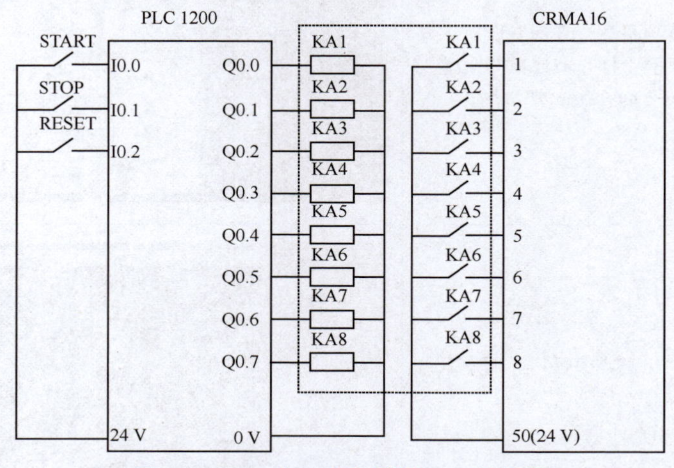

图 2-4　PLC 与工业机器人 I/O 接线图

小贴士

编写 PLC 程序

I/O 接线严格遵循接线工艺，做到严谨认真，避免出现接错线或虚接等现象。

步骤 3：编写 PLC 程序。

采用西门子 PLC 软件 TIA Portal V15 建立项目并编写控制程序，如表 2-18 所示。

表 2-18　建立项目并编写控制程序

操作步骤	操作说明	示意图
1	双击桌面图标 TIA V15 TIA Portal V15，打开 PLC 软件 TIA Portal，进入管理器界面后单击“创建新项目”	打开现有项目 最近使用的 项目 路径 上一次更改 项目20.ap15 F:\\项目20 2021/5/6 21... 打开现有项目 创建新项目 移植项目 欢迎光临 已安装的软件 帮助 浏览 移除 打开
2	在“创建新项目”界面中输入项目名称“PLC 与工业机器人信号的传输与控制”，单击“创建”	创建新项目 项目名称：PLC与工业机器人信号的传输与控制 路径：F:学习资料 版本：V15 作者：DELL-ME 注释： 创建 打开现有项目 创建新项目 移植项目 欢迎光临 已安装的软件
3	创建项目后，进入右图所示界面，单击“打开项目视图”进入软件的“组态与编程”界面	Totally Integrated Automation PORTAL
4	在“组态与编程”界面中双击“添加新设备”	Totally Integrated Automation PORTAL

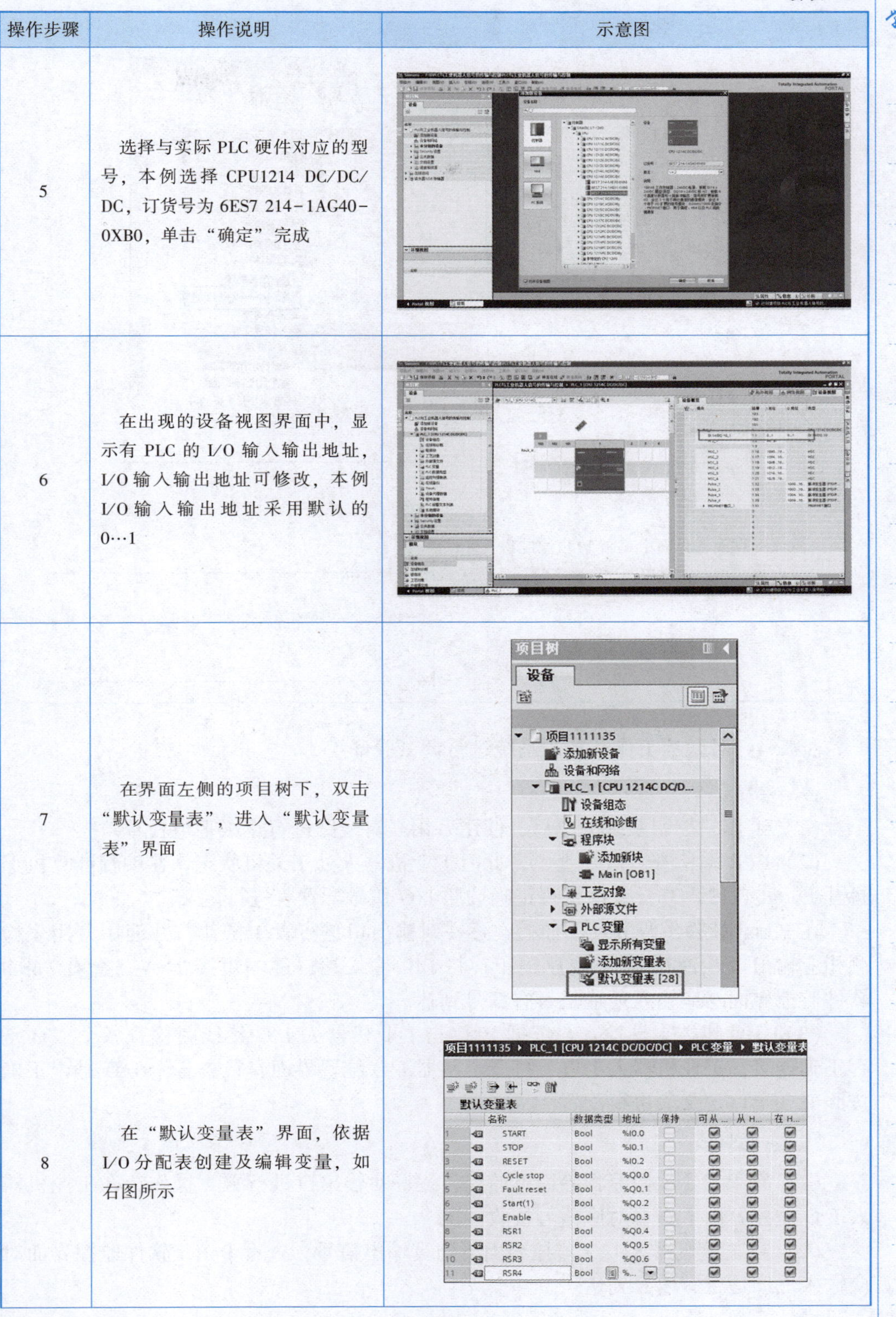

操作步骤	操作说明	示意图
5	选择与实际PLC硬件对应的型号，本例选择CPU1214 DC/DC/DC，订货号为6ES7 214-1AG40-0XB0，单击“确定”完成	
6	在出现的设备视图界面中，显示有PLC的I/O输入输出地址，I/O输入输出地址可修改，本例I/O输入输出地址采用默认的0…1	
7	在界面左侧的项目树下，双击“默认变量表”，进入“默认变量表”界面	
8	在“默认变量表”界面，依据I/O分配表创建及编辑变量，如右图所示	

	名称	数据类型	地址	保持	可从...	从H...	在H...
1	START	Bool	%I0.0	☐	☑	☑	☑
2	STOP	Bool	%I0.1	☐	☑	☑	☑
3	RESET	Bool	%I0.2	☐	☑	☑	☑
4	Cycle stop	Bool	%Q0.0	☐	☑	☑	☑
5	Fault reset	Bool	%Q0.1	☐	☑	☑	☑
6	Start(1)	Bool	%Q0.2	☐	☑	☑	☑
7	Enable	Bool	%Q0.3	☐	☑	☑	☑
8	RSR1	Bool	%Q0.4	☐	☑	☑	☑
9	RSR2	Bool	%Q0.5	☐	☑	☑	☑
10	RSR3	Bool	%Q0.6	☐	☑	☑	☑
11	RSR4	Bool	%...	☐	☑	☑	☑

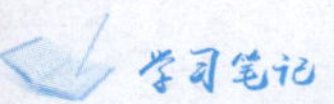

学习笔记

续表

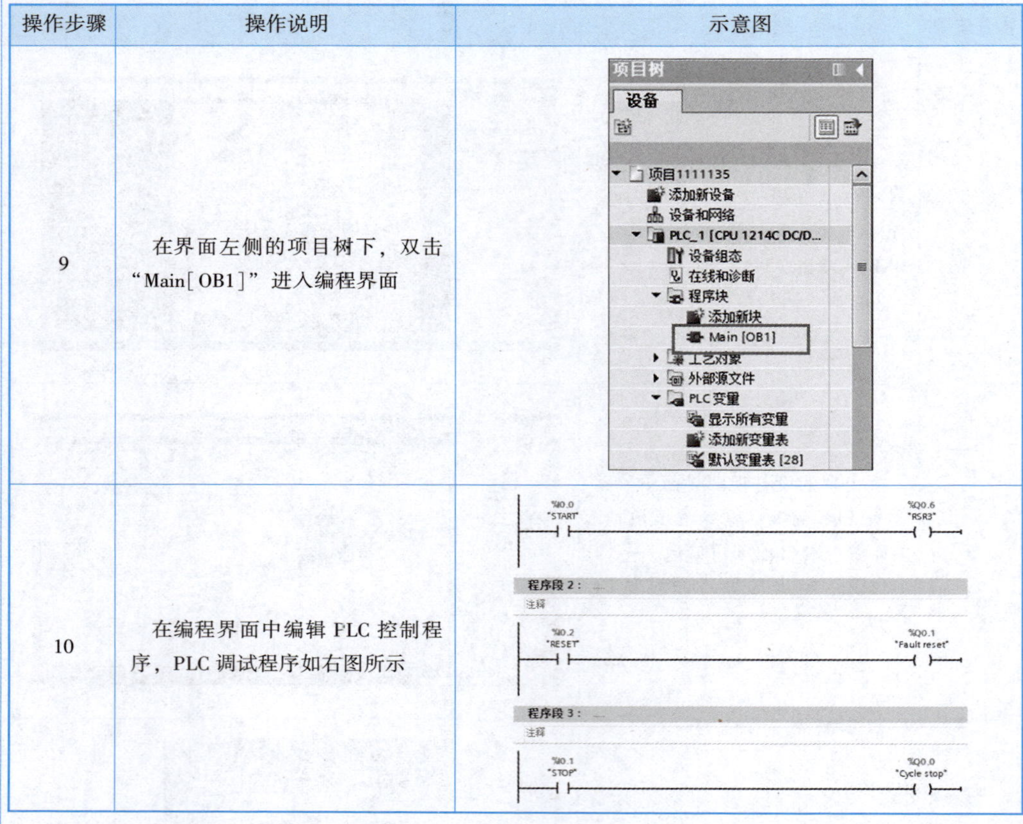

操作步骤	操作说明	示意图
9	在界面左侧的项目树下，双击“Main[OB1]”进入编程界面	
10	在编程界面中编辑 PLC 控制程序，PLC 调试程序如右图所示	

步骤 4：对搬运工作站控制系统进行调试验证。

1）上电检查

（1）工作站控制系统关电后，使用万用表对线路进行逐级上电检查。

（2）PLC 端检查：PLC 上电，此时工业机器人处于关机状态，在编程计算机上打开 Portal 软件，查看 I/O 是否正确按照 I/O 信号配置表进行定义。

在 Portal 软件编程界面下监控，逐一对输出口进行置 1 操作，并使用万用表检测相应输出口是否有 24 V 电压输出；将 PIC 输入端口逐一短接 24 V，查看 Portal 软件监控界面对应输入地址是否有信号到达。

（3）工业机器人端检查：依据 PLC 与工业机器人 I/O 接线图检查各个 I/O 是否正确连接，工业机器人上电，打开示教器 I/O 配置界面，检查各个 I/O 是否正确按照 I/O 端口定义表进行配置。

2）通信调试

（1）在 Portal 软件编程界面下监控，逐一对输出口进行置 1 操作，在工业机器人 I/O 监控界面下查看对应信号接收情况。

（2）在工业机器人 I/O 监控界面下仿真输出信号，查看 Portal 软件监控界面对应输入地址是否有信号到达。

3）运行验证

（1）将工业机器人控制柜切换到自动模式；

（2）示教器切换到 OFF 状态；

（3）按下示教器复位键消除报警信息；

（4）按下 PLC 端启动按钮，查看工业机器人是否按照控制要求进行工作。当工业机器人按照控制要求正确运行完成工作，调试验证完成。

任务评价

PLC 编程与调试操作评分，如表 2-19 所示。

表 2-19　任务评价

序号	考核要点	项目（配分：100 分）	教师评分
1	职业素养	工位保持清洁，物品整齐（2 分）	
		着装规范整洁，佩戴安全帽（3 分）	
		操作规范，爱护设备（5 分）	
2	I/O 接线	接线正确（10 分）	
		接线符合工艺要求（10 分）	
3	机器人搬运程序编写	机器人正确吸持工件（10 分）	
		机器人正确放置工件（10 分）	
		机器人运行轨迹正确，无碰撞（10 分）	
		完成任务后机器人回工作原点（10 分）	
		机器人程序编写符合规范要求（5 分）	
4	PLC 程序编写及验证	程序编写完整（5 分）	
		正确下载（5 分）	
		能监控信号（5 分）	
		能触发机器人工作（10 分）	
得分			

问题探究

1. 填空题

（1）“机架、插槽、开始点”分别设置为 35、1、1 的作用是＿＿＿＿＿＿。

（2）UI[8]的作用是＿＿＿＿。

（3）I/O 信号可以分为＿＿＿＿和＿＿＿＿。

（4）RSR 自动运行方式最多能选择＿＿＿＿个程序。

（5）常用的自动运行方式有：＿＿＿＿、＿＿＿＿和＿＿＿＿。

2. 简答题

（1）DI、DO、UI、UO 分别有多少路信号？

（2）系统输入信号 U[1]、U[2]、U[3]、U[8]分别表示什么含义？

（3）列举出常见的构成 I/O 模块的硬件种类及其对应的机架号（RACK）。

（4）简述 FANUC 工业机器人自动运行的定义。

（5）请写出自动运行方式 RSR 的程序命名要求。

学习笔记

项目三 工业机器人码垛工作站系统组建

项目学习导航

学习目标	**知识目标：** 1. 学会 FANUC 工业机器人的信号类型及 I/O 模块。 2. 学会 FANUC 工业机器人的码垛编程指令。 3. 学会 FANUC 工业机器人的 PNS 自动运行设置。 **技能目标：** 1. 能针对 FANUC 工业机器人进行 PROFIBUS-DP 通信设置。 2. 能对 FANUC 工业机器人进行 PNS 自动运行设置，实现程序自动运行。 3. 能为工业机器人码垛工作站组建一套控制系统并调试。 **素养目标：** 养成精益求精的工匠精神
知识重点	1. 工业机器人的 PNS 自动运行设置。 2. 工业机器人 PROFIBUS-DP 通信设置
知识难点	1. 工业机器人的 PNS 自动运行设置。 2. PLC 与工业机器人的信号传输与控制
建议学时	12 学时
实训任务	任务 3.1 工业机器人码垛程序编写 任务 3.2 工业机器人 PROFIBUS-DP 通信设置及 I/O 配置 任务 3.3 工业机器人的 PNS 自动运行设置 任务 3.4 码垛工作站控制系统编程与调试

项目导入

使用 PROFIBUS-DP 通信方式实现工业机器人与 PLC 之间的通信是机器人工作站控制系统常见的一种系统组建方式，本项目通过完成码垛程序编写、PROFIBUS-DP 通信设置、I/O 配置、PNS 自动运行设置、码垛工作站控制系统 PLC 编程与调试等工作任务，学会以 PROFIBUS-DP 通信方式组建一套工业机器人工作站控制系统。

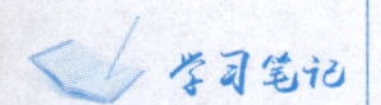

任务 3.1 工业机器人码垛程序编写

【任务描述】

使用码垛指令编写机器人程序，将摆放为 2 行 5 列 1 层的正方形工件，逐一搬运堆垛成 2 行 2 列 3 层。

【学前准备】

(1) 准备 FANUC 工业机器人操作说明书。

(2) 确保工业机器人配置有码垛功能。

【学习目标】

(1) 可复述码垛的作用及各种码垛方式。

(2) 学会 FANUC 工业机器人码垛指令应用。

1. 码垛

FANUC 工业机器人码垛：针对摆放成一定形状的工件，采用 FANUC 工业机器人对几个关键点进行示教，机器人即可以从下层到上层按照规划顺序逐一堆叠工件。

FANUC 机器人码垛有四种方式：B 码垛、BX 码垛、E 码垛、EX 码垛。

B：包括 B 码垛（单路径模式）和 BX 码垛（多路径模式），适用于工件姿势恒定，堆叠时的底面形状为直线或四角形。

E：包括 E 码垛（单路径模式）和 EX 码垛（多路径模式），适用于复杂的堆叠模式（工件姿势改变，堆叠时的底面形状不是四角形）。

2. 码垛指令

(1) 码垛指令格式：码垛指令基于码垛寄存器的值，根据堆叠模式计算当前的堆叠点位置，并根据路径模式计算当前的路径，改写码垛动作指令的位置数据。

PALLETIZING-[码垛方式]_i

码垛方式：B、BX、E、EX。

i：码垛编号，编号范围为 1~16。

(2) 码垛动作指令：以使用具有趋近点、堆叠点、回退点的路径点作为位置数据的动作指令，是码垛专用的动作指令。该位置数据通过码垛指令每次都被改写。

J PAL_i [A_1] 100% FINE

i：码垛编号，编号范围为 1~16。

[A_1]：路径点。

A_n：趋近点，n=1~8。

BTM：堆叠点。

R_n：回退点 n=1~8。

（3）码垛结束指令：计算下一个堆叠点，改写码垛寄存器的值。

PALLETIZING-END_i

i：码垛编号，编号范围为 1~16。

（4）码垛寄存器：用于码垛的控制，进行堆叠点的指定、比较、分支等。

PL[i]=[i,j,k]

i：码垛寄存器，编号范围为 1~32。

[i,j,k]：i 为行，j 为列，k 为层。

任务实施

拆垛与码垛设置

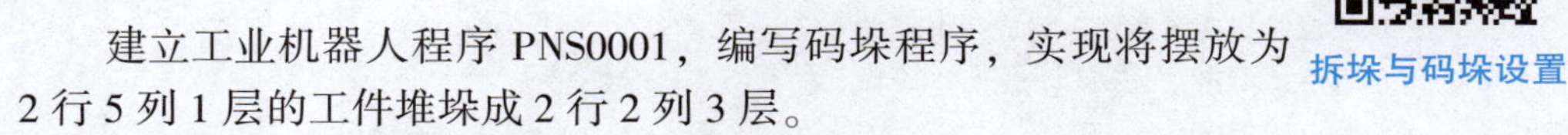

建立工业机器人程序 PNS0001，编写码垛程序，实现将摆放为 2 行 5 列 1 层的工件堆垛成 2 行 2 列 3 层。

步骤 1：拆垛与码垛设置，如表 3-1 所示。

表 3-1 拆垛与码垛设置

操作步骤	操作说明	示意图
1	建立程序 PNS0001，进入程序编辑界面，单击界面下方的“指令”按键，选择“码垛”	
2	在码垛指令中选择“PALLETIZING-B”，进入“码垛配置”界面	
3	在“码垛配置”界面中，将光标移至类型，修改为“拆垛”，光标依次移动到“行，列，层”，依次修改为“5，2，1”，单击“完成”，进入“码垛底部点”界面	

续表

操作步骤	操作说明	示意图
4	在“码垛底部点”界面中，手动操作机器人分别对 P[1,1,1]、P[5,1,1]、P[1,2,1]3 个点进行示教记录，示教位置如右图所示。完成 3 个点的示教后，单击“完成”，进入“码垛线路点”界面	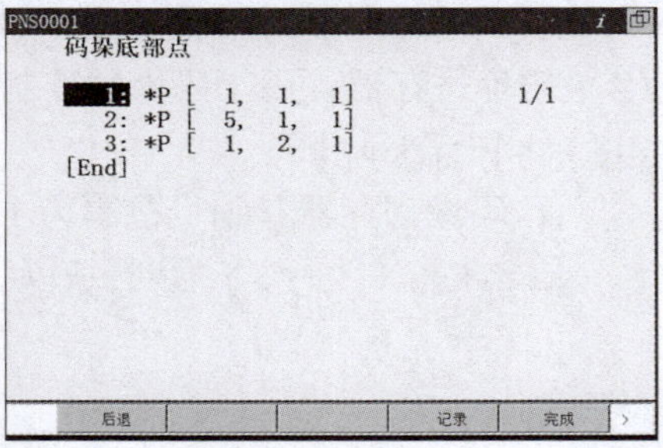 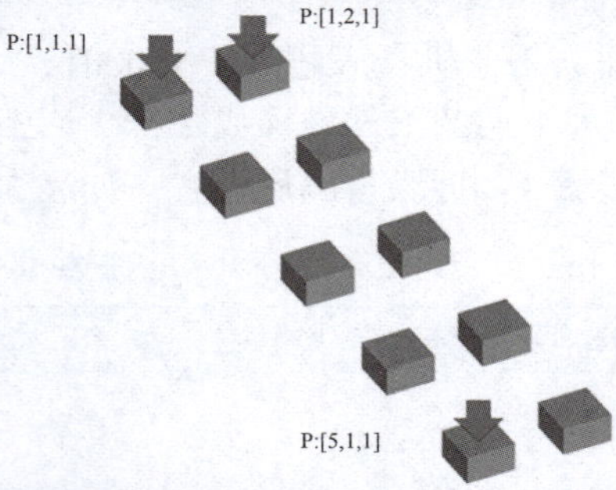 PNS0001 码垛底部点 1: *P [1, 1, 1] 1/1 2: *P [5, 1, 1] 3: *P [1, 2, 1] [End] 后退 记录 完成 P:[1,1,1] P:[1,2,1] P:[5,1,1]
5	在“码垛线路点”界面中，手动操作机器人分别对 P[A_1]、P[BTM]、P[R_1]3 个点进行示教记录，示教位置如右图所示（第 1 点和第 3 点可为一个点），完成 3 个点的示教后，单击“完成”	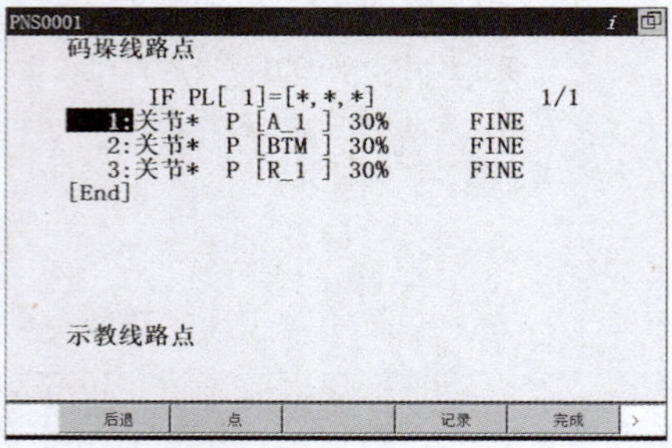 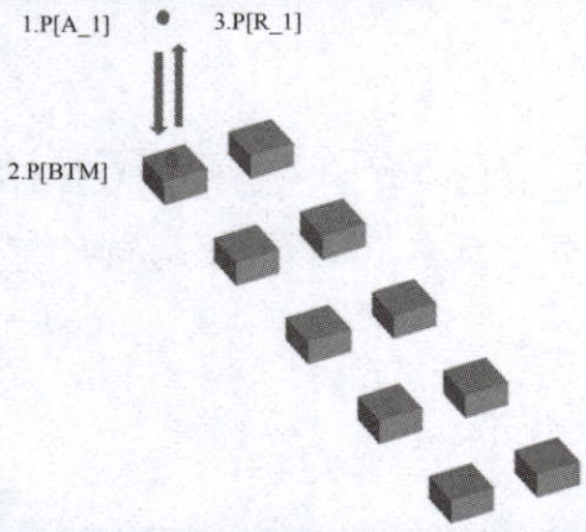 PNS0001 码垛线路点 IF PL[1]=[*,*,*] 1/1 1:关节* P [A_1] 30% FINE 2:关节* P [BTM] 30% FINE 3:关节* P [R_1] 30% FINE [End] 示教线路点 后退 点 记录 完成 1.P[A_1] 3.P[R_1] 2.P[BTM]
6	出现如右图所示的程序，拆垛设置完成	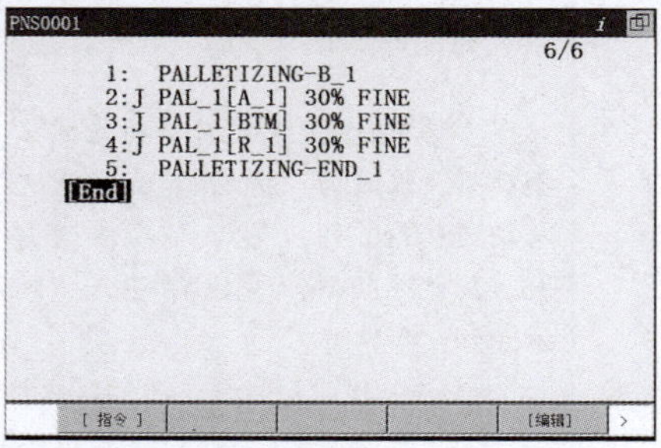 PNS0001 6/6 1: PALLETIZING-B_1 2:J PAL_1[A_1] 30% FINE 3:J PAL_1[BTM] 30% FINE 4:J PAL_1[R_1] 30% FINE 5: PALLETIZING-END_1 [End] [指令] [编辑]

续表

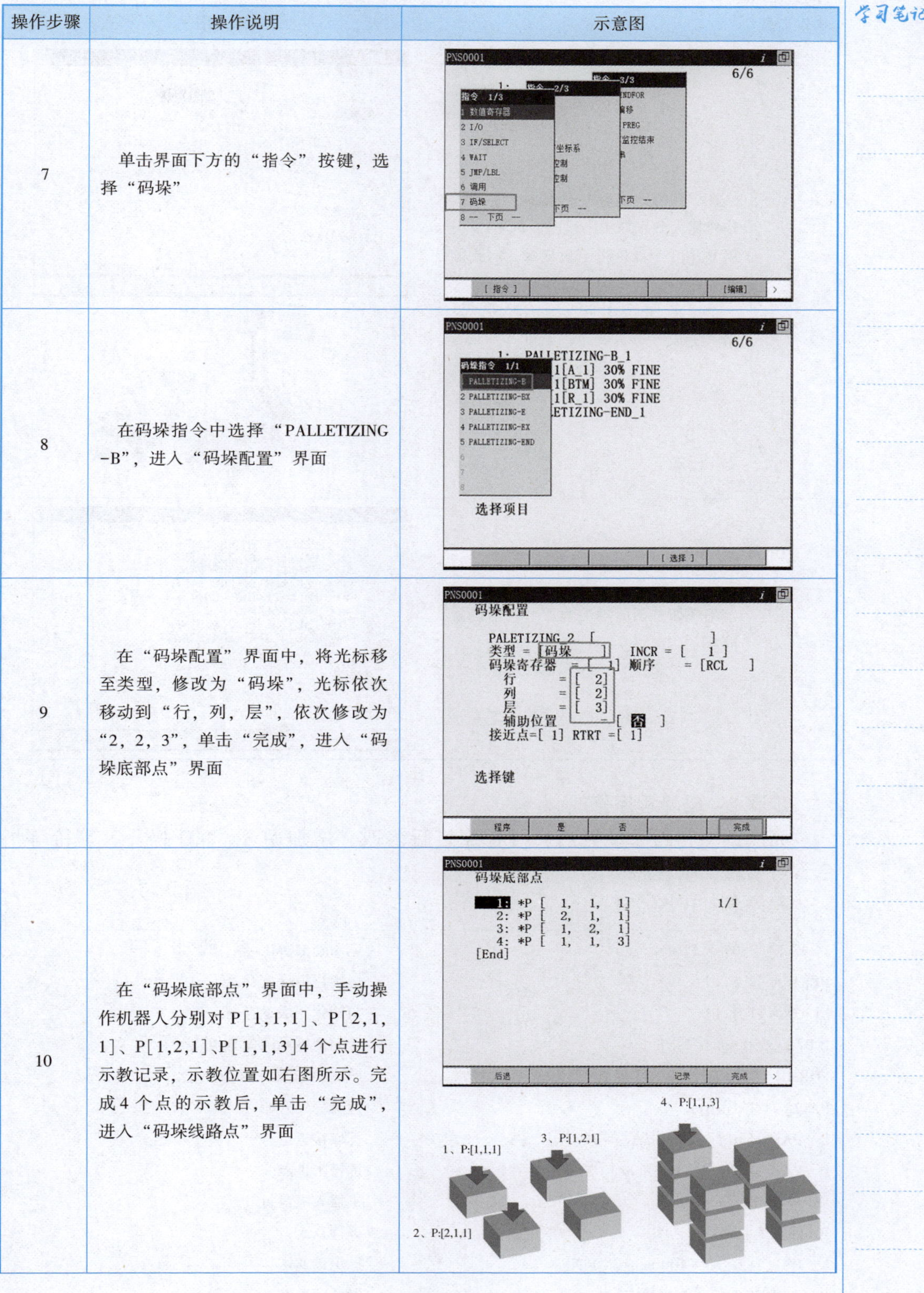

操作步骤	操作说明	示意图
7	单击界面下方的“指令”按键，选择“码垛”	
8	在码垛指令中选择“PALLETIZING-B”，进入“码垛配置”界面	
9	在“码垛配置”界面中，将光标移至类型，修改为“码垛”，光标依次移动到“行，列，层”，依次修改为“2，2，3”，单击“完成”，进入“码垛底部点”界面	
10	在“码垛底部点”界面中，手动操作机器人分别对P[1,1,1]、P[2,1,1]、P[1,2,1]、P[1,1,3]4个点进行示教记录，示教位置如右图所示。完成4个点的示教后，单击“完成”，进入“码垛线路点”界面	

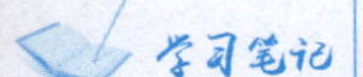

续表

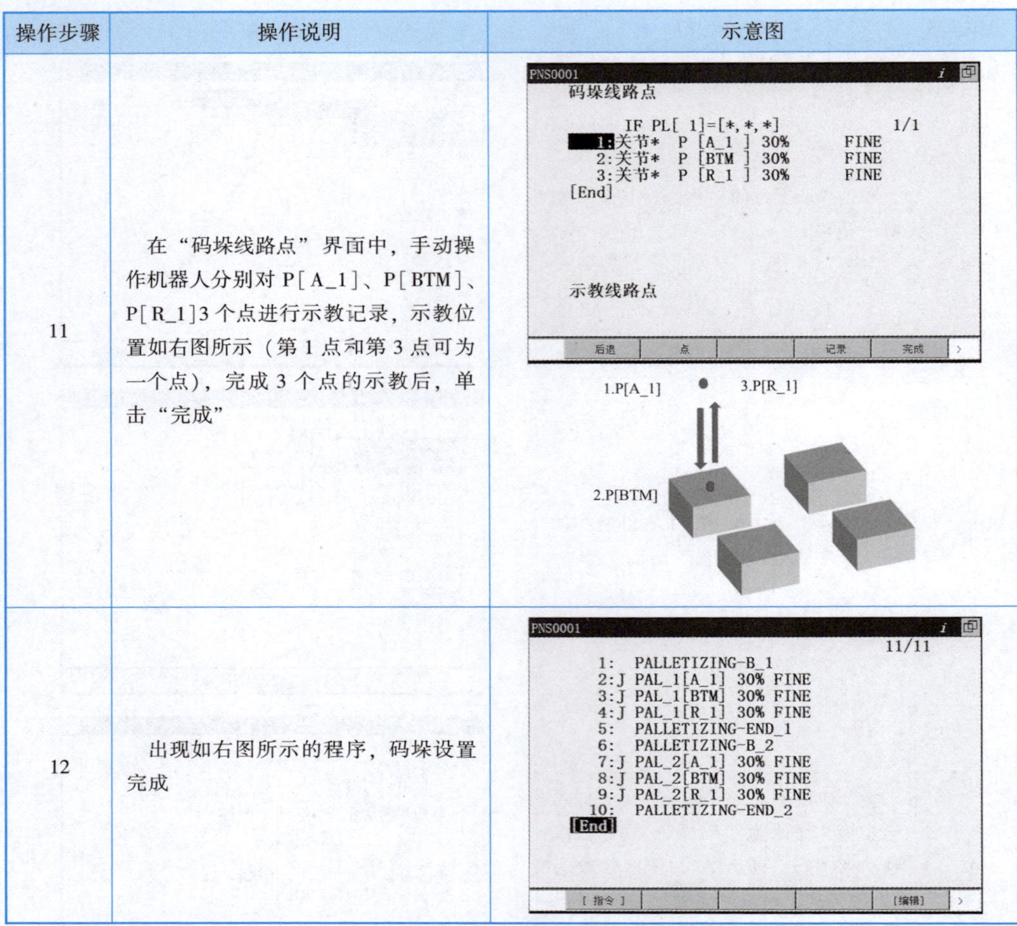

操作步骤	操作说明	示意图
11	在“码垛线路点”界面中，手动操作机器人分别对 P[A_1]、P[BTM]、P[R_1]3 个点进行示教记录，示教位置如右图所示（第 1 点和第 3 点可为一个点），完成 3 个点的示教后，单击“完成”	PNS0001 码垛线路点 IF PL[1]=[*,*,*] 1/1 1:关节* P [A_1] 30% FINE 2:关节* P [BTM] 30% FINE 3:关节* P [R_1] 30% FINE [End] 示教线路点 后退 点 记录 完成 1.P[A_1] 3.P[R_1] 2.P[BTM]
12	出现如右图所示的程序，码垛设置完成	PNS0001 11/11 1: PALLETIZING-B_1 2:J PAL_1[A_1] 30% FINE 3:J PAL_1[BTM] 30% FINE 4:J PAL_1[R_1] 30% FINE 5: PALLETIZING-END_1 6: PALLETIZING-B_2 7:J PAL_2[A_1] 30% FINE 8:J PAL_2[BTM] 30% FINE 9:J PAL_2[R_1] 30% FINE 10: PALLETIZING-END_2 [End] [指令] [编辑]

步骤 2：码垛程序修改。

完成拆垛和码垛设置后，对程序进行修改，增加循环、I/O 操作、等待等指令，可参考如下程序。

程序名：PNS0001

J P[1] 80% FINE	运动到 HOME 点
PL[1]=[2,5,1]	初始化拆垛寄存器
PL[2]=[1,1,1]	初始化码垛寄存器
L P[2] 500 mm/s FINE	运动到拆垛前安全点
FOR R[1]=0 TO 9	设定 FOR 循环次数 10 次
PALLETIZING-B_1	拆垛程序开始
L PAL_1[A_1] 100 mm/s FINE	拆垛接近点
L PAL_1[BTM] 100 mm/s FINE	拆垛工件点
DO 81 =ON	机器人吸盘打开
WAIT 0.5 sec	等待 0.5 s
L PAL_1[R_1] 100 mm/s FINE	拆垛逃离点
PALLETIZING-END_1	拆垛程序结束

L P[3] 500 mm/s FINE	运动到码垛前安全点
PALLETIZING-B_ 2	码垛程序开始
L PAL_ 2[A_1] 100 mm/s FINE	码垛接近点
DO 81 =OFF	机器人吸盘关闭
WAIT 0.5 sec	等待 0.5 s
L PAL_ 2[BTM] 100mm/s FINE	码垛工件点
L PAL_ 2[R_1] 100mm/s FINE	码垛逃离点
PALLETIZING-END_ 2	码垛程序结束
ENDFOR	结束 FOR 循环
J P[1] 80% FINE	运动至 HOME 点
END	结束

学习笔记

小贴士

在操作工业机器人进行示教编程时，对抓取位置的示教要做到精准定位，养成精益求精的工匠精神。

任务评价

对 FANUC 工业机器人进行码垛设置与编程评分，如表 3-2 所示。

表 3-2 任务评价

序号	考核要点	项目（配分：100 分）	教师评分
1	职业素养	工位保持清洁，物品整齐（2 分）	
		着装规范整洁，佩戴安全帽（3 分）	
		操作规范，爱护设备（5 分）	
2	码垛设置与编程	拆垛设置正确（20 分）	
		码垛设置正确（20 分）	
		码垛程序编写完整（30 分）	
		手动运行码垛程序能实现码垛工作（20 分）	
得分			

学习笔记

任务 3.2 工业机器人 PROFIBUS-DP 通信设置及 I/O 配置

【任务描述】

在工业机器人端进行 PROFIBUS - DP 参数设置，将工业机器人设置为 PROFIBUS-DP 网络的从站，并进行工业机器人的 I/O 配置。

【学前准备】

(1) 准备 FANUC 工业机器人说明书。

(2) 确保工业机器人配置有 PROFIBUS-DP 通信功能。

【学习目标】

(1) 学会 FANUC 工业机器人 PROFIBUS-DP 通信设置。

(2) 学会 FANUC 工业机器人 PROFIBUS-DP 通信方式下的 I/O 配置。

预备知识

PROFIBUS 是国际上通用的现场总线标准之一。PROFIBUS 是属于单元级、现场级的 SIMITAC 网络，适用于传输中、小量的数据。其开放性可以允许众多的厂商开发各自的符合 PROFIBUS 协议的产品，这些产品可以连接在同一个 PROFIBUS 网络上。PROFIBUS 是一种电气网络，物理传输介质可以是屏蔽双绞线、光纤、无线传输。

在 FANUC 工业机器人 PROFIBUS-DP 通信网络中，工业机器人既可以作为主站，也可以作为从站，工业机器人主站功能如表 3-3 所示，工业机器人从站功能如表 3-4 所示。

表 3-3 工业机器人主站功能

序号	项目	规格
1	波特率	最大 12Mbaud
2	支持类型	DP master
3	输入数量	1 024
4	输出数量	1 024
5	模拟输入数量	每块设备 2 通道（最多 6 通道）
6	模拟输出数量	每块设备 2 通道（最多 6 通道）
7	支持信号类型	Digital，UOP，group，analog，arc welding signals
8	可连接从站数量	32

表 3-4 工业机器人从站功能

序号	项目	规格
1	波特率	最大 12Mbaud
2	支持类型	DP slave
3	输入数量	1 024（机器人从站输入及输出总量不能超过 1 952）
4	输出数量	1 024（机器人从站输入及输出总量不能超过 1 952）
5	支持信号类型	Digital，UOP，group signals

任务实施

步骤 1：FANUC 工业机器人 PROFIBUS-DP 从站设置，如表 3-5 所示。

PROFIBUS-DP 从站设置

表 3-5 PROFIBUS-DP 从站设置

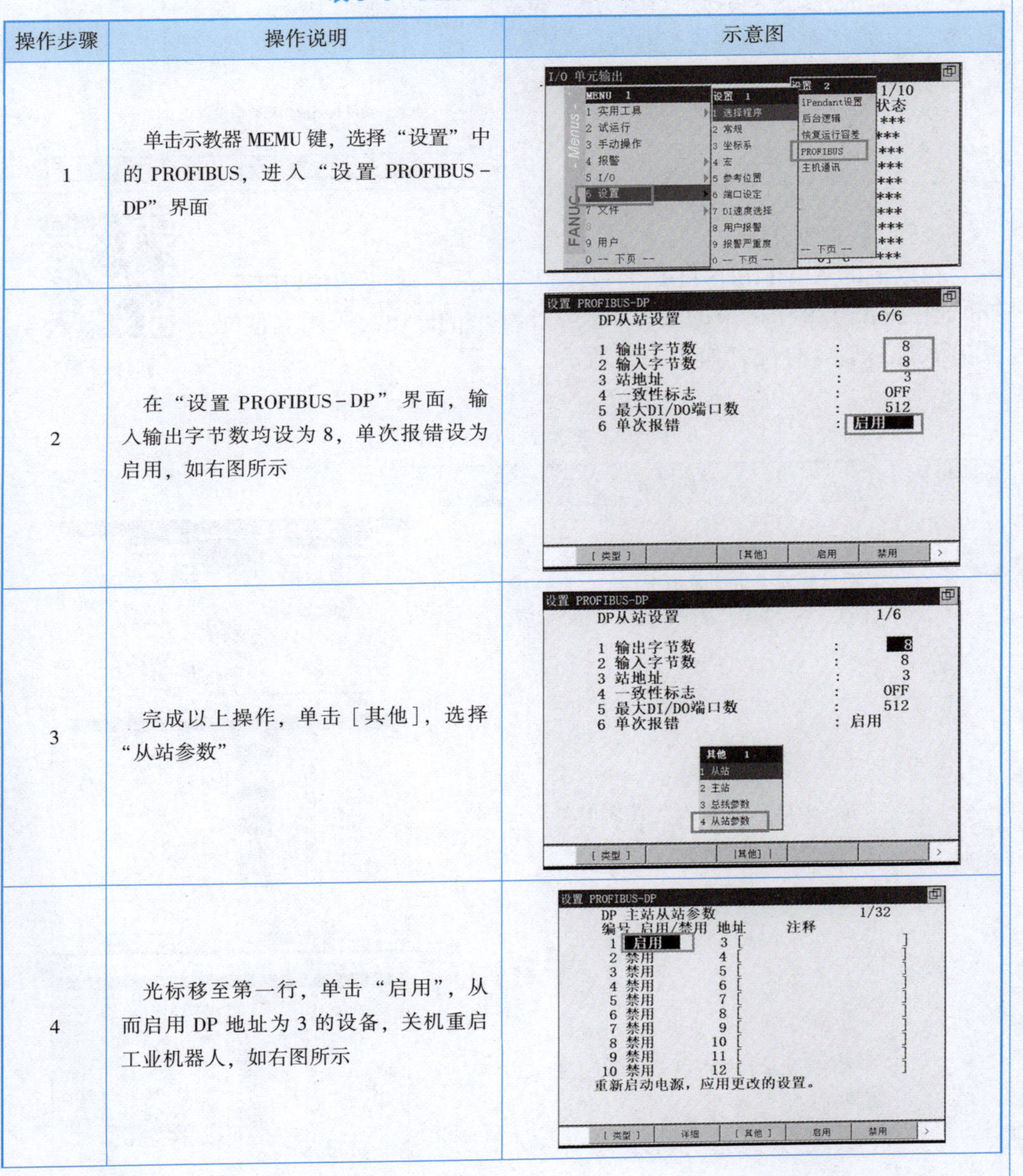

操作步骤	操作说明	示意图
1	单击示教器 MEMU 键，选择“设置”中的 PROFIBUS，进入“设置 PROFIBUS-DP”界面	
2	在“设置 PROFIBUS-DP”界面，输入输出字节数均设为 8，单次报错设为启用，如右图所示	
3	完成以上操作，单击［其他］，选择“从站参数”	
4	光标移至第一行，单击“启用”，从而启用 DP 地址为 3 的设备，关机重启工业机器人，如右图所示	

学习笔记

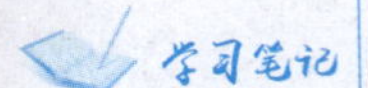

续表

操作步骤	操作说明	示意图
5	单击示教器“MEMU”按键，选择“I/O”中的 PROFIBUS	设置 PROFIBUS-DP MENU 1 1 实用工具 2 试运行 3 手动操作 4 报警 5 I/O 6 设置 7 文件 9 用户 0 -- 下页 -- I/O 1 1 单元 接口 2 自定义 3 数字 4 模拟 5 组 6 机器人 7 UOP 8 SOP 9 DI->DO 互连 0 -- 下页 -- I/O 2 I/O 连接设备 标志 PROFIBUS -- 下页 -- /32 FANUC Menus
6	DP 地址为 3 的设备所对应的地一样，分别给输入和输出输入数值 8，关机重启工业机器人	I/O PROFIBUS-DP DP 主站 数字I/O 配置 1/32 NO Adr IN-BYTE OUT-BYTE IN-OFS OUT-OFS 1 3 8 8 0 0 2 4 10 8 3 1 3 5 10 8 13 9 4 6 18 10 13 9 5 7 3 1 13 9 6 8 3 1 13 9 7 9 3 1 13 9 8 10 3 1 13 9 9 11 3 1 13 9 10 12 3 1 13 9 重新启动电源，应用更改的设置。 [类型] [其他]

步骤 2：I/O 分配。

在以上的 PROFIBUS-DP 参数设置完成后，通过 PROFIBUS-DP 通信分配了 8 个字节的输入以及 8 个字节的输出，采用完整配置方式进行 I/O 分配，如表 3-6 所示。

I/O 分配

表 3-6　I/O 分配

操作步骤	操作说明	示意图
1	在示教器上依次单击按键：“MANU”→“I/O”→“UOP”进入“I/O UOP”界面	I/O UOP输出 MENU 1 1 实用工具 2 试运行 3 手动操作 4 报警 5 I/O 6 设置 7 文件 9 用户 0 -- 下页 -- I/O 1 1 单元 接口 2 自定义 3 数字 4 模拟 5 组 6 机器人 7 UOP 8 SOP 9 DI->DO 互连 0 -- 下页 -- I/O 2 I/O 连接设备 标志 PROFIBUS -- 下页 -- /20 FANUC Menus
2	在“I/O UOP 输入”界面中单击“IN/OUT”键，切换到 UI 信号界面	I/O UOP输出 # 状态 1/20 UO[1] OFF [Cmd enabled] UO[2] ON [System ready] UO[3] OFF [Prg running] UO[4] OFF [Prg paused] UO[5] OFF [Motion held] UO[6] OFF [Fault] UO[7] OFF [At perch] UO[8] ON [TP enabled] UO[9] OFF [Batt alarm] UO[10] OFF [Busy] UO[11] OFF [ACK1/SNO1] [类型] 分配 IN/OUT ON OFF
3	如右图所示，单击“分配”键，进入 UI 配置界面	I/O UOP输入 # 状态 1/18 UI[1] ON [*IMSTP] UI[2] ON [*Hold] UI[3] ON [*SFSPD] UI[4] OFF [Cycle stop] UI[5] OFF [Fault reset] UI[6] OFF [Start] UI[7] OFF [Home] UI[8] ON [Enable] UI[9] OFF [RSR1/PNS1/STYLE1] UI[10] OFF [RSR2/PNS2/STYLE2] UI[11] OFF [RSR3/PNS3/STYLE3] 按I/O编号顺序显示。 [类型] 分配 IN/OUT

续表

操作步骤	操作说明	示意图
4	在右图 UI 配置界面中，“机架、插槽、开始点”对应设置为：UI[1-3]：35、1、1，UI[4-18]：67、1、1	I/O UOP输入 2/2 # 范围 机架 插槽 开始点 状态 1 UI[1- 3] 35 1 1 PEND 2 UI[4- 18] 67 1 1 PEND 设备名称：Unknown [类型] 一览 IN/OUT 清除 帮助
5	在右图 UO 配置界面中，“机架、插槽、开始点”对应设置为：UO[1-20]：67、1、1	I/O UOP输出 1/1 # 范围 机架 插槽 开始点 状态 1 UO[1- 20] 67 1 1 PEND 设备名称：Unknown [类型] 一览 IN/OUT 清除 帮助
6	在右图 DI 配置界面中，“机架、插槽、开始点”对应设置为：UI [1-46]：67、1、16	I/O 数字输入 2/2 # 范围 机架 插槽 开始点 状态 1 DI[1- 46] 67 1 16 PEND 2 DI[47- 512] 0 0 0 UNASG [类型] 一览 IN/OUT 清除 帮助
7	在右图 DO 配置界面中，“机架、插槽、开始点”对应设置为：DO [1-44]：67、1、21，关机重启后，I/O 生效	I/O 数字输出 2/2 # 范围 机架 插槽 开始点 状态 1 DO[1- 44] 67 1 21 PEND 2 DO[45- 512] 0 0 0 UNASG [类型] 一览 IN/OUT 清除 帮助

任务评价

对 FANUC 工业机器人进行 PROFIBUS-DP 通信设置操作评分，如表 3-7 所示。

表 3-7 任务评价

序号	考核要点	项目（配分：100 分）	教师评分
1	职业素养	工位保持清洁，物品整齐（2 分）	
		着装规范整洁，佩戴安全帽（3 分）	
		操作规范，爱护设备（5 分）	
2	PROFIBUS-DP 通信设置及 I/O 配置	从站设置操作步骤及参数设置完整（40 分）	
		I/O 分配操作正确（50 分）	
得分			

学习笔记

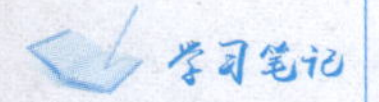

任务 3.3 工业机器人的 PNS 自动运行设置

【任务描述】

对工业机器人程序 PNS0001 进行 PNS 设置及验证。

【学前准备】

(1) 准备 FANUC 工业机器人说明书。

(2) 了解工业机器人安全操作事项。

【学习目标】

(1) 学会 PNS 自动运行命名规则。

(2) 学会 PNS 自动运行设置。

预备知识

1. 自动运行方式：PNS

程序号码选择信号（PNS1-PNS8 和 PNSTROBE）。特点：

(1) 当一个程序被中断或执行时，这些信号被忽略。

(2) 自动开始操作信号（PROD_START）：从第一行开始执行被选中的程序，当一个程序被中断或执行时，这个信号不被接收。

(3) 最多可以选择 255 个程序。

2. 自动运行方式 PNS 的程序命名

(1) 程序名必须为 7 位。

(2) 由 PNS+4 位程序号组成。

(3) 程序号=PNS 号+基数（不足以零补齐）。

3. 时序图

PNS 时序图如图 3-1 所示。

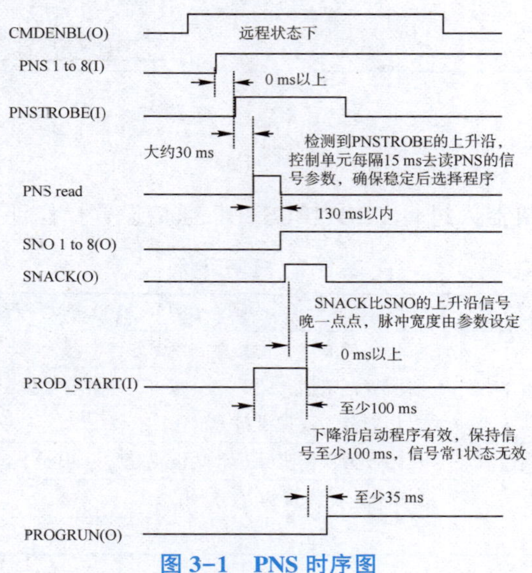

图 3-1 PNS 时序图

学习笔记

任务实施

PNS 设置

步骤 1：PNS 设置，如表 3-8 所示。

表 3-8　PNS 设置

操作步骤	操作说明	示意图
1	在示教器上依次单击按键："MANU" → "设置" → "选择程序" 进入 "选择程序" 界面	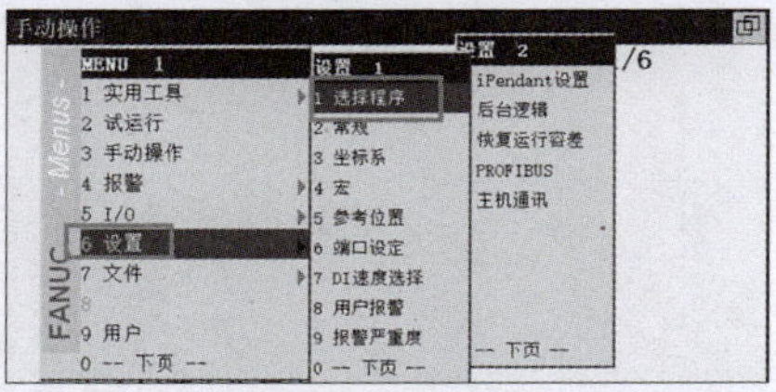
2	在 "选择程序" 界面，光标移至第一行，单击 "选择"，在跳出的图框中选择 PNS，关机重启工业机器人	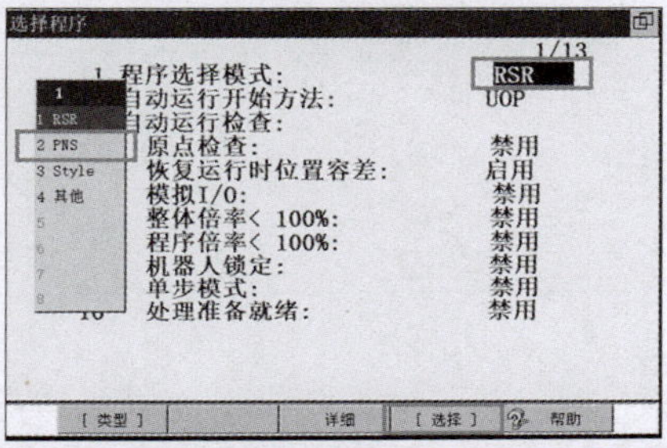
3	重启完成后，再次回到 "选择程序" 界面，将光标移动到 "1 程序选择模式"，按下 "详情"	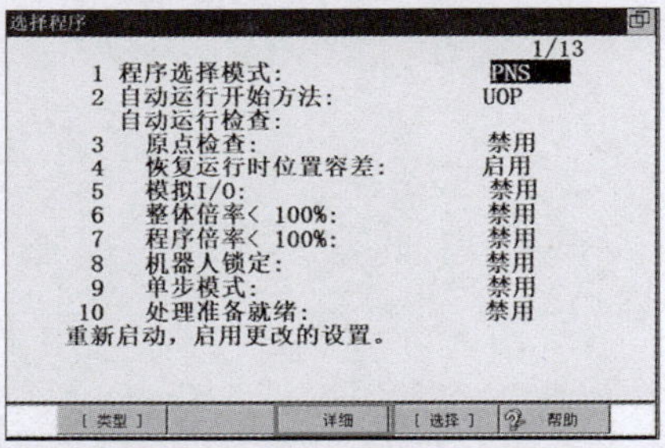
4	在此界面将基数改为 0	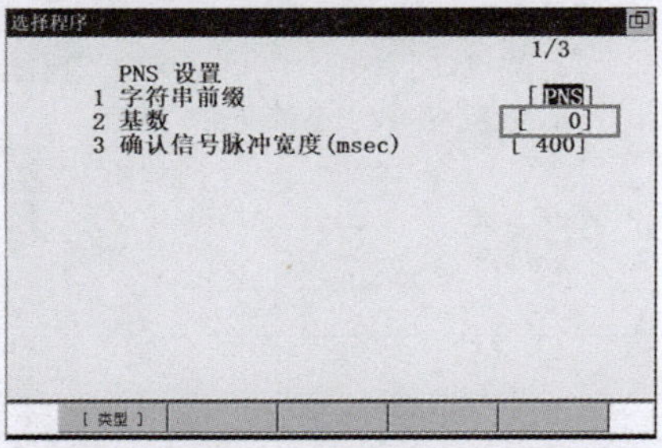
5	在示教器中依次单击如下按键："MENU"（菜单）→ "下页" → "系统" → "配置"，进入 "系统/配置" 界面	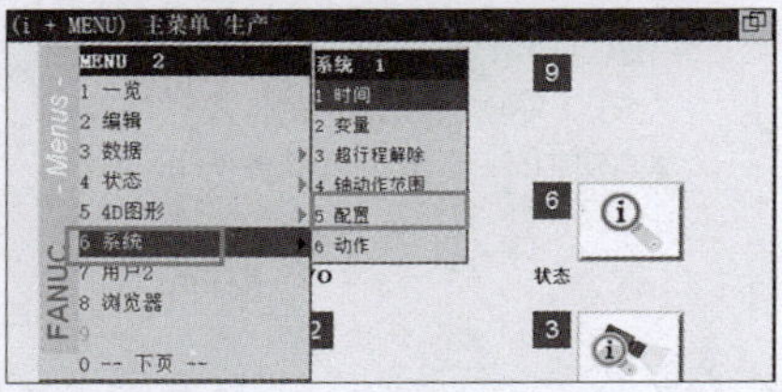

学习笔记

续表

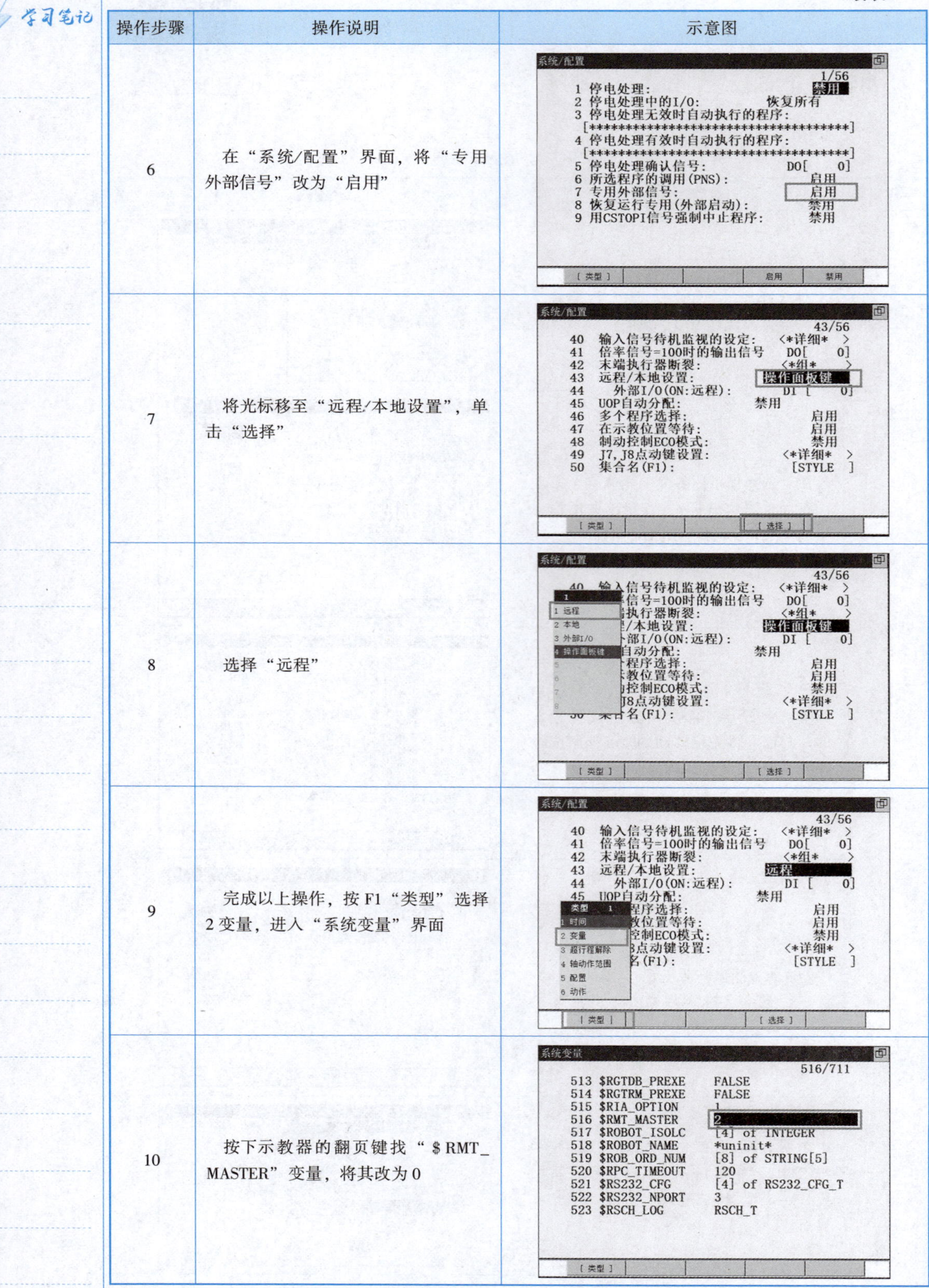

操作步骤	操作说明	示意图
6	在“系统/配置”界面，将“专用外部信号”改为“启用”	
7	将光标移至“远程/本地设置”，单击“选择”	
8	选择“远程”	
9	完成以上操作，按 F1“类型”选择 2 变量，进入“系统变量”界面	
10	按下示教器的翻页键找“$RMT_MASTER”变量，将其改为 0	

任务评价如表 3-9 所示。

学习笔记

表 3-9　任务评价

序号	考核要点	项目（配分：100 分）	教师评分
1	职业素养	工位保持清洁，物品整齐（2 分）	
		着装规范整洁，佩戴安全帽（3 分）	
		操作规范，爱护设备（5 分）	
2	PNS 自动运行设置	PNS 方式选择（30 分）	
		基数设置正确（20 分）	
		专用外部信号、远程启用（20 分）	
		变量修改（20 分）	
得分			

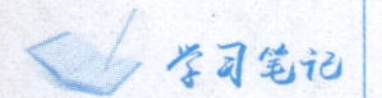

学习笔记

任务3.4　码垛工作站控制系统编程与调试

【任务描述】

使用PROFIBUS-DP电缆连接PLC与工业机器人，进行PLC端的I/O分配，编写PLC控制程序并对码垛工作站进行整机调试。

【学前准备】

(1) 准备FANUC工业机器人说明书、西门子PLC编程说明书。

(2) 了解工业机器人安全操作事项。

【学习目标】

(1) 学会使用PROFIBUS-DP电缆连接设备。

(2) 学会如何通过PROFIBUS-DP实现PLC与机器人的通信控制。

任务实施

步骤1：线路连接。

工业机器人码垛工作站主要由PLC、CM 1243-5 PROFIBUS-DP MASTER模块、PROFIBUS-DP电缆及接头、工业机器人及其控制柜组成，通过PROFIBUS-DP现场总线实现PLC与工业机器人的信号交互。码垛工作站设备拓扑图如图3-2所示。

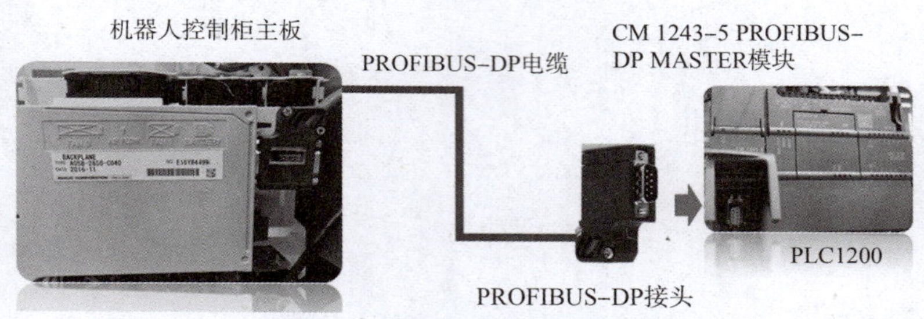

图3-2　码垛工作站设备拓扑图

(1) PROFIBUS-DP电缆一端插入机器人控制柜主板的PROFIBUS接口，PROFIBUS-DP电缆另一端插入CM 1243-5 PROFIBUS-DP MASTER模块，如图3-2所示。

(2) PROFIBUS-DP接头终端电阻拨钮拨到ON处，如图3-3所示。

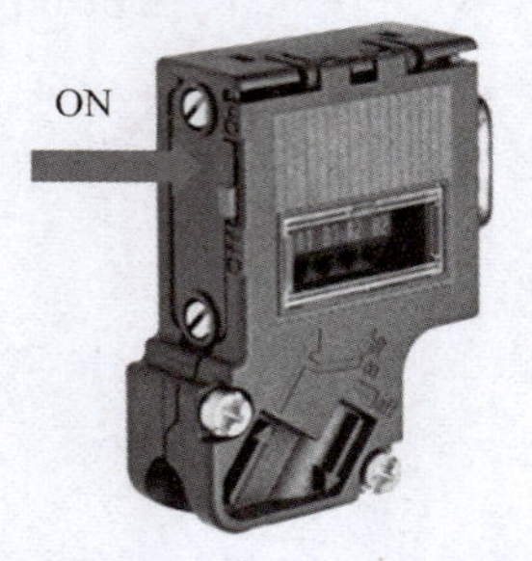

图3-3　PROFIBUS-DP接头终端电阻

步骤 2：PLC I/O 分配。

在机器人上完成 PROFIBUS-DP 参数设置后，分配了 8 个字节的输入以及 8 个字节的输出，对应于机器人端的 I/O 分配，对 PLC 进行输入输出 I/O 分配。PLC 的 I/O 信号配置如表 3-10 所示。

表 3-10　PLC 的 I/O 信号配置

序号	名称	信号类型	地址	备注	对应机器人地址
1	Cycle stop	输出信号	Q2. 0	周期停止信号	UI[4]
2	Fault reset	输出信号	Q2. 1	错误清除信号	UI[5]
3	Start	输出信号	Q2. 2	启动信号	UI[6]
4	Home	输出信号	Q2. 3	回原点	UI[7]
5	Enable	输出信号	Q2. 4	机器人使能	UI[8]
6	PNS 1	输出信号	Q2. 5	程序选择信号	UI[9]
7	PNS 2	输出信号	Q2. 6	程序选择信号	UI[10]
8	PNS 3	输出信号	Q2. 7	程序选择信号	UI[11]
9	PNS 4	输出信号	Q3. 0	程序选择信号	UI[12]
10	PNS 5	输出信号	Q3. 1	程序选择信号	UI[13]
11	PNS 6	输出信号	Q3. 2	程序选择信号	UI[14]
12	PNS 7	输出信号	Q3. 3	程序选择信号	UI[15]
13	PNS 8	输出信号	Q3. 4	程序选择信号	UI[16]
14	PNS strobe	输出信号	Q3. 5	PN 滤波信号	UI[17]
15	Prod start	输出信号	Q3. 6	自动操作信号（信号下降沿有效）	UI[18]
16	用户 I/O	输出信号	Q3. 7~Q9. 7	由用户定义	DI[1-46]
17	Cmd enabled	输入信号	I2. 0	命令使能信号输出	UO[1]
18	System ready	输入信号	I2. 1	系统准备就绪信号输出	UO[2]
19	Prg running	输入信号	I2. 2	程序执行状态输出	UO[3]
20	Prg paused	输入信号	I2. 3	程序暂停状态输出	UO[4]
21	MotI/On held	输入信号	I2. 4	暂停输出	UO[5]
22	Fault	输入信号	I2. 5	报警输出	UO[6]
23	At perch	输入信号	I2. 6	机器人就位输出	UO[7]
24	TP enabled	输入信号	I2. 7	示教盒使能输出	UO[8]
25	Batt alarm	输入信号	I3. 0	电池异常报警信号输出	UO[9]
26	Busy	输入信号	I3. 1	处理器忙输出	UO[10]
27	SNO1	输入信号	I3. 2	以 8 位二进制码表示 PNS 程序号	UO[11]
28	SNO2	输入信号	I3. 3	以 8 位二进制码表示 PNS 程序号	UO[12]
29	SNO3	输入信号	I3. 4	以 8 位二进制码表示 PNS 程序号	UO[13]
30	SNO4	输入信号	I3. 5	以 8 位二进制码表示 PNS 程序号	UO[14]
31	SNO5	输入信号	I3. 6	以 8 位二进制码表示 PNS 程序号	UO[15]

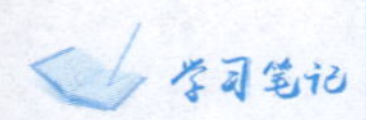

续表

序号	名称	信号类型	地址	备注	对应机器人地址
32	SNO6	输入信号	I3. 7	以 8 位二进制码表示 PNS 程序号	UO[16]
33	SNO7	输入信号	I4. 0	以 8 位二进制码表示 PNS 程序号	UO[17]
34	SNO8	输入信号	I4. 1	以 8 位二进制码表示 PNS 程序号	UO[18]
35	SNACK	输入信号	I4. 2	信号数确认输出	UO[19]
36	Reserved	输入信号	I4. 3	预留信号	UO[20]
37	用户 IO	输入信号	I4. 4～I9. 7	由用户定义	DO[1-44]

步骤 3：PLC 编程与调试，如表 3-11 所示。

表 3-11 PLC 编程与调试

操作步骤	操作说明	示意图
1	双击桌面图标 TIA V15 TIA Portal V15，打开 PLC 软件，单击“创建新项目”，在项目名称处输入“码垛工作站”然后单击“创建”	打开现有项目 创建新项目 移植项目 关闭项目 欢迎光临 新手上路 已安装的软件 创建新项目 项目名称：码垛工作站 路径：C:\Users\adminn\Documents\Automation 版本：V15 作者：adminn 注释： 创建
2	单击“打开项目视图”	打开现有项目 创建新项目 移植项目 关闭项目 欢迎光临 新手上路 已安装的软件 帮助 用户界面语言 新手上路 项目："码垛工作站"已成功打开。请选择下一步： 开始 设备和网络 组态设备 PLC 编程 创建 PLC 程序 运动控制 & 技术 组态 工艺对象 可视化 组态 HMI 画面 项目视图 打开项目视图
3	进入设备组态界面，双击“添加新设备”	项目(P) 编辑(E) 视图(V) 插入(I) 在线(O) 选项(N) 工具(T) 窗口(W) 帮助(H) 保存项目 转至在线 项目树 设备 码垛工作站 添加新设备 设备和网络 未分组的设备 Security 设置 公共数据 文档设置 语言和资源 在线访问 读卡器/USB 存储器

续表

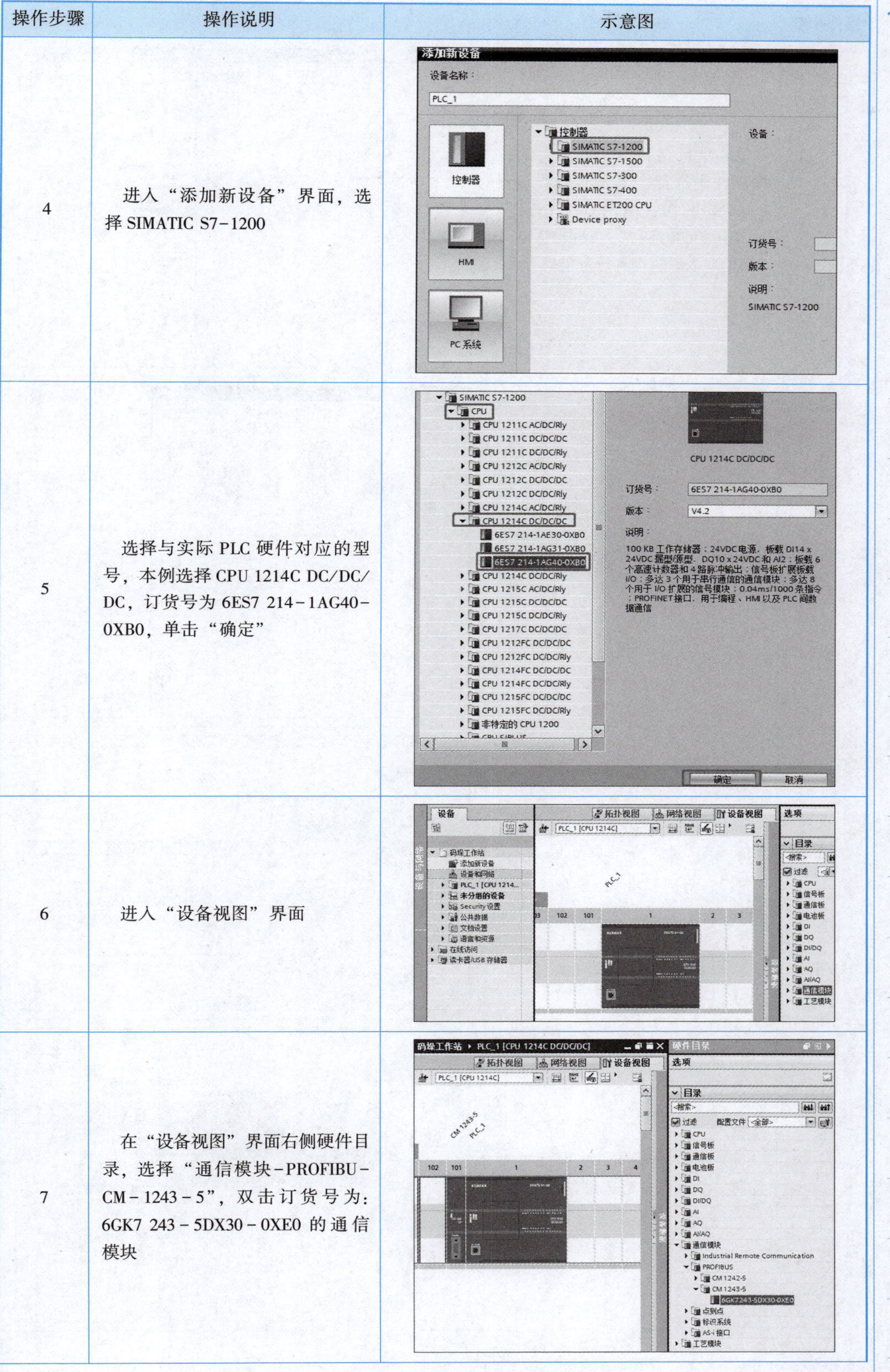

操作步骤	操作说明	示意图
4	进入“添加新设备”界面，选择 SIMATIC S7-1200	
5	选择与实际 PLC 硬件对应的型号，本例选择 CPU 1214C DC/DC/DC，订货号为 6ES7 214-1AG40-0XB0，单击“确定”	
6	进入“设备视图”界面	
7	在“设备视图”界面右侧硬件目录，选择“通信模块-PROFIBU-CM-1243-5”，双击订货号为：6GK7 243-5DX30-0XE0 的通信模块	

学习笔记

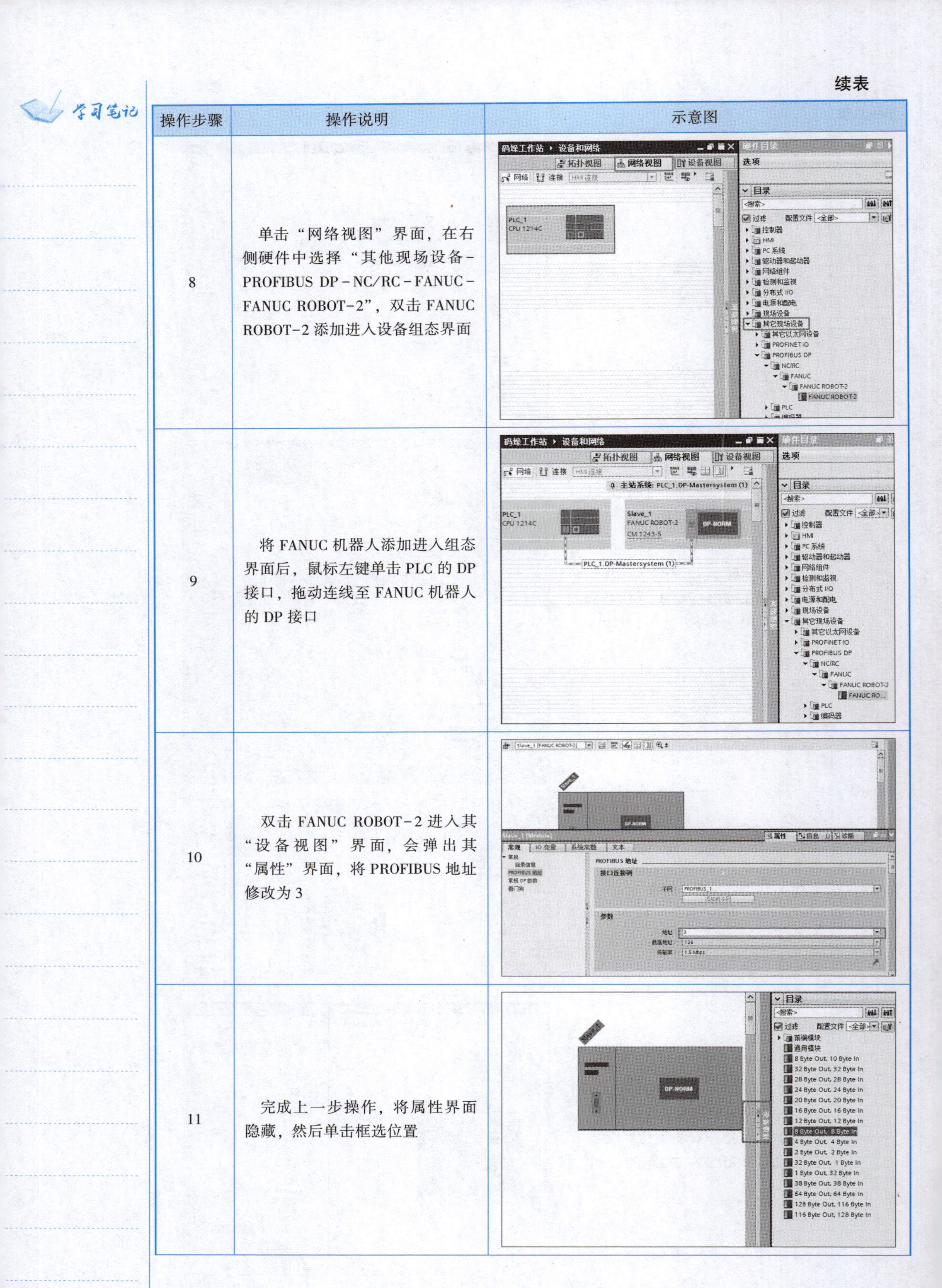

学习笔记

续表

操作步骤	操作说明	示意图
8	单击“网络视图”界面，在右侧硬件中选择“其他现场设备-PROFIBUS DP-NC/RC-FANUC-FANUC ROBOT-2”，双击 FANUC ROBOT-2 添加进入设备组态界面	
9	将 FANUC 机器人添加进入组态界面后，鼠标左键单击 PLC 的 DP 接口，拖动连线至 FANUC 机器人的 DP 接口	
10	双击 FANUC ROBOT-2 进入其“设备视图”界面，会弹出其“属性”界面，将 PROFIBUS 地址修改为 3	
11	完成上一步操作，将属性界面隐藏，然后单击框选位置	

续表

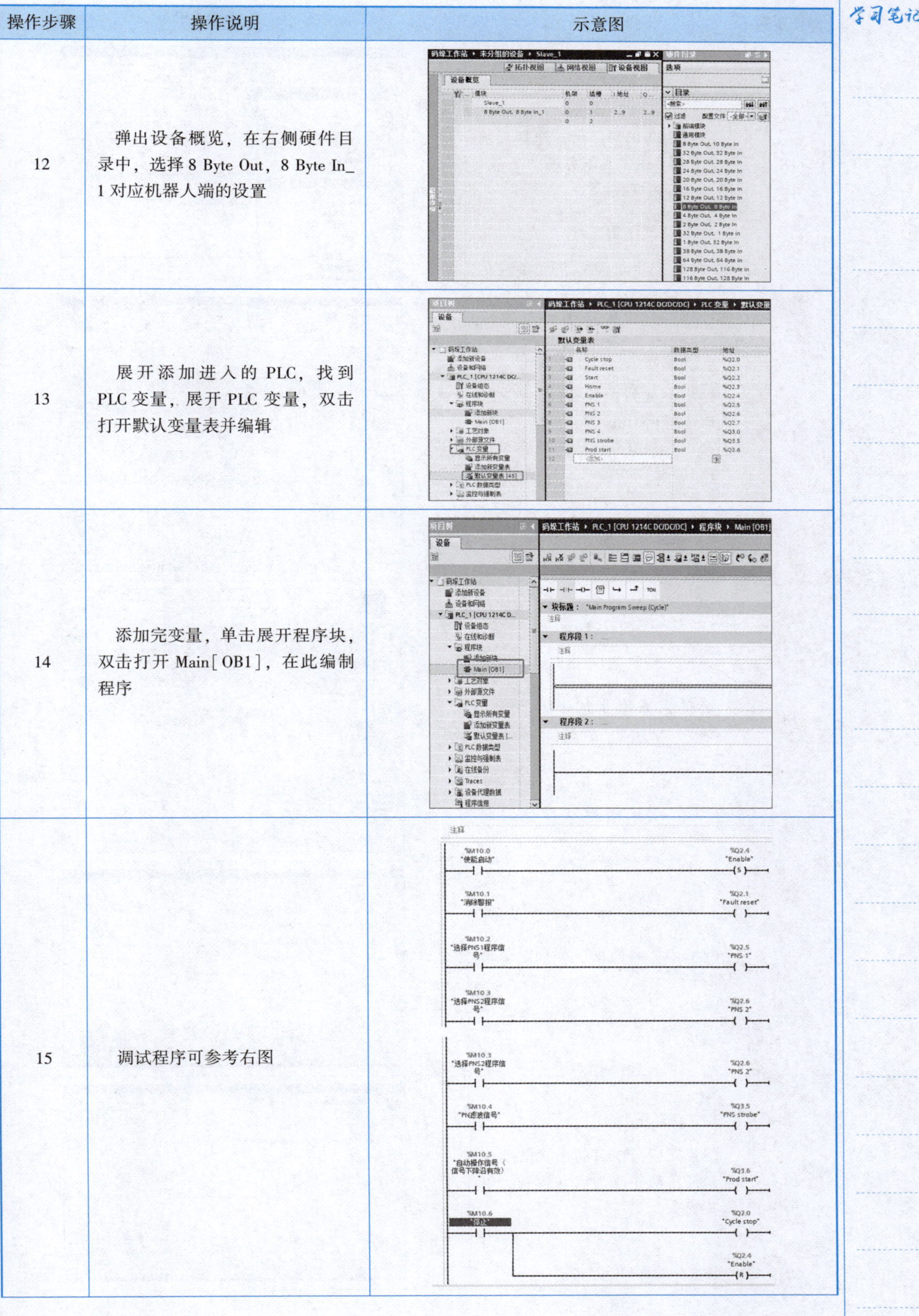

操作步骤	操作说明	示意图
12	弹出设备概览，在右侧硬件目录中，选择 8 Byte Out，8 Byte In_1 对应机器人端的设置	
13	展开添加进入的 PLC，找到 PLC 变量，展开 PLC 变量，双击打开默认变量表并编辑	
14	添加完变量，单击展开程序块，双击打开 Main[OB1]，在此编制程序	
15	调试程序可参考右图	

学习笔记

续表

操作步骤	操作说明	示意图
16	编制完调试程序后，选择当前PLC，再单击工具下方的“下载”图标，开始下载	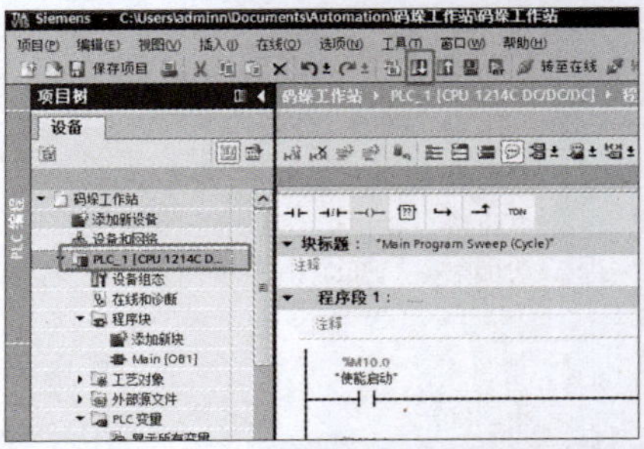
17	弹出下载到设备界面，PG/PC接口选择PROFIBUS，接口、子网选择PROFIBUS_1，选择完单击“开始搜索”	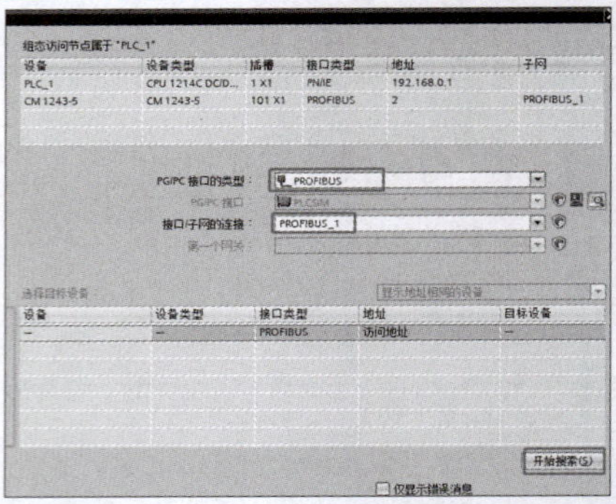
18	选择搜索出来的PLC，单击“下载”	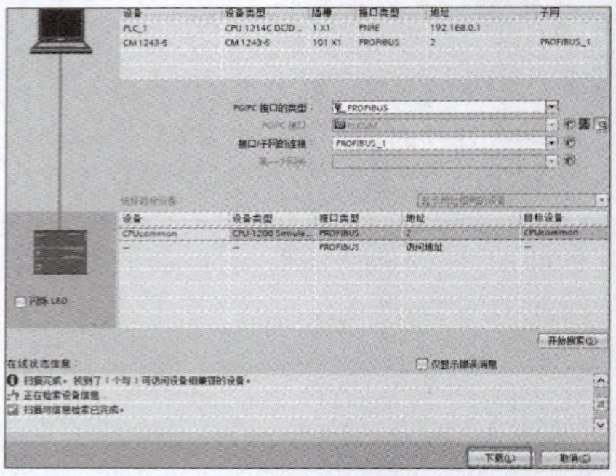
19	弹出“下载预览”界面，单击“装载”	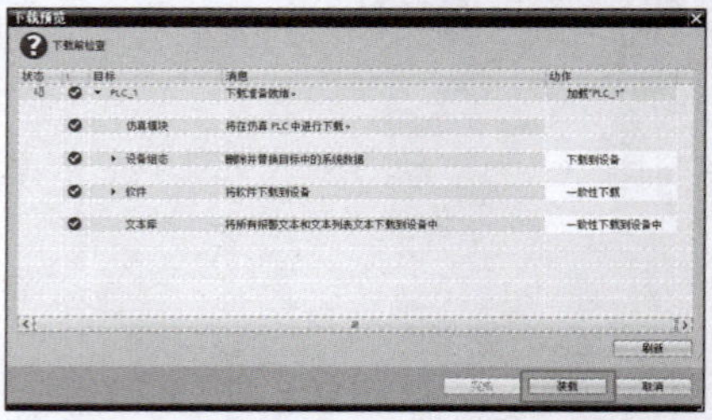
20	装载完成，在启动模块的动作处，将其动作改为启动模块，单击“完成”	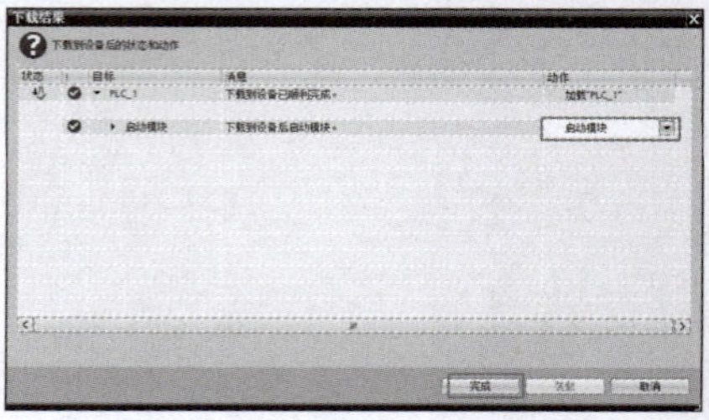

学习笔记

续表

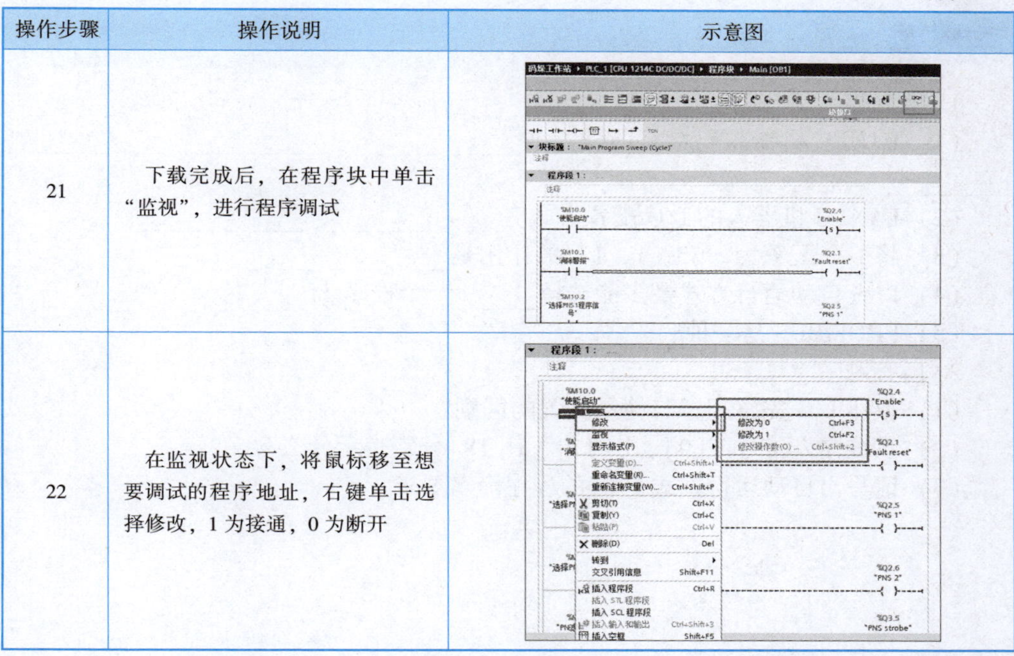

操作步骤	操作说明	示意图
21	下载完成后，在程序块中单击“监视”，进行程序调试	
22	在监视状态下，将鼠标移至想要调试的程序地址，右键单击选择修改，1 为接通，0 为断开	

任务评价

PLC 编程与调试操作评分，如表 3-12 所示。

表 3-12　任务评价

序号	考核要点	项目（配分：100 分）	教师评分
1	职业素养	工位保持清洁，物品整齐（2 分）	
		着装规范整洁，佩戴安全帽（3 分）	
		操作规范，爱护设备（5 分）	
2	I/O 接线	接线正确（10 分）	
		接线符合工艺要求（10 分）	
3	机器人码垛程序运行	机器人正确吸持工件（10 分）	
		机器人正确放置工件（10 分）	
		机器人运行轨迹正确，无碰撞（10 分）	
		完成任务后机器人回工作原点（10 分）	
		机器人程序编写符合规范要求（5 分）	
4	PLC 程序编写及验证	程序编写完整（5 分）	
		正确下载（5 分）	
		能监控信号（5 分）	
		能触发机器人工作（10 分）	
得分			

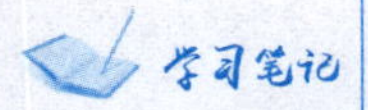

问题探究

1. 填空题

（1）FANUC 机器人码垛有四种方式__________、__________、__________、__________。

（2）FANUC 机器人的 I/O 配置方式有____________、____________。

（3）将 I/O 配置为“35，1，1”的作用是____________。

（4）PNS 自动运行方式最多能选择________个程序。

（5）PROFIBUS 是一种________。

2. 简答题

（1）叙述 I/O 完整配置与简易配置的区别？

（2）系统输入信号 U[9]、U[17]、U[18]分别表示什么含义？

（3）请写出自动运行方式 PNS 的程序命名要求。

学习笔记

项目四　工业机器人装配工作站系统组建

项目学习导航

学习目标	**知识目标：** 1. 学会机器人装配任务编程方法。 2. 学会博途软件配置 PROFINET 网络通信方法。 3. 学会工业机器人配置 PROFINET 网络通信方法。 4. 学会装配机器人工作站中机器人、PLC、人机界面的程序设计方法。 **技能目标：** 1. 能熟练完成机器人装配任务程序编写。 2. 能独立完成机器人 I/O 信号配置。 3. 能独立完成 PLC 与工业机器人的 PROFINET 组网配置与联机调试。 4. 能为工业机器人工作站组建一套基于 PROFINET 网络的控制系统并调试。 **素养目标：** 养成严谨认真的工作精神
知识重点	1. PLC 与工业机器人 PROFINET 网络通信配置。 2. 工业机器人与 PLC 网络通信 I/O 配置
知识难点	1. 工业机器人 PROFINET 网络通信参数。 2. 工业机器人与 PLC 网络通信 I/O 配置
建议学时	12 学时
实训任务	任务 4.1　FANUC 工业机器人工作站 PROFINET 网络通信配置 任务 4.2　FANUC 工业机器人装配工作站系统程序编写 任务 4.3　机器人装配工作站系统人机界面设计及系统调试

项目导入

在工业机器人与 PLC 之间配置 PROFINET 通信网络，建立 PLC 与机器人之间信号连接，设计机器人工作站人机界面，编写 PLC 逻辑控制程序以及机器人工件装

配程序，在示教器上进行自动运行设置，最终完成由人机界面下发指令通过 PLC 控制工业机器人进行自动装配的系统组建。

机器人装配任务如下：

机器人首先通过末端工具上的吸盘拾取装配工作台左方长方体，然后安装至右方工件上，最后通过末端工具上的手爪分别抓取装配工作台的插销安装在右方的组合上，完成零件装配任务，其零件装配方式与安装任务如图 4-1 所示。

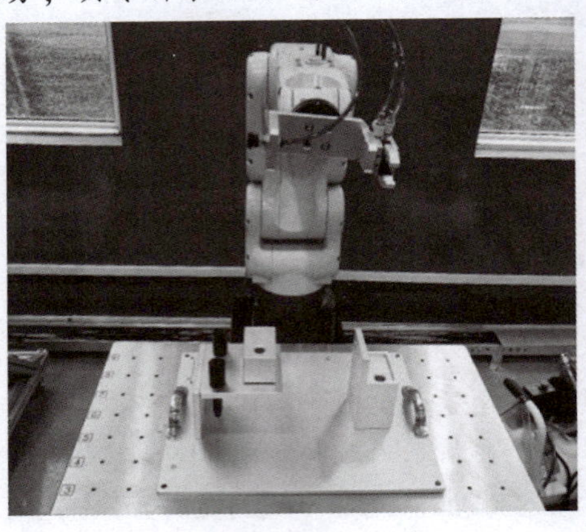

（a）

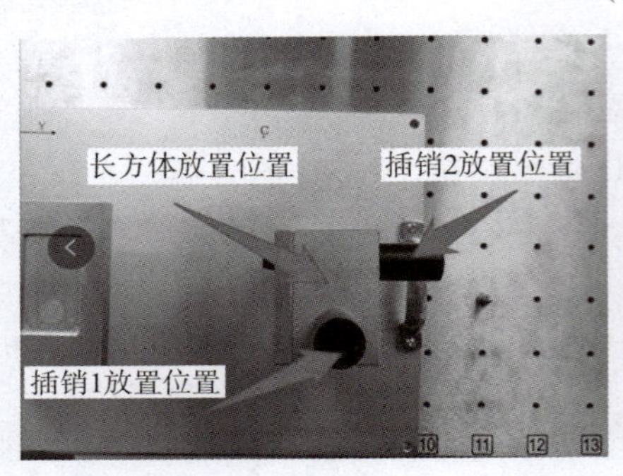

（b）

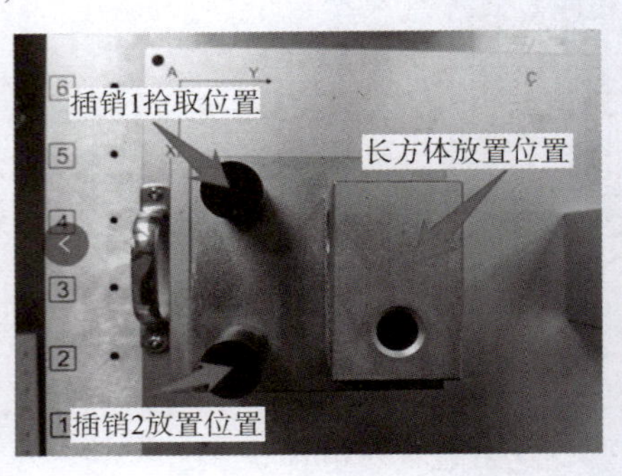

（c）

图 4-1　机器人装配工作任务示意图

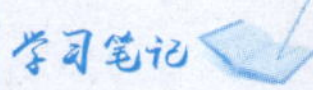

任务 4.1 FANUC 工业机器人工作站 PROFINET 网络通信配置

【任务描述】

在工业机器人装配工作站中，若要让机器人与相关外围设备按设定方式执行任务则需要 PLC、机器人之间建立通信并完成程序编写与下载调试。在编写 PLC 程序之前，需要首先对 PLC 完成硬件组态，然后分别在博途软件以及机器人示教器上完成 PROFINET 通信参数配置，而完成此任务需要完成分布式设备的 GSD 文件安装、分布式设备（机器人）组态以及 PROFINET 网络参数配置等操作。

【学前准备】

(1) 准备 FANUC 工业机器人说明书。

(2) 准备西门子 S7-1200 软件使用说明书。

(3) 了解 PROFINET 工业以太网。

【学习目标】

(1) 能根据现场 PLC 设备完成硬件组态。

(2) 能在博途软件中组态 PROFINET 分布式通信设备。

(3) 学会 FANUC 机器人 PROFINET 通信参数配置方法。

预备知识

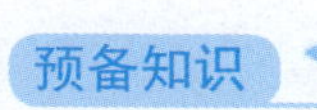

1. PROFINET 网络组建主要步骤

完成 PLC 与分布式设备（FANUC 工业机器人）PROFINET 控制网络的组建，主要步骤如下：

(1) 在博途软件中对所有使用 PROFINET 通信的模块完成硬件组态的基础上，对所添加的模块进行参数配置。参数配置主要包括：配置 PLC 以及通信网络上各模块的 IP 地址、子网掩码以及设备名称。

(2) 在通信网络所使用软件中进行参数配置，其参数同上，且必须与在博途软件中所配置完全一致。

(3) 在博途软件的网络结构界面中，建立 PLC 的 CPU 与 FANUC 工业机器人的连接关系。

(4) 在程序编译无误后下载至 PLC。

2. PROFINET 网络概述

PROFINET 是一种开放式的工业以太网标准，是由西门子公司和 PROFIBUS 用户协会开发。它具有多制造商产品之间的通信能力，并针对分布式智能自动化系统进行了优化。PROFINET=PROFIBUS+Ethernet，是把 PROFIBUS 的主从结构移植到以太网上。由于 PROFINET 是基于工业以太网的，所以可以有以太网的星形、树形、总线型等拓扑结构，而 PROFIBUS 只有总线型；它同时具有以太网通信周期短、带宽高、高效网络等优势使其远超现场总线范畴，且更灵活，同时兼具开放性和安全性。

工厂由于高运营成本和高生产率的要求，对数据传输要求十分严格，不同于互联网传输数据，工厂设备间的信息必须准确地在预期的时间到达，这就要求设备间数据传输具有非常高的实时性。PROFINET 对某些实时性要求不高的数据使用 TCP/IP 和其他通信协议传输；在传输实时性要求较高的数据时，PROFINET 网络不使用 TCP/IP 协议栈处理并将精简通信堆栈结构，从而大大缩短通信时间，保证了通信的实时性。

PROFINET 因具有以太网通信的优点，同时又作为一种开放的通信标准可无缝衔接自动化与 IT 网络适应未来以太网发展，因此将会在未来的工业网络占据重要地位。

3. GSD 文件

GSD（Generic Station Description File）文件是通用站点描述文件的简称，是 PROFIBUS-DP、PROFINET I/O 产品的驱动文件，是不同生产商之间为互相集成使用所建立的标准通信接口。一般当从站模块的生产商与主站 PLC 生产商不同时，需要在主站组态时安装从站模块的 GSD 文件。博途（TIA）软件安装相应设备 GSD 文件后，即可获得该设备的相关通信信息，设备方可在硬件目录资源卡下选用。

GSD 文件的安装设置在博途软件菜单栏的“选项”的“管理通用站描述文件（GSD）（D）”选项中，如图 4-2 所示。

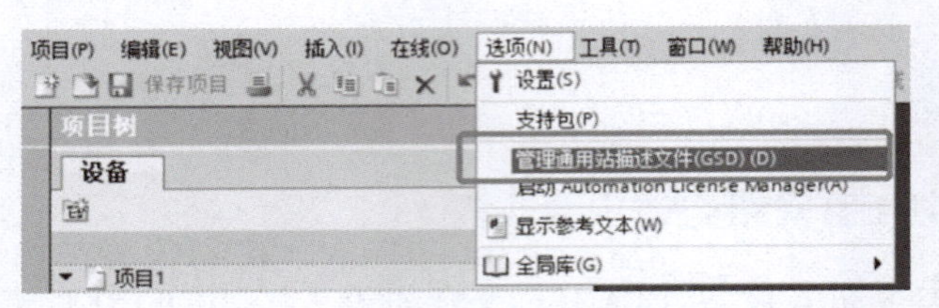

图 4-2　GSD 文件安装设置

4. 机器人 PROFINET I/O 功能配置

FANUC 机器人实现 PROFINET 网络通信可在硬件上选择使用 PROFINET（M）板，该板卡具有 4 个网络接口，如图 4-3 所示。由上往下数第 1、2 个网络接口是机器人作为 PROFINET 通信主站时应用，在信号配置时应用机架号（RACK）为 101，3、4 口是机器人作为 PROFINET 通信从站时应用，在信号配置时应用机架号（RACK）为 102。

图 4-3　FANUC 机器人 PROFINET 网络通信板卡

5. FANUC 机器人 PROFINET 从站启用配置

在 FANUC 机器人示教器进行 PROFINET 参数配置过程中需要设置 IP 地址、子网掩码、主从站选择以及 I/O 设备选择等参数。

在示教器主界面中，按下示教器上“MENU”按键，然后根据界面所提示选项依次选择“I/O”→“PROFINET（M）”，操作完成后将显示“PROFINET 参数配置”界面。FANUC 机器人“PROFINET 参数配置”界面如图 4-4 所示。

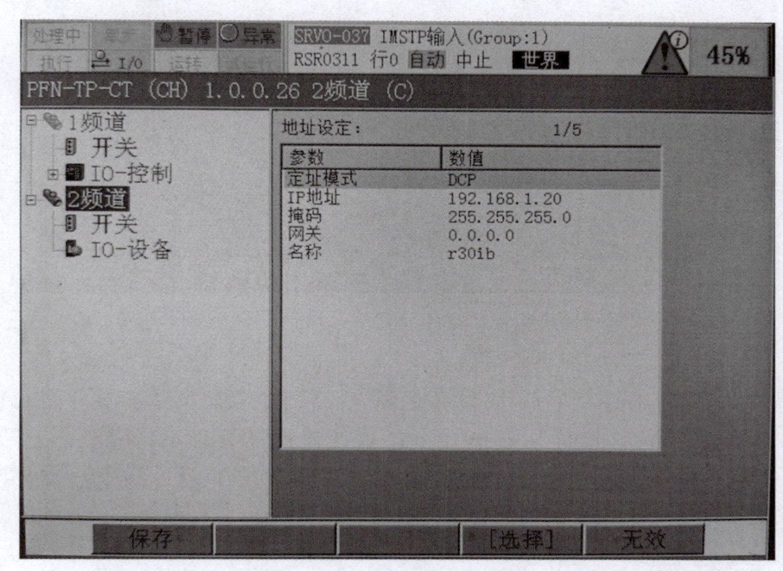

图 4-4　FANUC 机器人“PROFINET 参数配置”界面

界面左侧有两个频道可进行选择，1 频道代表机器人作为通信主站，2 频道代表机器人作为通信从站。若将机器人作为通信从站需将 1 频道关闭，2 频道打开。因此要分别将光标移动至 1 频道和 2 频道的“开关”选项上，通过界面下方 F4“选择”功能，将 1 频道关闭（关闭状态其频道图标颜色变暗），2 频道打开（打开状态其频道图标变亮）。

最后根据板卡所配置的 I/O 设备选择对应参数，通过分屏按键将光标移动至 2 频道下方的“IO-设备”，然后按下“ENTER”按键，进入“I/O 设备选择”界面，如图 4-5 所示。通过分屏按键切换至“I/O 设备选择”界面，选中 I/O 设备实际安装插槽号，按下“编辑”功能对应按键 F4 进入“设备选择”界面，选择实际安装的 I/O 设备类型完成配置。

6. 建立 PROFINET 网络连接

在完成 PLC 与机器人 PROFINET 通信参数配置后，需要在博途软件中完成两通信设备的软件连接操作。在博途软件的网络结构界面，将鼠标放在 CPU 模块的网络接口上后，按住鼠标左键不放并拖曳至分布式设备的网络接口后松开左键，便建立完成 CPU 与分布式设备软件中的网络连接，如图 4-6（a）所示。CPU 与分布式设备模块右方会以及两者的连接导线中出现：“IO 系统：×××. PROFINET IO-

学习笔记

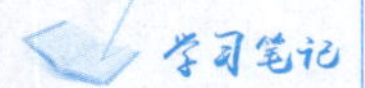

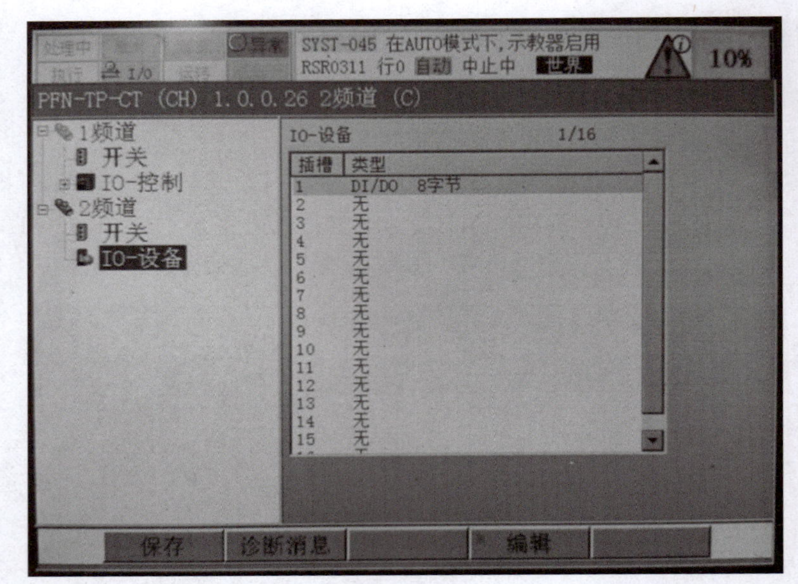

图 4-5 FANUC 机器人 PROFINET 通信 I/O 设备选择界面

System”等提示字样（×××为 CPU 设备名称）；若在操作过程有误，将可能出现如图 4-6（b）所示情况。此时，分布式设备模块上会提示“未分配”，说明 CPU 与分布式设备仅创建一个物理连接线，并未建立网络连接关系。在这种状态下，博途（TIA）软件编译后将认定 CPU 与分布式设备是相互独立的设备。

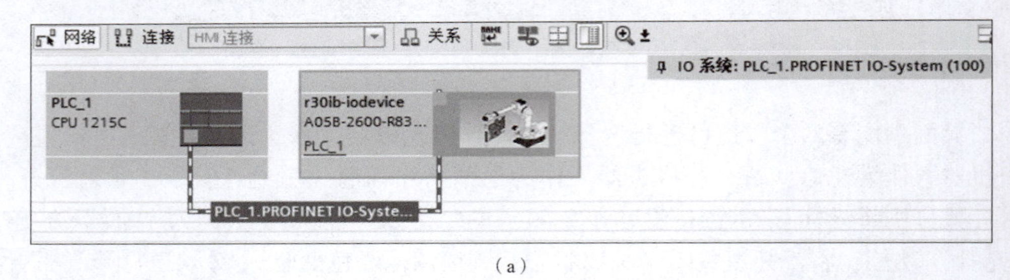

（a）

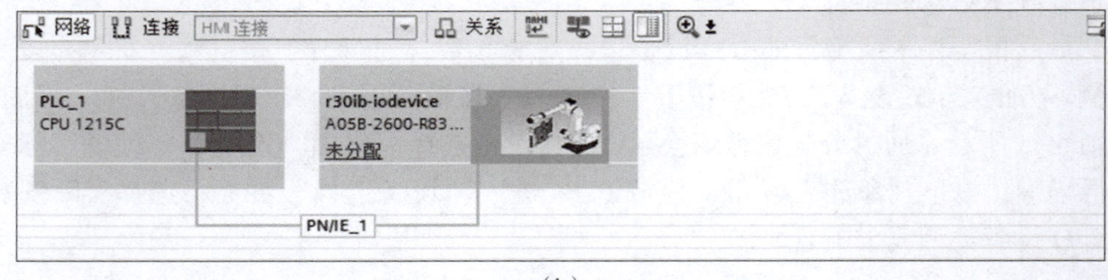

（b）

图 4-6 PLC 与机器人 PROFINET 网络连接示意图

（a）建立网络连接；（b）未建立网络连接

7. 机器人系统与 PLC 信号地址关系

根据工作站控制需求，列出任务中可能用到的机器人系统信号，如表 4-1 和表 4-2 所示。

表 4-1　机器人系统输入信号

序号	信号名称	机架号	地址	备注
1	UI[1] IMSTP	102	1	急停信号
2	UI[2] HOLD	102	2	运动保持信号
3	UI[3] SFSPD	102	3	安全输入信号
4	UI[4] Cycle stop	102	4	周期停止信号
5	UI[5] Fault reset	102	5	错误清除信号
6	UI[6] Start	102	6	启动信号
7	UI[7] Home	102	7	回原点
8	UI[8] Enable	102	8	使能信号
9	UI[9] RSR1/PNS1/STYLE1	102	9	机器人启动请求信号 1
10	UI[10] RSR2/PNS2/STYLE2	102	10	机器人启动请求信号 2

表 4-2　机器人系统输出信号

序号	信号名称	机架号	地址	备注
1	UO[1]Cmd enable	102	1	命令使能信号输出
2	UO[2]SYSRDY	102	2	系统准备就绪输出
3	UO[3]Prg running	102	3	程序执行状态输出
4	UO[4]Prg paused	102	4	程序暂停状态输出
5	UO[5]Motion held	102	5	运动暂停输出
6	UO[6]Fault	102	6	报警输出
7	UO[7]Atpearch	102	7	机器人就位输出
8	UO[8]TP enable	102	8	示教器使能输出
9	UO[9]BatteryLowAlert	102	9	电池电量低报警输出
10	UO[10]Busy	102	10	处理器忙输出

本次信号配置中，输入输出信号大小各为 8 字节，PLC 对应地址分别为 I4.0~I11.7、Q4.0~Q11.7；由 4.2 节与表 4-1、表 4-2 内容可知 PLC 的 I4.0 信号对应机器人机架号 102 的输出 1 号地址即 UO[1]，I4.1 对应 UO[2]；PLC 的 Q4.0 信号对应机器人机架号 102 的输入 1 号地址即 UI[1]，Q4.1 对应 UI[2]，以此类推。

任务实施

步骤 1：PLC 参数设置，如表 4-3 所示。

步骤 2：FANUC 工业机器人 GSD 文件加载，如表 4-4 所示。

步骤 3：组态分布式设备（FANUC 工业机器人），如表 4-5 所示。

PLC 参数设置

GSD 文件加载

组态分布式设备

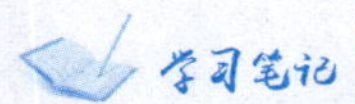

表 4-3　PLC 参数设置

操作步骤	操作说明	示意图
1	在设备与网络界面下，双击 CPU 机架，打开其巡视窗口的属性选项卡界面，准备对其参数进行配置	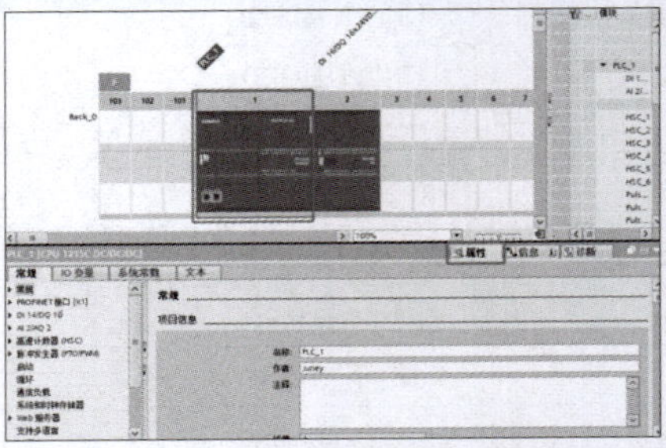
2	选中左侧导航栏中常规选项卡的“PROFINET 接口［X1］”写入项目中 PLC 的网络 IP 地址与子网掩码。本实例，PLC 的 IP 地址为：192.168.1.10，子网掩码为：255. 255.255.0	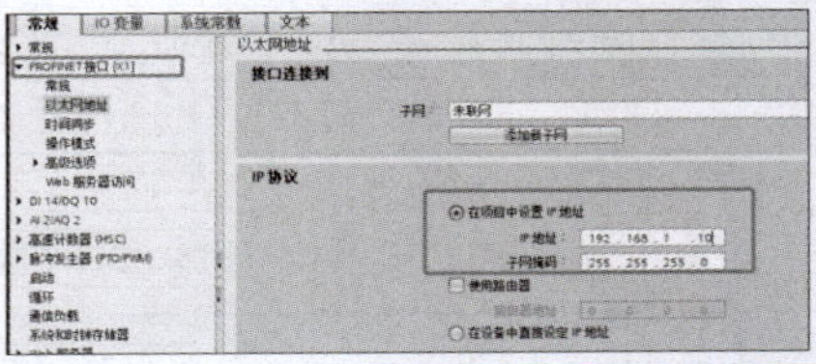
3	在连接机制中勾选“允许来自远程对象的 PUT/GET 通信访问”	

表 4-4　GSD 文件加载

操作步骤	操作说明	示意图
1	在博途软件中单击选择菜单栏中“选项”下的“管理通用站描述文件（GSD）（D）”	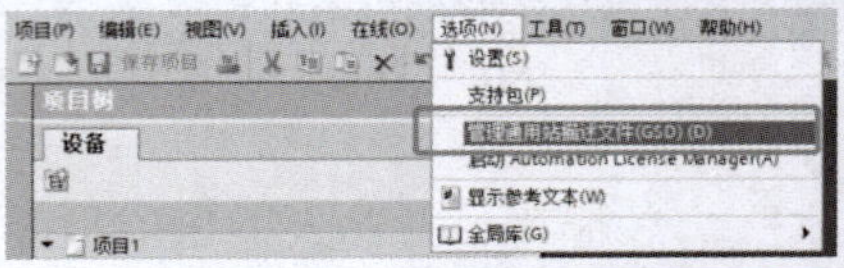
2	在弹出“管理通用站描述文件”界面后，找到 GSD 文件所在目录（图中所示为安装当前实例 FANUC 机器人对应的 GSD 文件），单击“安装”按钮进行文件安装	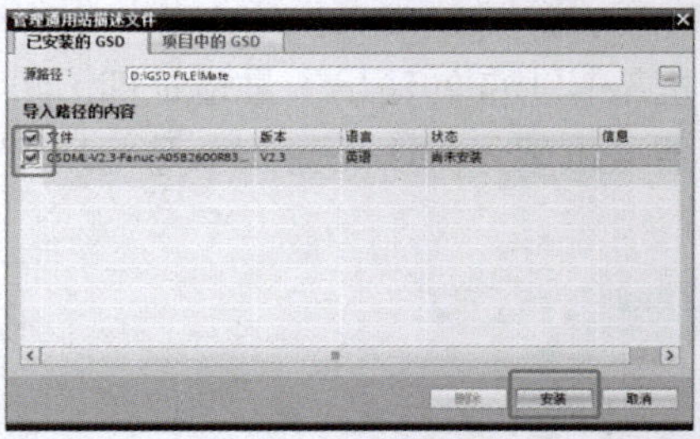
3	安装完成后，软件会出现右图所示对话框，选择“关闭”按钮关闭当前对话框完成 GSD 文件安装	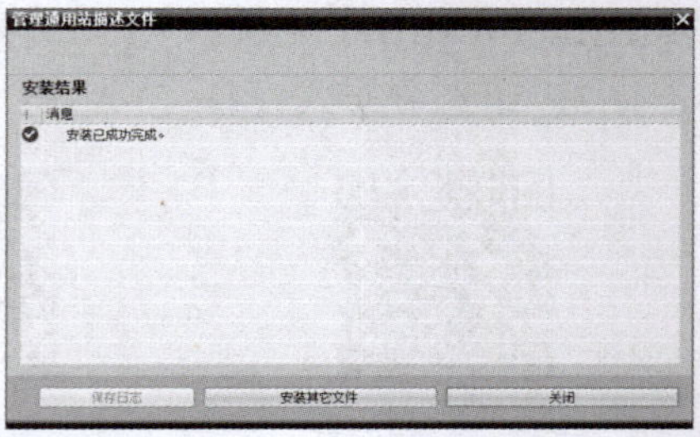

表 4-5　组态分布式设备

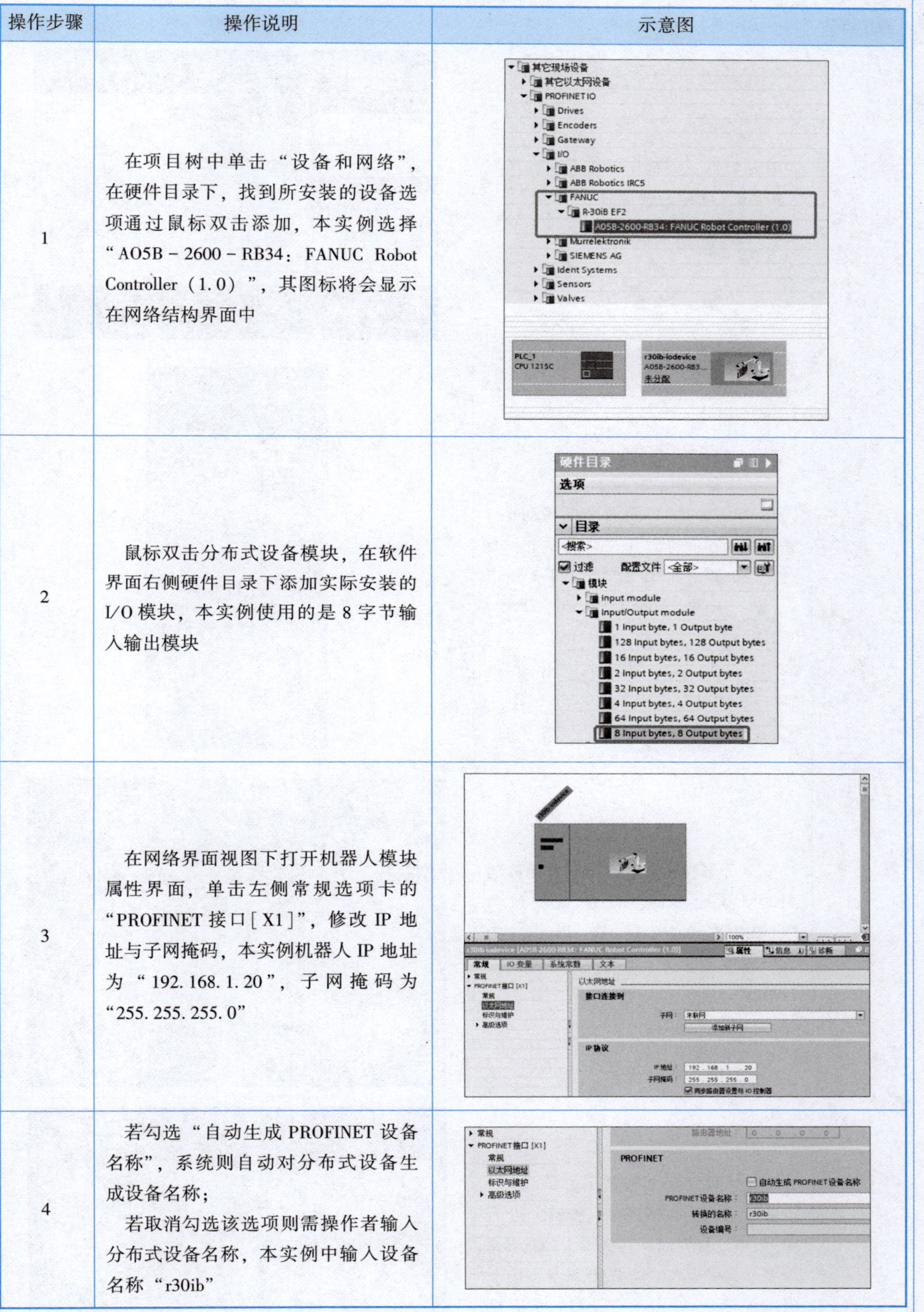

操作步骤	操作说明	示意图
1	在项目树中单击“设备和网络”，在硬件目录下，找到所安装的设备选项通过鼠标双击添加，本实例选择“AO5B－2600－RB34：FANUC Robot Controller（1.0）”，其图标将会显示在网络结构界面中	
2	鼠标双击分布式设备模块，在软件界面右侧硬件目录下添加实际安装的I/O 模块，本实例使用的是 8 字节输入输出模块	
3	在网络界面视图下打开机器人模块属性界面，单击左侧常规选项卡的“PROFINET 接口［X1］”，修改 IP 地址与子网掩码，本实例机器人 IP 地址为“192.168.1.20”，子网掩码为“255.255.255.0”	
4	若勾选“自动生成 PROFINET 设备名称”，系统则自动对分布式设备生成设备名称； 若取消勾选该选项则需操作者输入分布式设备名称，本实例中输入设备名称“r30ib”	

学习笔记

步骤 4：配置 FANUC 机器人 PROFINET 网络通信参数，如表 4-6 所示。

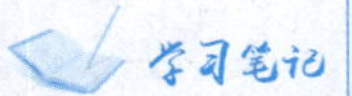

表 4-6　配置网络通信参数

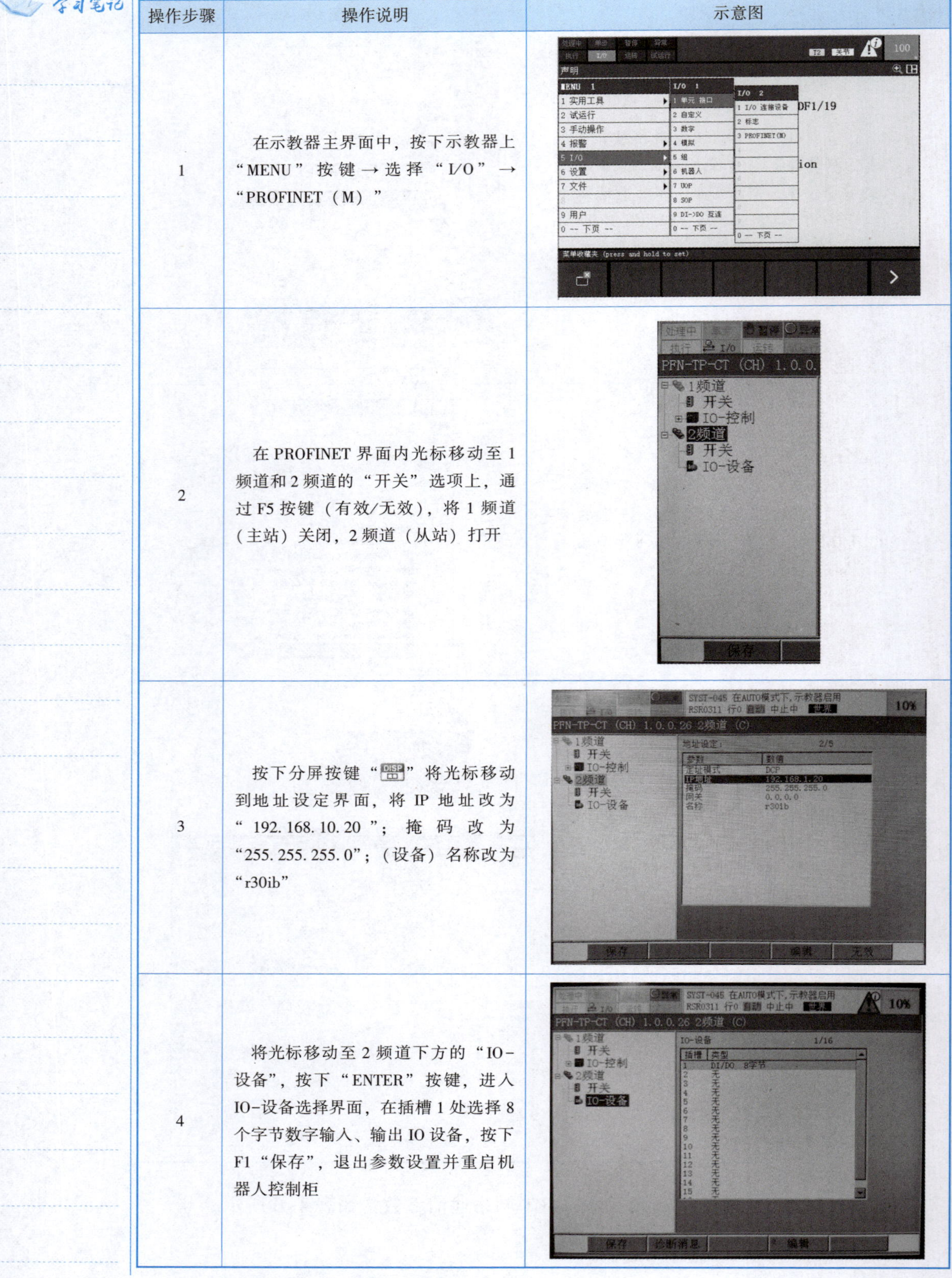

操作步骤	操作说明	示意图
1	在示教器主界面中，按下示教器上“MENU”按键→选择“I/O”→“PROFINET（M）”	
2	在 PROFINET 界面内光标移动至 1 频道和 2 频道的“开关”选项上，通过 F5 按键（有效/无效），将 1 频道（主站）关闭，2 频道（从站）打开	
3	按下分屏按键“DISP”将光标移动到地址设定界面，将 IP 地址改为“192.168.10.20”；掩码改为“255.255.255.0”；（设备）名称改为“r30ib”	
4	将光标移动至 2 频道下方的“IO-设备”，按下“ENTER”按键，进入 IO-设备选择界面，在插槽 1 处选择 8 个字节数字输入、输出 IO 设备，按下 F1“保存”，退出参数设置并重启机器人控制柜	

步骤 5：建立 PLC 与机器人的 PROFINET 软件网络。

完成 PLC 与机器人示教器的通信参数配置后，需要在博途软件中将通信的两个设备正式建立网络连接，并将该硬件配置下载至 PLC，最终完成两者通信连接配置，如表 4-7 所示。

步骤 6：机器人系统输入输出信号配置，如表 4-8 所示。

建立 PLC 与机器人的 PROFINET 软件网络

机器人系统输入输出信号配置

学习笔记

表 4-7 建立网络连接

操作步骤	操作说明	示意图
1	切换至博途软件的网络结构界面； 将鼠标放在 PLC 模块的网络接口上，按住鼠标左键不放并拖曳至机器人网络接口上，建立 PLC 与 FANUC 机器人的网络连接	
2	双击机器人模块； 在设备概览中修改 I/O 模块输入与输出信号地址	
3	在工具栏处单击“编译”按钮对硬件组态进行编译操作。 在编译无误后，单击“下载”按钮将程序下载至 PLC，至此完成 PROFINET 网络硬件组态与下载	

表 4-8 机器人系统输入输出信号配置

操作步骤	操作说明	示意图
1	在示教器中按键操作：“MENU”→“I/O”→“UOP”	

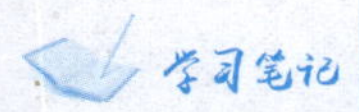

续表

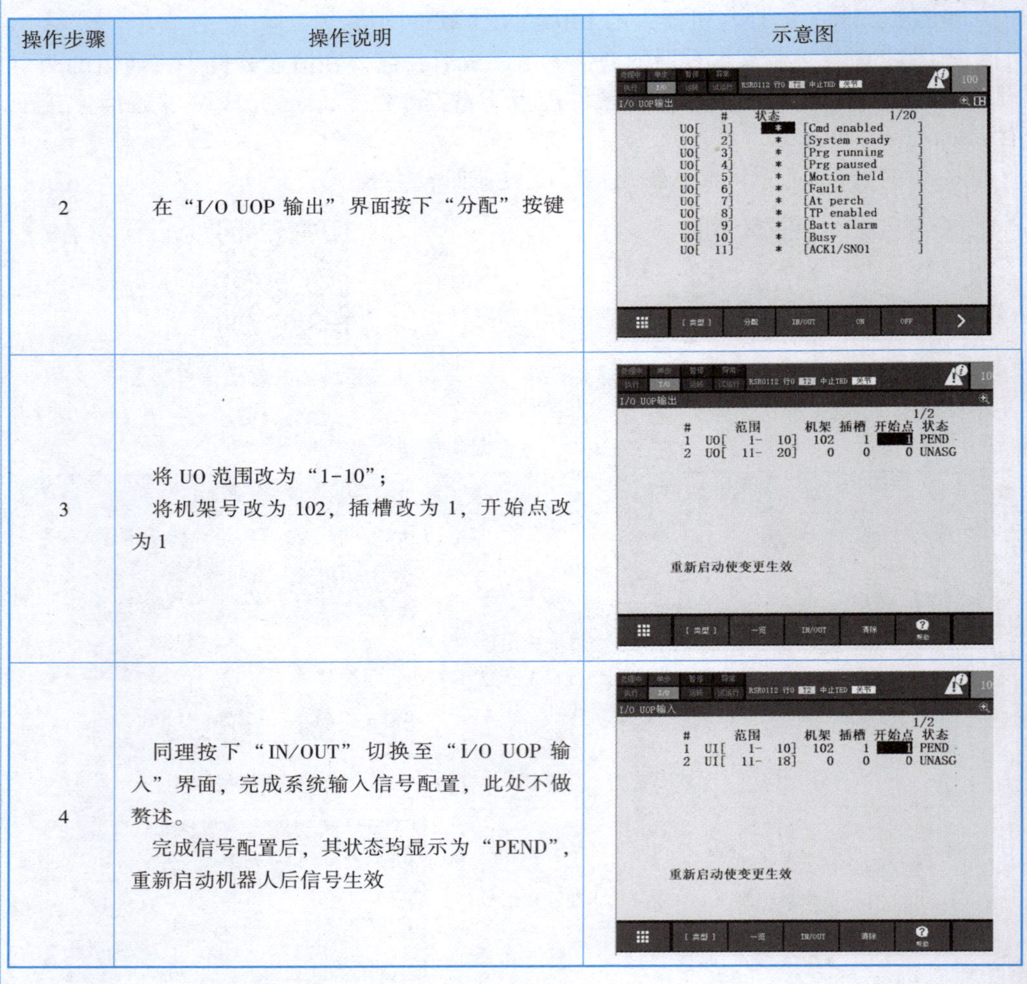

操作步骤	操作说明	示意图
2	在“I/O UOP 输出”界面按下“分配”按键	I/O UOP输出：UO[1] [Cmd enabled]; UO[2] [System ready]; UO[3] [Prg running]; UO[4] [Prg paused]; UO[5] [Motion held]; UO[6] [Fault]; UO[7] [At perch]; UO[8] [TP enabled]; UO[9] [Batt alarm]; UO[10] [Busy]; UO[11] [ACK1/SNO1]
3	将 UO 范围改为“1-10”； 将机架号改为 102，插槽改为 1，开始点改为 1	I/O UOP输出：1 UO[1- 10] 102 1 1 PEND; 2 UO[11- 20] 0 0 0 UNASG；重新启动使变更生效
4	同理按下“IN/OUT”切换至“I/O UOP 输入”界面，完成系统输入信号配置，此处不做赘述。 完成信号配置后，其状态均显示为“PEND”，重新启动机器人后信号生效	I/O UOP输入：1 UI[1- 10] 102 1 1 PEND; 2 UI[11- 18] 0 0 0 UNASG；重新启动使变更生效

步骤 7：PLC 与机器人 I/O 信号验证，如表 4-9 所示。

表 4-9　PLC 与机器人 I/O 信号验证

操作步骤	操作说明	示意图
1	在博途软件中“监控与强制表”下拉菜单选择“监控表_1”	添加新设备；设备和网络；PLC_1 [CPU 1215C DC/DC/DC]；设备组态；在线和诊断；程序块；工艺对象；外部源文件；PLC 变量；PLC 数据类型；监控与强制表；添加新监控表；监控表_1；强制表；在线备份；Traces；设备代理数据；程序信息；PLC 报警文本列表；本地模块；分布式 I/O；未分组的设备

续表

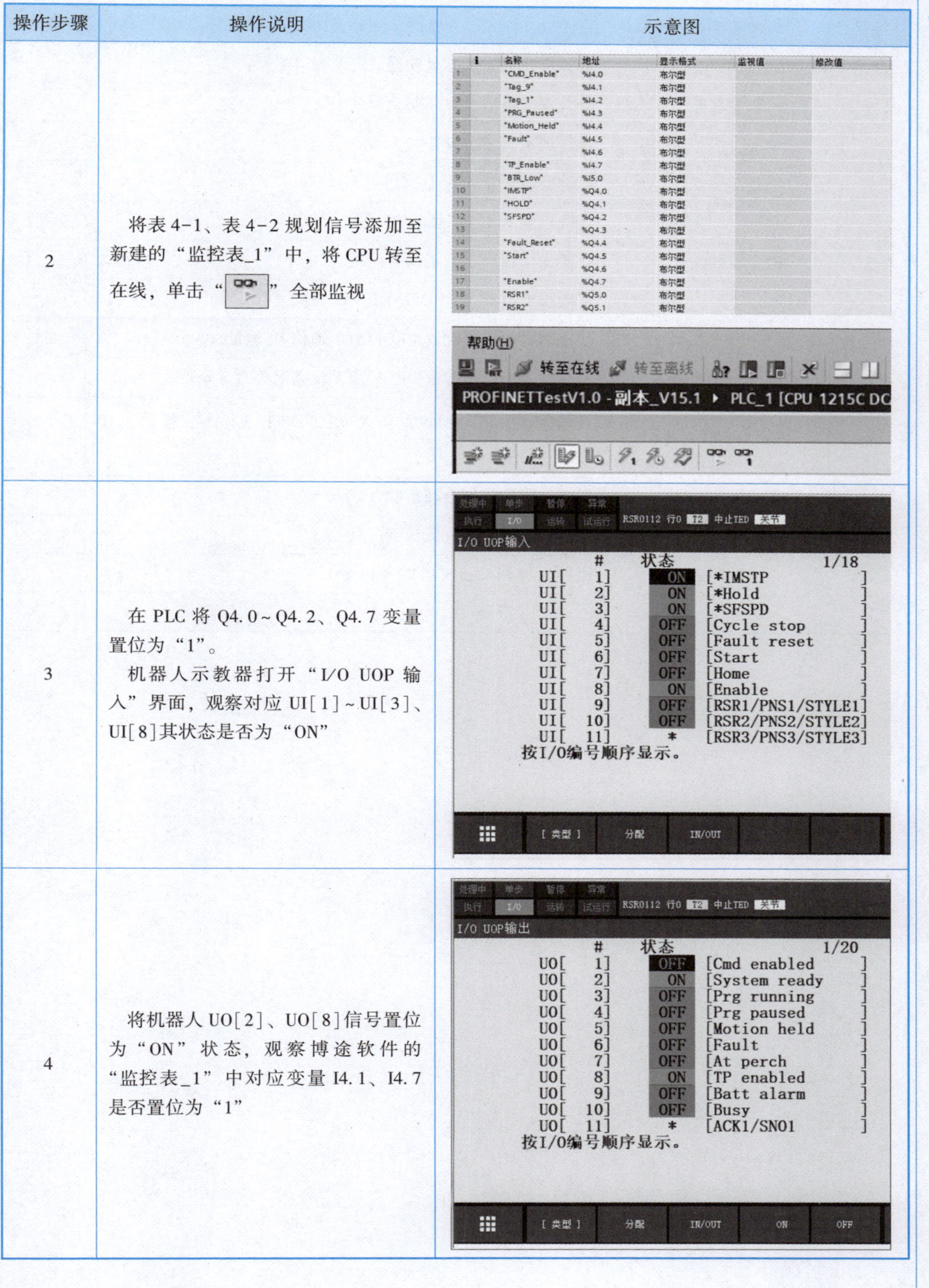

操作步骤	操作说明	示意图
2	将表 4-1、表 4-2 规划信号添加至新建的“监控表_1”中，将 CPU 转至在线，单击“ ”全部监视	
3	在 PLC 将 Q4.0～Q4.2、Q4.7 变量置位为“1”。 机器人示教器打开“I/O UOP 输入”界面，观察对应 UI[1]～UI[3]、UI[8]其状态是否为“ON”	
4	将机器人 UO[2]、UO[8]信号置位为“ON”状态，观察博途软件的“监控表_1”中对应变量 I4.1、I4.7 是否置位为“1”	

任务评价

根据工作站中 PLC 以及机器人硬件信息在博途软件中完成 PROFINET 参数配置任务评分，如表 4-10 所示。

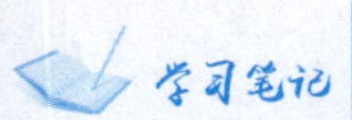

表 4-10　任务评价

序号	考核要点	项目（配分：100 分）	教师评分
1	职业素养	计算机、鼠标及键盘放置规定位置（4 分）	
		着装规范整洁，佩戴安全帽（4 分）	
		操作规范，爱护设备（2 分）	
2	GSD 文件安装	正确安装机器人 GSD 文件（5 分）	
3	PLC 参数设置	正确设置 PLC IP 地址（5 分）	
		在博途中正确添加机器人模块（10 分）	
		正确添加机器人 PROFINET I/O 模块（10 分）	
4	机器人参数设置	在示教器中正确配置 PROFINET 通信 IP 地址（5 分）	
		在示教器中正确配置 PROFINET 设备名称（5 分）	
		在示教器中正确配置机器人 PROFINET 通信 I/O 模块（10 分）	
		机器人输入信号分配正确（10 分）	
		机器人输出信号分配正确（10 分）	
5	通信测试	机器人与 PLC 正常通信（20 分）	
得分			

任务 4.2　FANUC 工业机器人装配工作站系统程序编写

学习笔记

【任务描述】

在完成 PLC 与机器人网络通信配置后，由于未对 PROFINET 通信将要使用的 I/O 信号进行定义与规划，所以需先配置网络通信过程中使用的 I/O 信号，然后进行信号验证，完成信号通信验证后需要对机器人及 PLC 进行程序编写，完成两者的信号交互与逻辑控制。

【学前准备】

（1）准备 FANUC 机器人系统信号说明文档。

（2）准备 PLC 信号分配表。

【学习目标】

（1）学会机器人运动程序点位规划并能根据机器人点位规划编写程序。

（2）能根据工作站功能需求编写 PLC 程序。

预备知识

1. 机器人装配任务程序规划

机器人首先通过末端工具上的吸盘拾取装配工作台左方长方体，然后安装至右方工件上，最后通过末端工具上的手爪分别抓取装配工作台的插销安装在右方的组合上，完成零件装配任务，其零件装配方式与安装任务如图 4-1 所示。

为简化程序设计与编写难度，可首先对机器人运动程序点进行规划，最后再根据规划点完成程序编写。机器人装配任务点位规划如表 4-11 所示。

表 4-11　机器人装配任务点位规划

示教点	备注	示教点	备注
P[2]	长方体拾取位置	P[9]	插销 2 夹取位置上方点
P[3]	长方体拾取位置上方点	P[10]	插销 1 放置位置上方点
P[4]	长方体放置位置	P[11]	插销 2 放置位置
P[5]	长方体放置位置上方点	P[12]	插销 2 放置位置过渡点
P[6]	插销 1 夹取位置	P[13]	插销 2 放置位置过渡点
P[7]	插销 1 夹取位置上方点	P[14]	插销 2 放置位置过渡点
P[8]	插销 2 夹取位置	P[15]	插销 1 放置位置

2. PLC 程序信号分配

PLC 除了负责与机器人进行 PROFINET 通信传输数据外，还需与人机界面中控件进行数据传输并在此基础上处理各个数据之间的逻辑功能。因此，PLC 的主要任

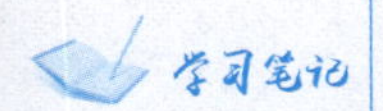

务为：接收由人机界面发送的信号，通过 PLC 程序进行逻辑处理后，将处理后的信号发送给机器人，机器人执行对应功能；接收机器人发送的信号，将信号经过 PLC 逻辑处理后发送至人机界面，人机界面则可通过该信号实时监控工作站的运行状态。

对 PLC 工作过程中与工作站各模块间通信数据分配，如表 4-12 ~ 表 4-14 所示。

表 4-12　人机界面与 PLC 通信变量表

位地址	名称	备注
M2. 0	M_Auto_Run_Rdy	自动运行准备就绪指示灯
M3. 1	M_IMSTP_HMI	IMSTP 指示灯
M3. 2	M_HOLD_HMI	HOLD 指示灯
M3. 3	M_SFSPD_HMI	SFSPD 指示灯
M3. 4	M_Fault_Reset_HMI	错误清除按钮
M3. 5	M_Start_HMI	自动运行按钮
M3. 6	M_Enable_HMI	使能旋钮
M3. 7	Tmp_RSR1	程序号选择互锁中间变量
M4. 0	Tmp_RSR2	程序号选择互锁中间变量
M5. 0	M_RSR1_HMI	程序号选择变量
M5. 1	M_RSR2_HMI	程序号选择变量

表 4-13　机器人输入信号

位地址	名称	备注
Q4. 0	IMSTP	紧急停止信号
Q4. 1	HOLD	暂停信号
Q4. 2	SFSPD	安全速度信号
Q4. 4	Fault_Reset	故障复位信号
Q4. 5	Start	启动信号
Q4. 7	Enable	使能信号
Q5. 0	RSR1	自动运行程序选择信号
Q5. 1	RSR2	自动运行程序选择信号

表 4-14　机器人输出信号

位地址	名称	备注
I4. 0	CMD_Enable	命令使能信号/自动运行准备就绪
I4. 1	Sys_Rdy	系统准备就绪信号输出
I4. 2	Prg_running	程序执行状态输出
I4. 3	Prg_paused	程序暂停状态输出
I4. 4	Motion_held	暂停输出
I4. 5	Fault	报警输出

续表

位地址	名称	备注
I4.7	TP_Enable	示教盒使能输出
I5.0	BTR_Low	电池电量低信号

学习笔记

任务实施

步骤1：机器人工件装配程序编写。

机器人工件装配程序名：RSR0112

```
UFRAME_NUM=1                        使用1号用户坐标系
UTOOL_NUM=1                         使用1号工具坐标系
J  P[1]  100%  CNT100               移动至初始位置
J  P[3]  100%  FINE                 移动至“长方体拾取”位置上方点
L  P[2]  100mm/sec  FINE            移动至“长方体拾取”位置
DO[111]=ON                          打开总气开关
WAIT  1.00 (sec)                    延时1.0 s
DO[109]=ON                          置位吸盘吸取物料
WAIT  1.00 (sec)                    延时1.0 s
J  P[3]  10%  FINE                  移动至“长方体拾取”位置上方点
J  P[5]  10%  FINE                  移动至“长方体放置”位置上方点
L  P[4]  50mm/sec  FINE             移动至“长方体放置”位置
WAIT  1.00 (sec)                    延时1.0 s
DO[109]=OFF                         放置物料
WAIT  1.00 (sec)                    延时1.0 s
J  P[5]  100%  CNT100               移动至“长方体放置”上方点
J  P[1]  100%  FINE                 移动至初始位置
J  P[7]  100%  CNT100               移动至“插销1夹取”位置上方点
RO[4]=ON                            松开手爪
L  P[6] 100mm/sec  FINE             机器人移动至“插销1夹取”位置
WAIT  1.00 (sec)                    延时1.0 s
RO[4]=OFF                           关闭手爪
L  P[7]  100mm/sec  FINE            移动至“插销1夹取”位置上方点
L  P[10] 100mm/sec  FINE            移动至“插销1放置”位置上方点
L  P[15] 100mm/sec  FINE            移动至“插销1放置”位置
RO[4]=ON                            松开手爪
DO[111]=OFF                         关闭总气开关，完成“插销1”安装
L  P[10]  100mm/sec  FINE           移动至“插销1放置”位置上方点
J  P[9]  100%  FINE                 移动至“插销2夹取”位置上方点
L  P[8]  100mm/sec  FINE            移动至“插销2夹取”位置
WAIT  1.00 (sec)                    延时1.0 s
RO[4]=OFF                           关闭手爪
DO[111]=ON                          打开总气开关
```

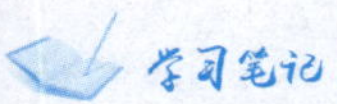

WAIT 1.00 (sec)	延时 1.0 s
L P[9] 100mm/sec FINE	移动至“插销 2 夹取”位置上方点
J P[14] 100% FINE	移动至“插销 2 放置”过渡点
J P[13] 100% FINE	移动至“插销 2 放置”过渡点
L P[12] 100mm/sec FINE	移动至“插销 2 放置”过渡点
L P[11] 100mm/sec FINE	移动至“插销 2 放置”位置
WAIT 1.00 (sec)	延时 1.0 s
RO[4]=ON	松开手爪
DO[111]=OFF	关闭总气开关
L P[12] 100mm/sec FINE	移动至“插销 2 放置”过渡点
J P[13] 100% CNT100	移动至“插销 2 放置”过渡点
J P[14] 100% CNT100	移动至“插销 2 放置”过渡点
J P[1] 100% FINE	移动至初始位置
[End]	程序结束

步骤 2：PLC 程序编写，如表 4-15 所示。

使能按钮逻辑功能

表 4-15 PLC 程序编写

操作步骤	操作说明	示意图
1	编写 HMI 使能按钮逻辑功能，通过 HMI 使能按钮实现对机器人“ENABLE”信号操作	程序段 1： 使能按钮 注释 %M3.6 "M_Enable_HMI" —— %Q4.7 "Enable" (S) 程序段 2： ... 注释 %M3.6 "M_Enable_HMI" (常闭) —— %Q4.7 "Enable" (R)
2	根据机器人自动运行条件，完成 HMI 错误清除按钮逻辑功能	程序段 3： 异常清除按钮 注释 %M3.4 "M_Fault_Reset_HMI" —— %Q4.4 "Fault_Reset" ( ) %Q4.0 "IMSTP" (S) %Q4.2 "SFSPD" (S) %Q4.1 "HOLD" (S)

续表

操作步骤	操作说明	示意图
3	编写程序暂停信号功能，通过 HMI 暂停按钮复位机器人“HOLD”信号	程序段 4： 暂停按钮 注释 %M3.2 "M_HOLD_HMI" %Q4.1 "HOLD" (R)
4	编写自动运行程序选择功能，以 2 个自动运行程序为例，实现程序号互锁，确保下发启动命令时不会同时触发两个程序选择命令。（本次任务以 RSR1 信号作为机器人装配任务程序，RSR2 信号作为机器人拆卸工件任务程序）	程序段 5： 自动运行程序选择 注释 %M5.0 "M_RSR1_HMI"　%M5.1 "M_RSR2_HMI"　%M3.7 "Tmp_RSR1" 程序段 6： ... 注释 %M5.1 "M_RSR2_HMI"　%M5.0 "M_RSR1_HMI"　%M4.0 "Tmp_RSR2"
5	将机器人系统准备就绪（“Sys_Rdy”）以及自动运行满足条件（“CMD_Enable”）发送至 HMI 指示灯、“自动运行准备就绪”指示灯	程序段 7： 自动运行准备就绪 注释 %I4.0 "CMD_Enable"　%I4.1 "Sys_Rdy"　%M2.0 "M_Auto_Run_Rdy"
6	编写程序启动与暂停后恢复程序运行程序功能； 恢复运行：机器人运行过程中通过复位“HOLD”信号暂停程序，若需继续执行程序，首先按下“异常清除”按钮对“HOLD”信号置位，通过本程序段对机器人发送“Start”信号恢复程序运行	程序段 8： 启动运行/恢复运行 注释 %M2.0 "M_Auto_Run_Rdy"　%M3.5 "M_Start_HMI"　%I4.3 "PRG_Paused"　%M10.0 "Tmp_Paused" (S) %I4.3 "PRG_Paused"　%M3.7 "Tmp_RSR1"　%Q5.0 "RSR1" %M4.0 "Tmp_RSR2"　%Q5.1 "RSR2" 程序段 9： 恢复运行 注释 %DB2 "IEC_Timer_0_DB_1" TON Time %M10.0 "Tmp_Paused"　IN　T#500MS PT　Q　ET %MD15 "Tag_7"　%Q4.5 "Start" %DB3 "IEC_Timer_0_DB_2" TON Time IN　T#100MS PT　Q　ET %MD15 "Tag_7"　%M10.0 "Tmp_Paused" (R)

任务评价

根据机器人工作站程序需求完成 PLC 与机器人程序编写任务评分，如表 4-16 所示。

表 4-16　任务评价

序号	考核要点	项目（配分：100 分）	教师评分
1	职业素养	工位保持清洁，物品整齐（4 分）	
		着装规范整洁，佩戴安全帽（4 分）	
		操作规范，爱护设备（2 分）	

学习笔记

学习笔记

续表

序号	考核要点	项目（配分：100 分）	教师评分
2	机器人程序编写	写出机器人装配程序点位规划（5 分）	
		机器人正确吸取长方块（5 分）	
		机器人正确放置长方块（5 分）	
		机器人正确夹取插销 1（5 分）	
		机器人正确装配插销 1（5 分）	
		机器人正确夹取插销 2（5 分）	
		机器人正确装配插销 2（5 分）	
		机器人运行轨迹正确，无碰撞（10 分）	
		完成任务后机器人回工作原点（5 分）	
3	PLC 程序编写	PLC 程序能正常下载（5 分）	
		正确触发机器人使能功能（5 分）	
		正确触发机器人异常错误清除功能（5 分）	
		正确触发机器人运动暂停功能（5 分）	
		正确触发机器人恢复程序运行功能（5 分）	
		正确触发机器人自动运行功能（15 分）	
得分			

任务4.3 机器人装配工作站系统人机界面设计及系统调试

学习笔记

【任务描述】

在完成机器人以及PLC程序编程后，为实现机器人工作站信号实时监控与输入，需通过人机界面实现与PLC的信号交互功能，而完成上述功能首先需要对人机界面进行组态并建立与PLC通信连接，然后进行机器人装配工作站人机界面设计，最后通过人机界面、PLC以及机器人程序完成工业机器人装配工作站整体调试。

【学前准备】

准备MCGS软件手册。

【学习目标】

(1) 学会MCGS软件与PLC连接通信。

(2) 学会MCGS软件的程序下载与调试。

(3) 学会MCGS软件控件的使用方法。

(4) 学会机器人工作站人机界面设计方法。

(5) 学会机器人工作站整体调试方法。

预备知识

1. 人机界面功能概述

本任务将通过MCGS软件完成人机界面程序设计与下载，而MCGS组态软件是为昆仑通泰的人机界面开发的组态软件，主要完成现场数据的采集与监测、前端数据的处理与控制。在当前PROFINET网络系统下，系统主令工作信号由人机界面（触摸屏）触发，触摸屏连接至PLC。

2. 人机界面设计功能分析

人机界面为机器人装配工作站运行的接口，操作者通过人机界面实现工作站状态显示，机器人的启动、暂停、停止等操作，因此根据功能需求分析人机界面简要功能：

(1) 触摸屏启动后，自动显示主控制界面，并文字提示本工作站名。

(2) 具有机器人工作站运行、故障状态等显示功能。

(3) 具有自动运行程序号自动选择功能。

(4) 具有机器人错误信息清除功能。

(5) 具有机器人使能信号控制功能。

(6) 具有自动运行启动与暂停运行功能。

根据上述功能要求，本实例所设计的人机界面如图4-7所示。

人机界面中各元件对应的PLC变量地址如表4-17所示。

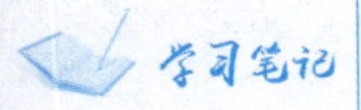

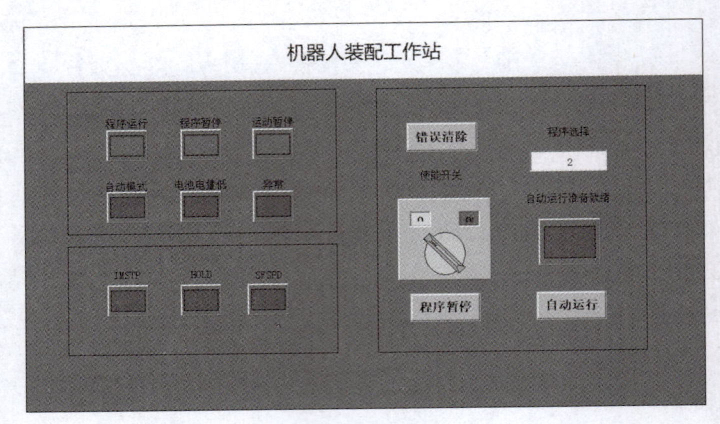

图 4-7　工业机器人装配工作站人机界面

表 4-17　人机界面中各元件对应的 PLC 变量地址

元件类别	名称	地址
位状态切换开关	使能开关	M3. 6
位状态开关	错误清除	M3. 4
	暂停运行	M3. 2
位状态显示灯	程序运行	I4. 2
	程序暂停	I4. 3
	运行暂停	I4. 4
	自动模式	I4. 7
	电池电量低状态	I5. 0
	系统报错状态	I4. 5
	IMSTP	Q4. 0
	HOLD	Q4. 1
	SFSPD	Q4. 2
数值输入元件	程序选择	MB5

人机界面与 PLC 关联变量名称及对应信号地址如图 4-8 所示。

索引	连接变量	通道名称	通
0000	设备0_通讯状态	通讯状态	
0001	In_CMD_Enable	读写I004.0	
0002	In_Sys_rdy	读写I004.1	
0003	In_Prg_Running	读写I004.2	
0004	In_Prg_Paused	读写I004.3	
0005	In_Motion_Hold	读写I004.4	
0006	In_Fault	读写I004.5	
0007	In_TP_Enable	读写I004.7	
0008	In_BTR_Low	读写I005.0	
0009	IMSTP	读写Q004.0	
0010	HOLD	读写Q004.1	
0011	SFSPD	读写Q004.2	
0012	Auto_Run_Rdy	读写M002.0	
0013	程序暂停	读写M003.2	
0014	错误清除	读写M003.4	
0015	启动信号	读写M003.5	
0016	使能	读写M003.6	
0017	程序号选择	读写MBUB005	

图 4-8　人机界面与 PLC 关联变量名称及对应信号地址

3. 人机界面控件的使用

学习笔记

1）状态指示灯

以“程序运行”状态指示灯为例，单击绘图工具“ ”图标，在弹出的“对象元件库管理”界面中选择“指示灯”文件夹中“指示灯6”，如图4-9所示。

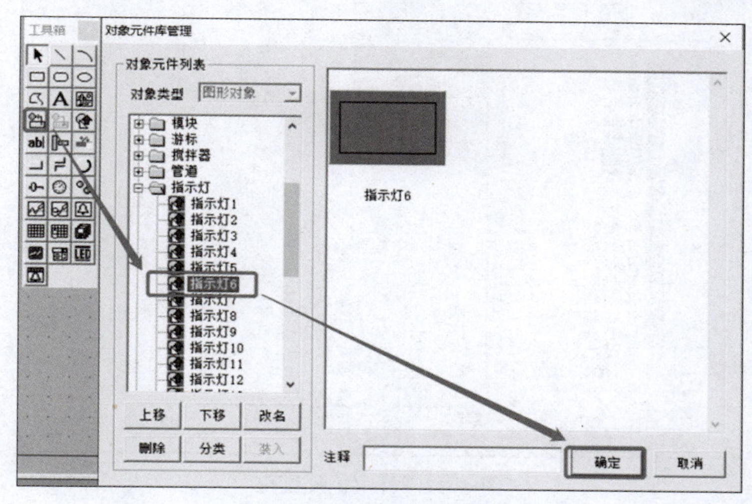

图4-9 状态运行指示灯控件调用

在人机界面窗口处将出现该指示灯图案，双击指示灯，在弹出的“单元属性设置”界面单击“?”按钮，选择对应变量，此处为变量“In_Prg_Running”，如图4-10所示。

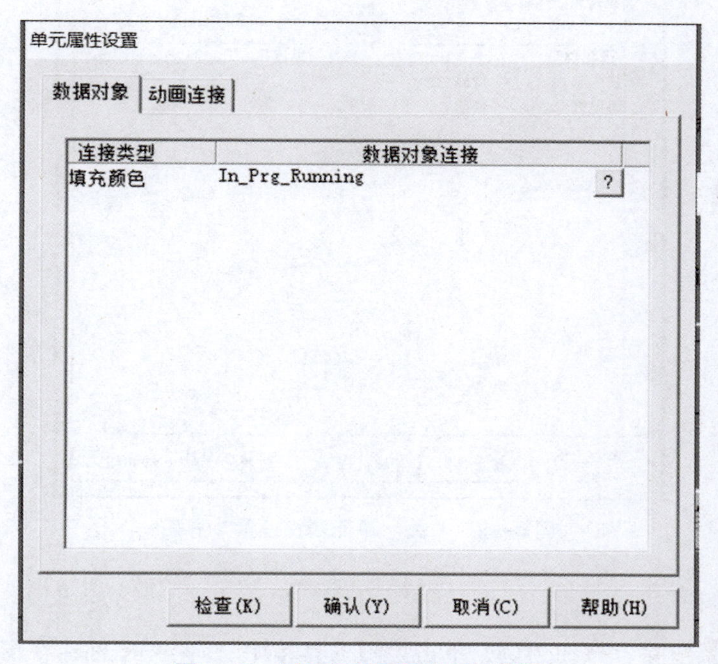

图4-10 显示灯单元属性设置界面

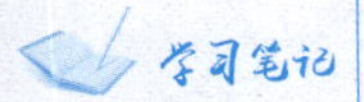

2）制作切换旋钮

以“使能”旋钮为例，单击绘图工具“[icon]”图标，在弹出的“对象元件库管理”界面中选择“开关”文件夹中“开关6”，如图4-11所示。

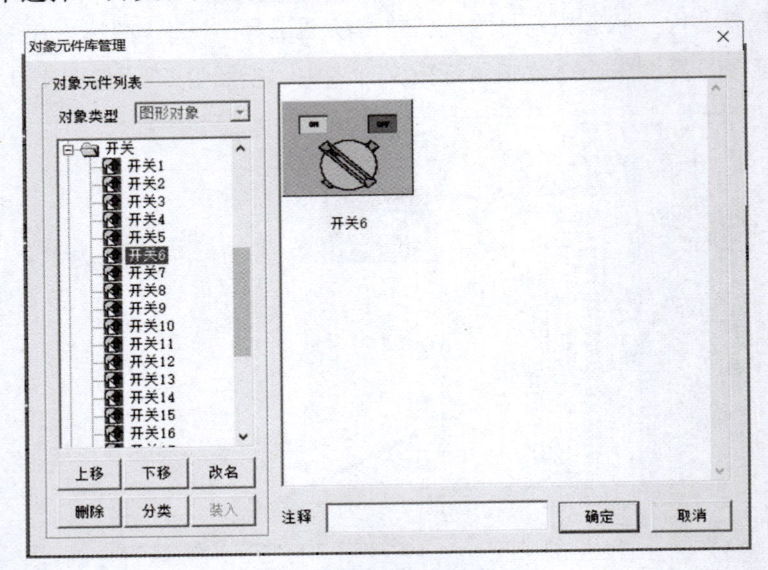

图4-11　开关控件调用

双击旋钮，弹出“单元属性设置”界面，在“数据对象”选项卡中的“按钮输入”以及“可见度”设置数据对象连接为“使能”信号，如图4-12所示。

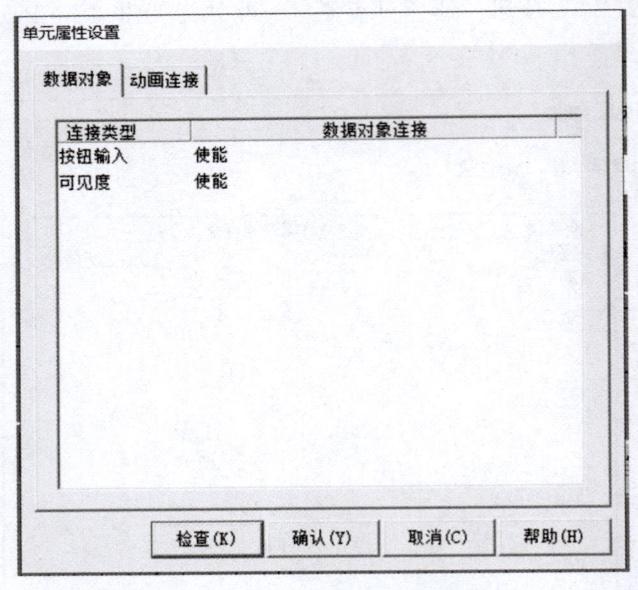

图4-12　开关“单元属性设置”界面

3）制作按钮

以“错误清除”按钮为例，单击绘图工具箱中“[icon]”图标，在窗口中鼠标左键拖曳一个合适大小的按钮，双击该按钮后将弹出“标准按钮构件属性设置”界

学习笔记

面，在“基本属性”选项卡中输入按钮名称“错误清除”，如图 4-13 所示。

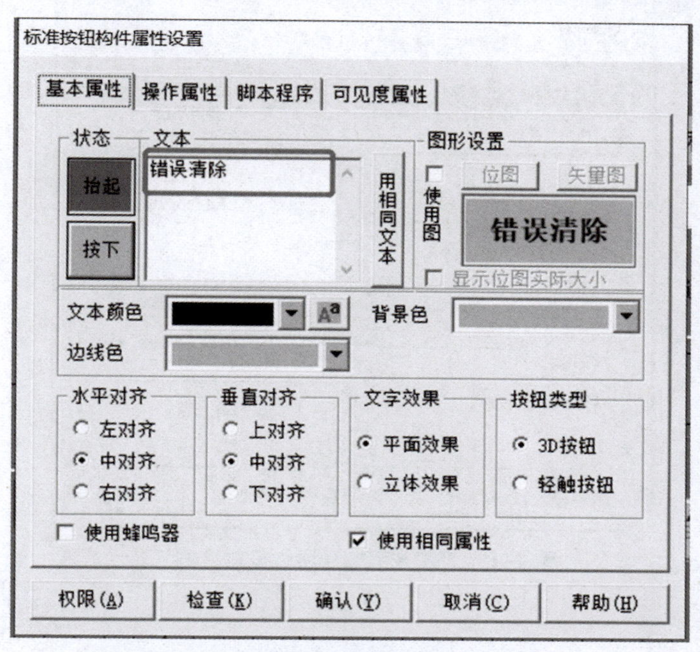

图 4-13 “标准按钮构件属性设置”界面

单击“操作属性”，设置按钮按下与抬起功能与关联变量。抬起功能设置为“清 0”，关联变量为“错误清除”；按下功能设置为“置 1”，关联变量为“错误清除”，如图 4-14 所示。

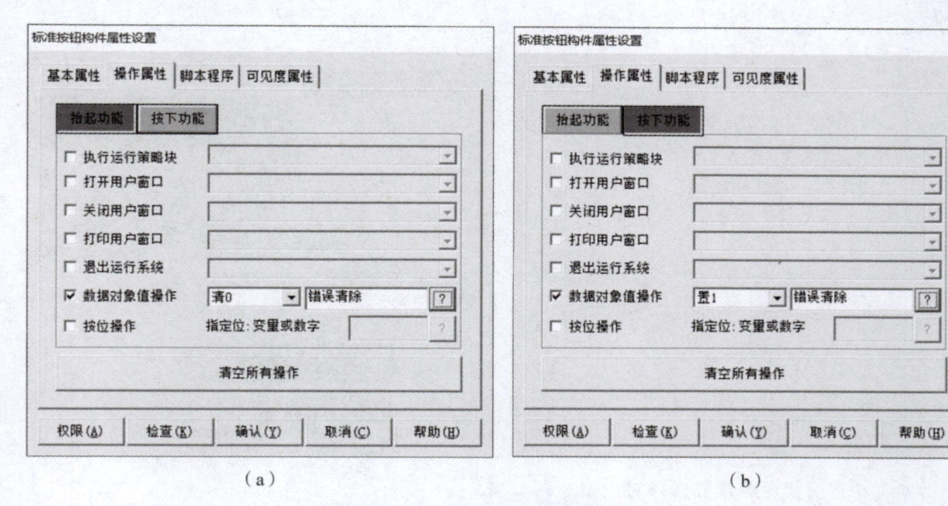

图 4-14 “操作属性”界面

(a) 抬起功能设置；(b) 按下功能设置

4) 制作输入框

以“程序选择”输入框为例，在绘图工具箱内选择“ab|”，在窗口中鼠标左键拖曳一个合适大小的输入框，然后双击该输入框进入“输入框构件属性设置”界面中的“操作属性”选项卡，选择操作对象关联变量为“程序号选择”，小数位数为“0”，并根据实际情况设置最大值和最小值，如图 4-15 所示。

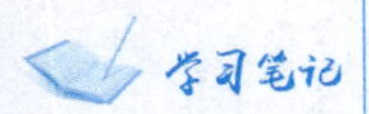

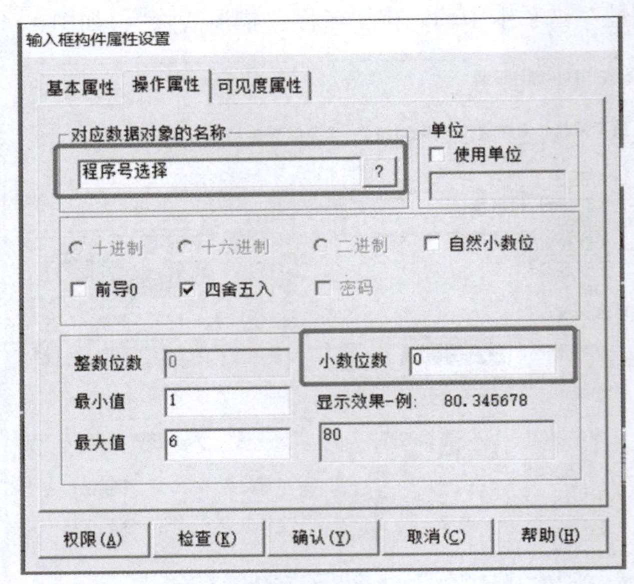

图 4-15 “输入框构件属性设置”界面

组态 PLC

步骤 1：组态 PLC，如表 4-18 所示。

表 4-18 组态 PLC

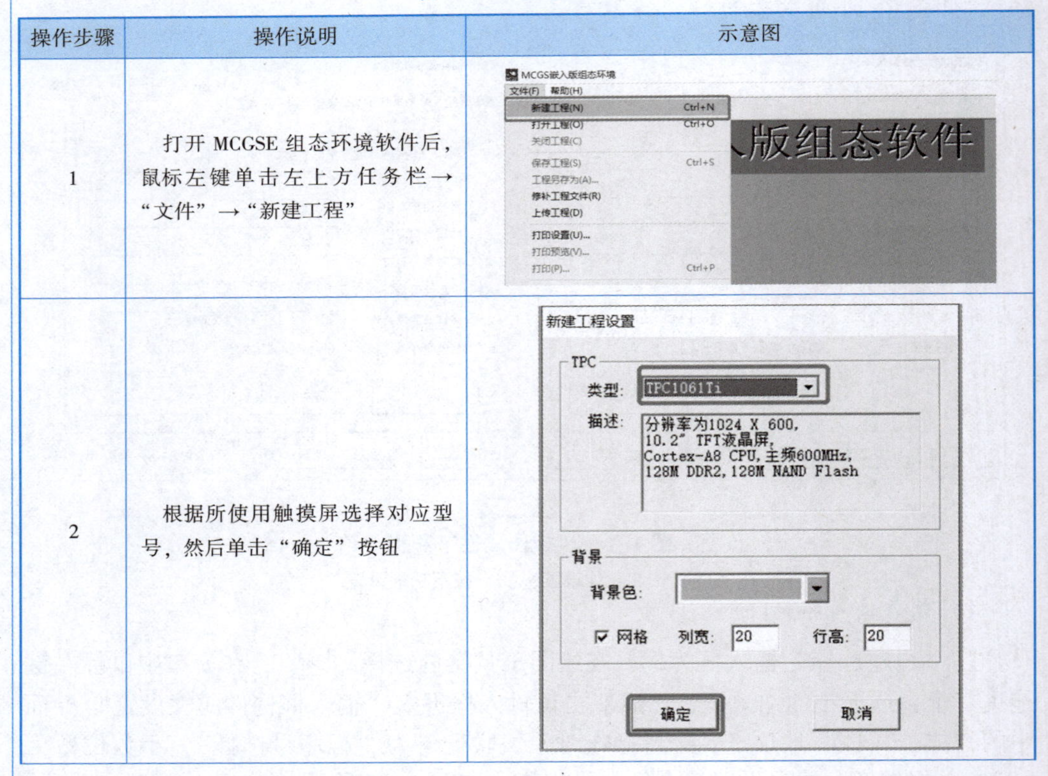

操作步骤	操作说明	示意图
1	打开 MCGSE 组态环境软件后，鼠标左键单击左上方任务栏→“文件”→“新建工程”	
2	根据所使用触摸屏选择对应型号，然后单击“确定”按钮	

续表

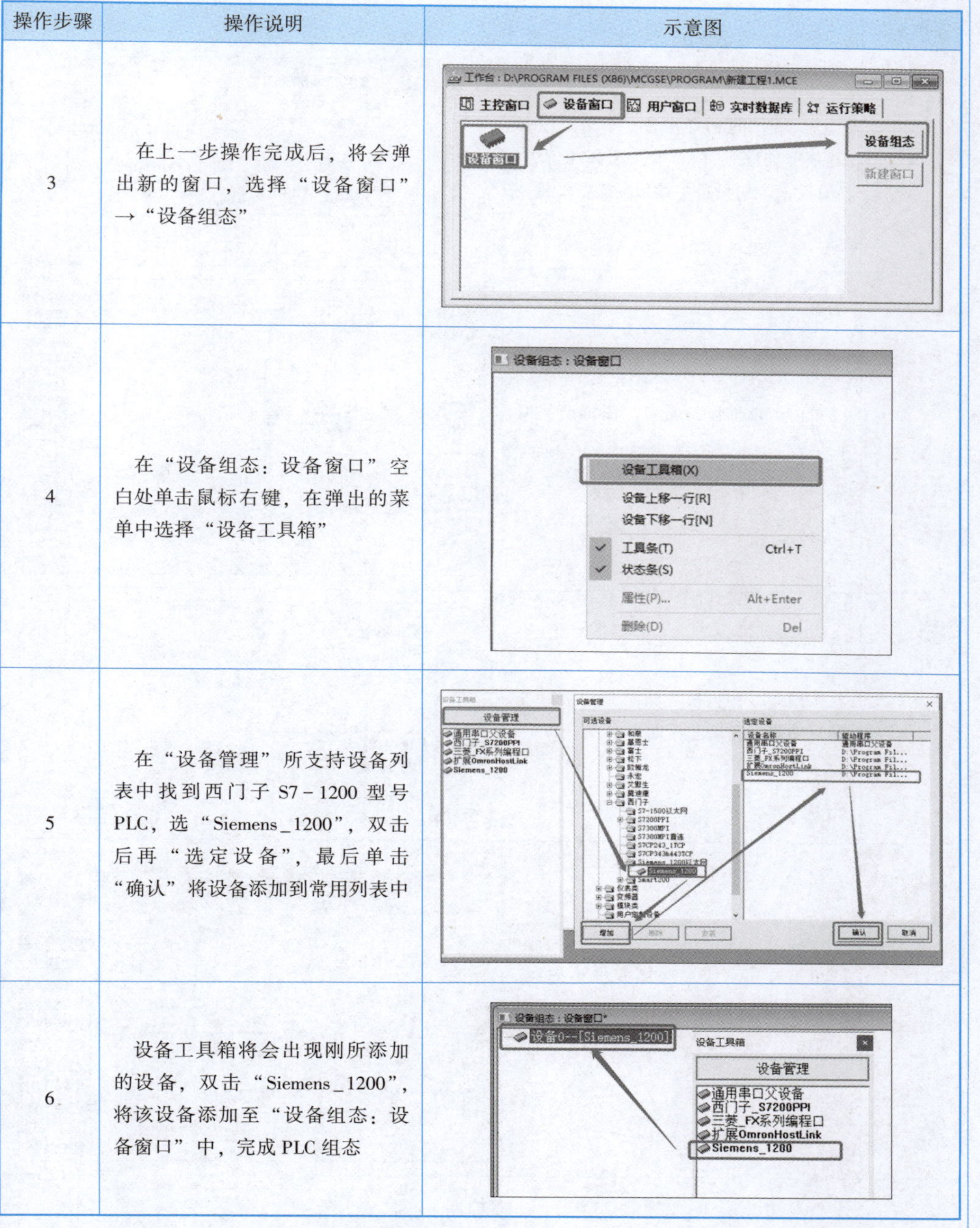

操作步骤	操作说明	示意图
3	在上一步操作完成后，将会弹出新的窗口，选择“设备窗口”→“设备组态”	
4	在“设备组态：设备窗口”空白处单击鼠标右键，在弹出的菜单中选择“设备工具箱”	
5	在“设备管理”所支持设备列表中找到西门子 S7-1200 型号 PLC，选“Siemens_1200”，双击后再“选定设备”，最后单击“确认”将设备添加到常用列表中	
6	设备工具箱将会出现刚所添加的设备，双击“Siemens_1200”，将该设备添加至“设备组态：设备窗口”中，完成 PLC 组态	

步骤 2：导入人机界面变量，如表 4-19 所示。

导入人机界面变量

学习笔记

学习笔记

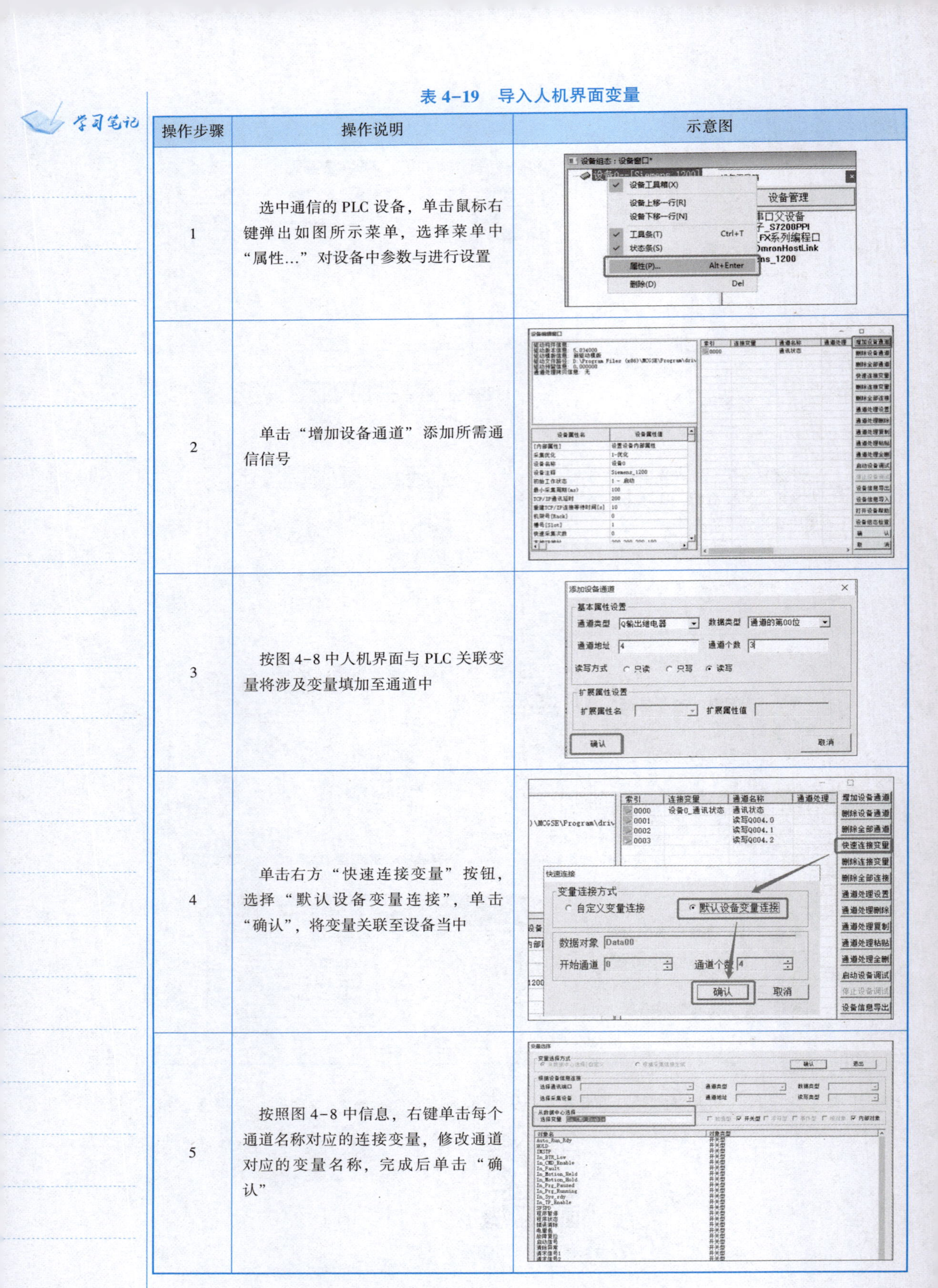

表 4-19　导入人机界面变量

操作步骤	操作说明	示意图
1	选中通信的 PLC 设备，单击鼠标右键弹出如图所示菜单，选择菜单中“属性…”对设备中参数与进行设置	
2	单击“增加设备通道”添加所需通信信号	
3	按图 4-8 中人机界面与 PLC 关联变量将涉及变量填加至通道中	
4	单击右方“快速连接变量”按钮，选择“默认设备变量连接”，单击“确认”，将变量关联至设备当中	
5	按照图 4-8 中信息，右键单击每个通道名称对应的连接变量，修改通道对应的变量名称，完成后单击“确认”	

步骤3：人机界面程序编写与下载，如表4-20所示。

表4-20　人机界面程序编写与下载

操作步骤	操作说明	示意图
1	在程序主界面的远端IP地址输入PLC地址； 在本地IP地址输入人机界面的I/O地址； 完成后单击“确认”	设备属性名 设备属性值 初始工作状态 1 - 启动 最小采集周期(ms) 100 TCP/IP通讯延时 200 重建TCP/IP连接等待时间[s] 10 机架号[Rack] 0 槽号[Slot] 1 快速采集次数 0 本地IP地址 192.168.1.30 本地端口号 3000 远端IP地址 192.168.1.10 远端端口号 102 通道处理复制 通道处理粘贴 通道处理全删 启动设备调试 停止设备调试 设备信息导出 设备信息导入 打开设备帮助 设备组态检查 确　认 取　消
2	在工作台窗口中选择“用户窗口”→“新建窗口”，创建“窗口0”，创建窗口后按照图4-8工业机器人装配工作站人机界面完成界面设计以及控件与变量关联操作	工作台：D:\PROGRAM FILES (X86)\MCGSE\PROGRAM\新建工程1.MCE* 主控窗口　设备窗口　用户窗口　实时数据库　运行策略 窗口0 动画组态 新建窗口 窗口属性
3	单击主界面菜单栏“下载工程”按钮	100%
4	选择“连机运行”在目标机名下输入人机界面设备IP地址“192.168.1.30”。 单击“通讯测试”，片刻后“返回信息”处将提示通信情况	下载配置 背景方案 标准 1024 * 600　通讯测试　工程下载 连接方式 TCP/IP网络　启动运行　停止运行 目标机名 192 .168 . 1 . 30　模拟运行　连机运行 下载选项 ☑ 清除配方数据　☐ 清除历史数据　高级操作... ☑ 清除报警记录　☐ 支持工程上传　驱动日志... 返回信息：　制作U盘综合功能包　确定 2020-04-03 15:41:31　等待操作...... 2020-04-03 15:41:36　测试通讯...... 2020-04-03 15:41:36　通讯测试正常 2020-04-03 15:41:39　等待操作...... 下载进度：
5	通信无误后单击“工程下载”按钮，将工程下载至人机界面设备中	下载配置 背景方案 标准 1024 * 600　通讯测试　工程下载 连接方式 TCP/IP网络　启动运行　停止运行 目标机名 192 .168 . 1 . 30　模拟运行　连机运行 下载选项 ☑ 清除配方数据　☐ 清除历史数据　高级操作... ☑ 清除报警记录　☐ 支持工程上传　驱动日志... 返回信息：　制作U盘综合功能包　确定 4-03 15:41:59　下载运行策略 4-03 15:42:00　开始下载多语言管理器! 4-03 15:42:00　下载设备窗口 4-03 15:42:00　开始下载驱动文件D:\MCGSE\Program\driver: 4-03 15:42:01　正在下载窗口"机器人装配工作站"...... 4-03 15:42:02　开始下载脚本驱动类型信息! 4-03 15:42:02　开始下载数据对象引用表! 4-03 15:42:03　工程下载成功! 0个错误,0个警告,0个提示! 下载进度：

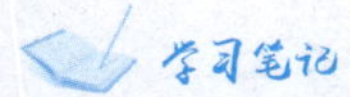

续表

操作步骤	操作说明	示意图
6	检查 HMI 设备上是否为当前所设计界面	

步骤 4：机器人装配工作站整体调试。

（1）将 PLC 转换至在线状态，单击监控“ ”按钮；

（2）在人机界面随意按下按键，观察 PLC 中对应变量；

（3）将示教器模式开关打到“AUTO”挡；

（4）在人机界面上将“使能开关”旋钮旋转至“ON”状态；

（5）将人机界面上“程序选择”号设置为“1”；

（6）若异常显示灯处于报警状态，按下“错误清除”按钮解除异常；

（7）完成上述步骤后“自动运行准备就绪”将显示为绿色，按下“自动运行”按钮，机器人将自动执行装配程序。

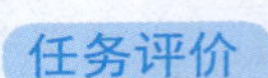

根据机器人工作站人机界面设计以及整体调试任务评分，如表 4-21 所示。

表 4-21　任务评价

序号	考核要点	项目（配分：100 分）	教师评分
1	职业素养	工位保持清洁，物品整齐（4 分）	
		着装规范整洁，佩戴安全帽（4 分）	
		操作规范，爱护设备（2 分）	
2	人机界面设计与调试	正确添加 PLC（5 分）	
		正确设置人机界面 IP 地址（5 分）	
		正确添加变量（10 分）	
		能正确下载程序至人机界面（5 分）	
		能与 PLC 正常通信（5 分）	
		界面设计符合工作站控制要求（10 分）	
3	工作站整体调试	能通过人机界面控制机器人（10 分）	
		能在人机界面中显示机器人系统状态（10 分）	
		PLC 程序无误（10 分）	
		机器人程序无误（10 分）	
		人机界面程序无误（10 分）	
得分			

问题探究

学习笔记

1. 选择题

（1）有关人机界面 HMI 软件功能的描述，错误的是（　　）。

A. 图表、文字的打印

B. 位状态型开关、多段开关等输入开关

C. 数值、ASCII、文字等输入/显示

D. PLC I/O、内部节点的指示灯显示

（2）下列各项，不属于外部信号程序选择与启停控制方式的一项是（　　）。

A. RSR 方式　　B. PNS 方式　　C. JOB 方式　　D. SYTLE 方式

（3）下列属于调用子程序指令的是（　　）。

A. CALL　　B. JUMP　　C. SKIP　　D. COPY

（4）人机界面产品由硬件和软件两部分组成，其中，硬件部分主要由（　　）组成。

①处理器；②显示单元；③输入单元；④通信接口；⑤数据存储单元；⑥画面组态单元；⑦系统输入数据处理单元

A. ①②③④⑤⑥　　B. ①②③④⑤

C. ①②③④⑤⑥⑦　　D. ①②③④

（5）在 PLC 编程中，最常用的编程语言是（　　）。

A. STL　　B. LAD　　C. FBD　　D. C 语言

（6）S7-1200 系统不能接入哪种现场总线？（　　）

A. MPI　　B. PROFINET　　C. PROFIBUS　　D. MODBUS

2. 简答题

（1）简述博途软件配置 PROFINET 网络通信配置的主要操作步骤。

（2）如何验证工作站各设备间通信信号是否对应？

学习笔记

项目五　工业机器人视觉分拣工作站系统组建

项目学习导航

学习目标	**知识目标：** 1. 学习康耐视 is2000 工业相机的硬件构成。 2. 学会视觉软件的设置。 3. 学会工业相机的组态设置。 **技能目标：** 1. 能基于视觉软件进行相关设置，实现工件类型和颜色识别。 2. 能够完成相应的通信设置，实现视觉相机和 PLC 间的数据传输。 3. 能够调试并组建一套工业机器人视觉分拣工作站控制系统。 **素养目标：** 养成认真细致的学习作风
知识重点	1. 视觉软件的设置方法。 2. 视觉相机与 PLC 间的通信设置
知识难点	1. 视觉软件的设置。 2. 视觉相机与 PLC 的数据传输与信号控制
建议学时	16 学时
实训任务	任务 5.1　康耐视 is2000 工业相机视觉识别操作 任务 5.2　工业相机与 PLC 的通信设置 任务 5.3　FANUC 工业机器人视觉分拣工作站系统调试

项目导入

机器视觉系统可以提高生产产品的质量和生产线自动化程度，尤其是在一些不适合于人工作业的危险工作环境或人眼难以满足的场合，常用机器视觉来替代人工视觉，同时在大批量工业生产过程中，用人工检查产品质量效率低且精度不高。机器视觉在提高产品质量的过程中起着检测的作用，剔除不合格的产品，不让不合格

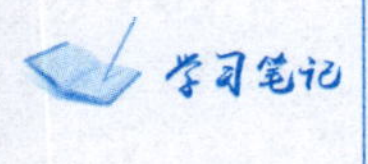

的产品上市，从而控制了产品质量。

本项目基于型号为200id的FANUC工业机器人，PLC选用西门子S7-1200系列中的1215C DC/DC/DC型号，视觉传感器采用康耐视公司IN-SIGHT 2000系列，建立PLC与机器人、视觉系统之间的通信，通过智能相机开发软件完成视觉系统设置，编写物料分拣程序，实现工业机器人自动识别并分拣物料的系统组建。

任务 5.1 康耐视 is2000 工业相机视觉识别操作

学习笔记

【任务描述】

（1）认识康耐视 is2000 视觉相机的硬件结构，掌握相机指示符的含义，了解相机电缆的作用。

（2）针对康耐视 is2000 视觉相机，使用 In-Sight Explorer 视觉软件，进行合理的设置，实现工件类型和颜色的识别。

【学前准备】

（1）准备康耐视视觉系统说明书。

（2）了解视觉相机安全操作事项。

【学习目标】

（1）可辨识康耐视 is2000 相机的硬件结构。

（2）可口述相机指示符的含义。

（3）学会设置 In-Sight Explorer 视觉软件，并完成工件类型和颜色的识别。

预备知识

1. 相机硬件

1）相机构成

is2000 相机如图 5-1 所示。

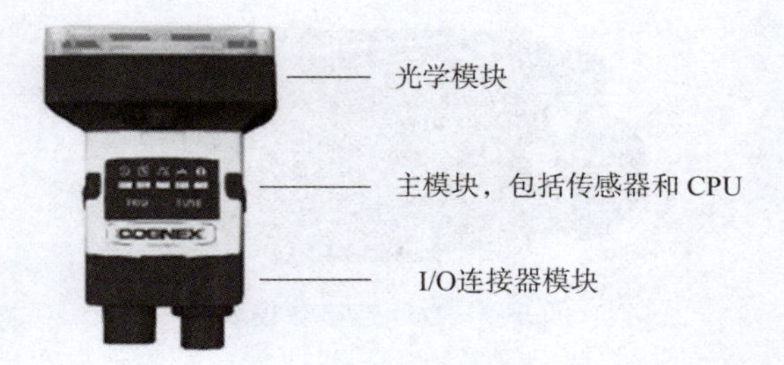

图 5-1 is2000 相机

2）相机指示符

相机指示符如图 5-2 所示。

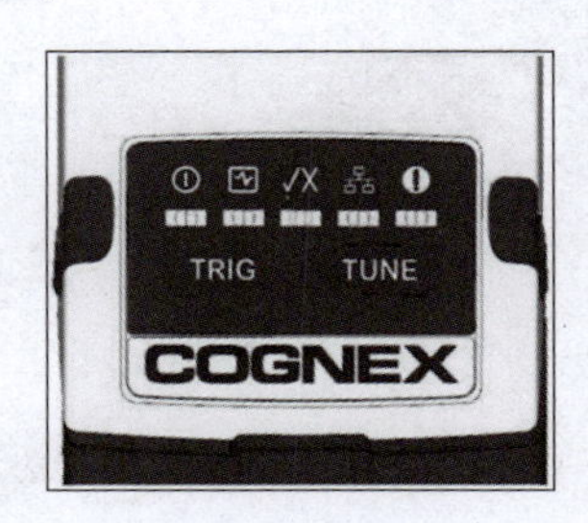

图 5-2 相机指示符

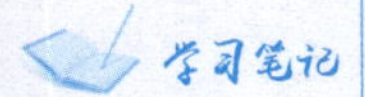

相机指示符功能如表 5-1 所示。

表 5-1　相机指示符功能

指示符		功能
	电源指示灯	绿灯表示视觉传感器已打开电源
	状态指示灯	黄灯表示相机正常
	通过/失败指示灯	绿灯表示通过，红灯表示失败
	通信指示灯	黄灯闪烁表示通信正常
	错误指示灯	红灯表示相机出现错误
TRIG	手动触发	当视觉传感器处于以下情况之一时，手动触发图像采集： 1. 在线且触发类型配置为手动； 2. 离线
TUNE	调频按钮	不支持

3）相机电缆

I/O 连接器模块由两部分组成：左边为 Ethernet 接口，右边为电源、I/O 和 RS-232 接口，如图 5-3 所示。

图 5-3　I/O 连接器模块

（1）Ethernet 接口。

以太网电缆连接示意图如图 5-4 所示。

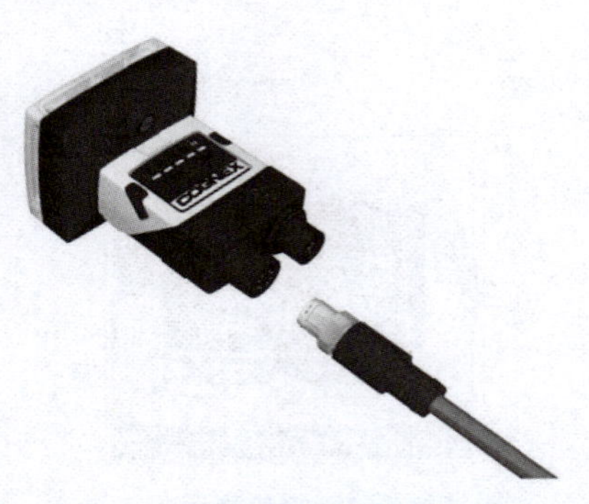

图 5-4　以太网电缆连接示意图

以太网电缆用于连接视觉系统和其他的网络设备。以太网电缆可连接一个单独的设备或可通过网络交换机或路由器连接多个设备。

以太网电缆接头各引脚示意图如图 5-5 所示，其中 P1 端为 RJ45 接头，P2 端为 M12 * 8/X 型接头。两端接头各引脚对应关系如表 5-2 所示。

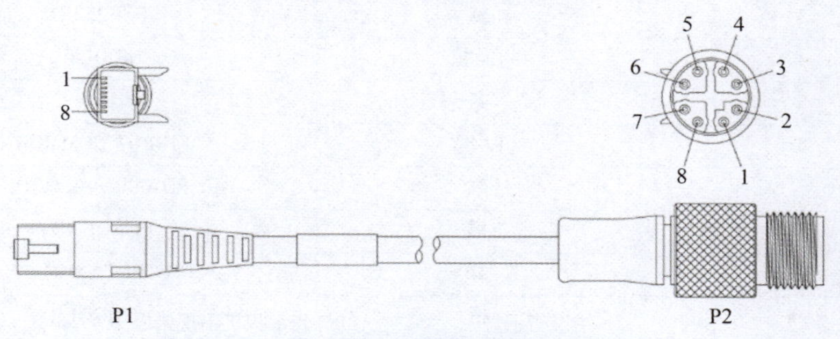

图 5-5 以太网电缆接头各引脚示意图

表 5-2 两端接头各引脚对应关系

RJ45 接头引脚编号	线缆颜色	8 针 M12 接头引脚编号
1	橙/白	1
2	橙	2
3	绿/白	3
4	蓝	4
5	蓝/白	5
6	绿	6
7	棕/白	7
8	棕	8

(2) 电源、I/O 和 RS-232 接口。

将分接电缆的 M12 接头与视觉传感器的电源 I/O 和 RS-232 连接口连接，如图5-6 所示。

分接电缆提供与外部电源、采集触发器输入、通用输入、高速输出和 RS-232 串行通信之间的连接。分接电缆 M12 接头引脚示意图如图 5-7 所示。

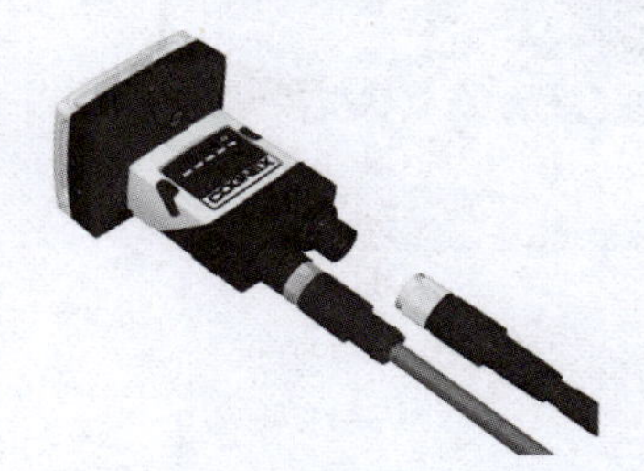

图 5-6 分接电缆连接示意图

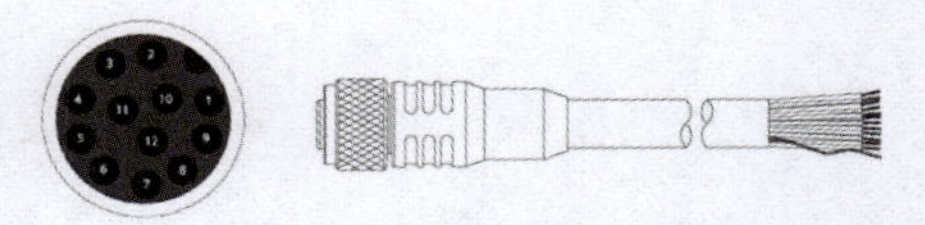

图 5-7 分接电缆 M12 接头引脚示意图

分接电缆 M12 接头各引脚说明如表 5-3 所示。

学习笔记

表 5-3　分接电缆 M12 接头各引脚说明

引脚编号	线缆颜色	信号名称
1	黄	HS OUT 2
2	白/黄	RS-232TX
3	棕	RS-232RX
4	白/棕	HS OUT 3
5	紫	IN 0
6	白/紫	INPUT COMMON
7	红	POWER，+24V DC
8	黑	GROUND
9	绿	OUTPUT COMMON
10	橙	TRIGGER
11	蓝	HS OUT 0
12	灰	HS OUT 1

4）相机焦距

调节焦距的旋钮在指示灯旁边，适当调节，力度适中，调节时切不可过分用力，如图 5-8 所示。

图 5-8　相机焦距调节示意图

2. 视觉软件

视觉软件界面如图 5-9 所示。

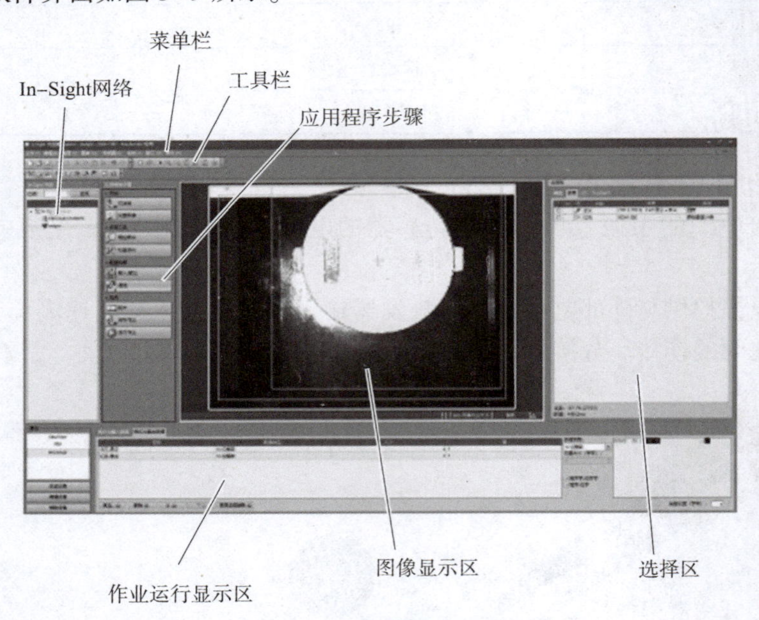

图 5-9　视觉软件界面

工具栏有 3 个常用的功能：表示“触发器”，表示“实况视频”，表示“联机/脱机”。

学习笔记

任务实施

根据任务要求，使用 In-Sight Explorer 视觉软件完成相关设置，实现工件类型和颜色的识别。

步骤 1：视觉软件设置，如表 5-4 所示。

表 5-4　视觉软件设置

操作步骤	操作说明	示意图
1	打开 In-Sight Explorer 软件，单击菜单栏“系统”按钮，选择“将传感器/设备添加到网络...”	系统 (Y)　窗口 (W)　帮助 (H) 登录/注销... (L) 创建报告... (R) 备份... (B) 恢复... (E) 恢复自... (F) 克隆至... (C) 更新固件... (U) 将传感器/设备添加到网络...(N) 浏览器主机表... (H) 远程子网... (M) 保存视图版面 (S)　Shift+F7 选项... (O)
2	选择“全部显示”，单击“刷新”按钮，开始搜索在网络里的相机	将传感器/设备添加到网络 MAC　IP 刷新 (R)
3	选中搜索到的传感器/设备，修改主机名和 IP 地址，单击“应用”按钮	将传感器/设备添加到网络 过滤：输入文本以过滤列表。 主机名：(H)　insight insight　2000-139C　00-d0-24-6c-4a-0a　192.168.101.50 自动获得 IP 地址 (DHCP)(D) 使用下列网络设置(U) IP 地址：192 . 168 . 101 . 50 子网掩码：(S)　255 . 255 . 255 . 0 默认网关：(G) DNS 服务器： 域名称：(O) 复制 PC 网络设置(Q) 闪光灯(F)　刷新 (R)　全部显示　显示新的 应用 (A)　关闭 (C)
4	在“将传感器/设备添加到网络”对话框单击“确定”按钮，显示正在初始化，等待完成，完成后单击“确定”按钮	将传感器/设备添加到网络 这将更改设备的网络设置。与该设备的任何现有通信均会中断。 确实要继续吗？ 确定 (O)　取消 (C) 进程 正在初始化... 总体进度 取消 将传感器/设备添加到网络 网络设置已成功更改。 确定 (O)

续表

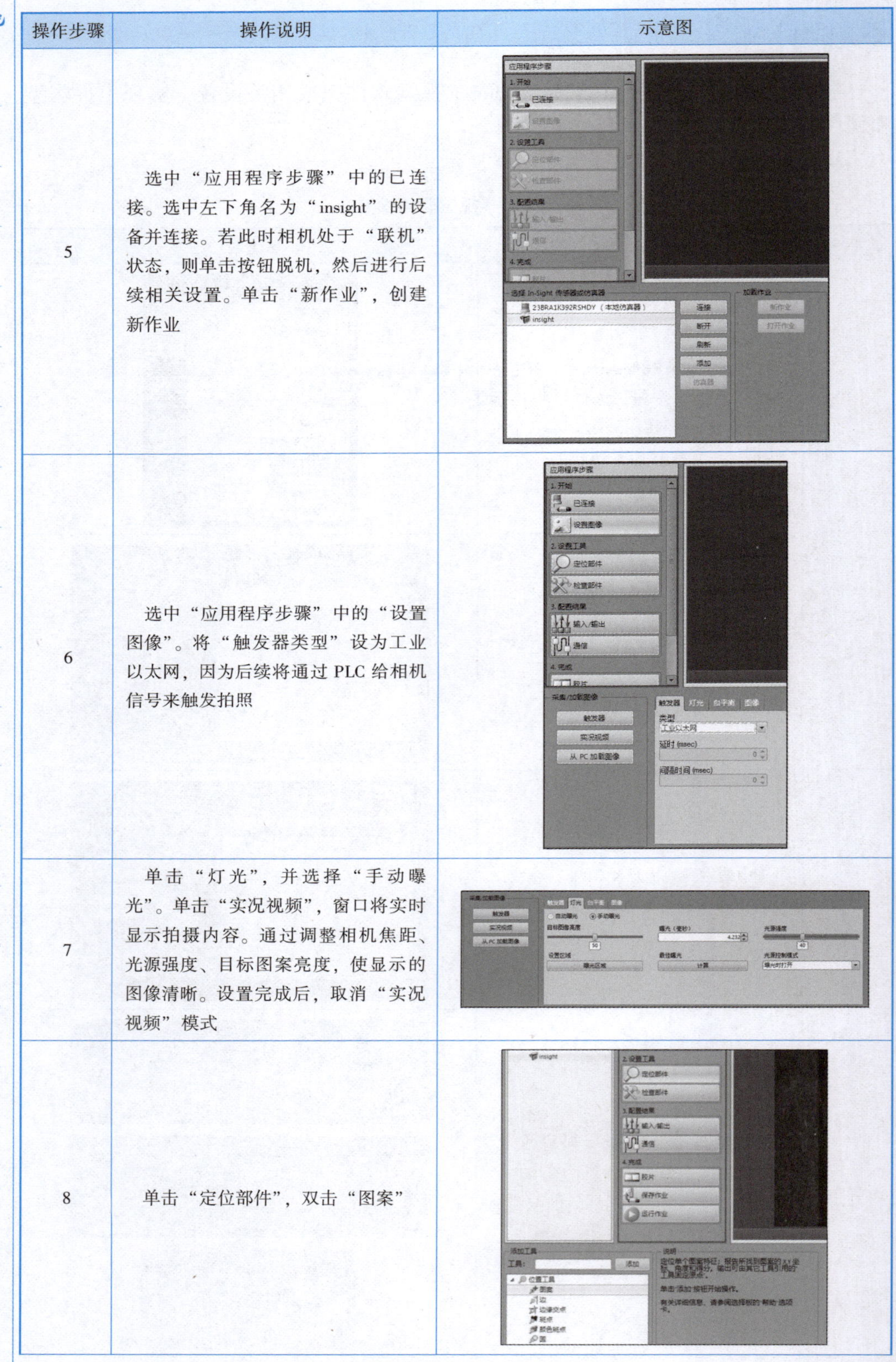

操作步骤	操作说明	示意图
5	选中“应用程序步骤”中的已连接。选中左下角名为“insight”的设备并连接。若此时相机处于“联机”状态，则单击按钮脱机，然后进行后续相关设置。单击“新作业”，创建新作业	
6	选中“应用程序步骤”中的“设置图像”。将“触发器类型”设为工业以太网，因为后续将通过 PLC 给相机信号来触发拍照	
7	单击“灯光”，并选择“手动曝光”。单击“实况视频”，窗口将实时显示拍摄内容。通过调整相机焦距、光源强度、目标图案亮度，使显示的图像清晰。设置完成后，取消“实况视频”模式	
8	单击“定位部件”，双击“图案”	

续表

操作步骤	操作说明	示意图
9	外侧的框为搜索范围框，内侧的框为特征框。该物品的特征是两个方槽，所以用特征框选中方槽。调整完搜索框和特征框，单击“确定”按钮	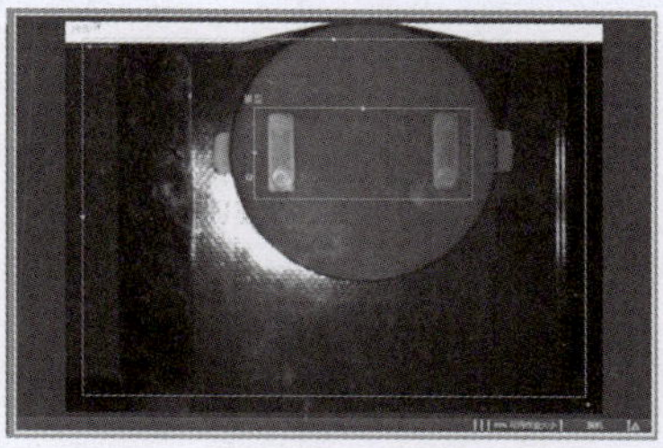
10	调节“旋转公差”为$-90°\sim90°$，防止出现因工件偏转一定角度而不能识别通过的情况。调节“部件查找范围”至合适的值	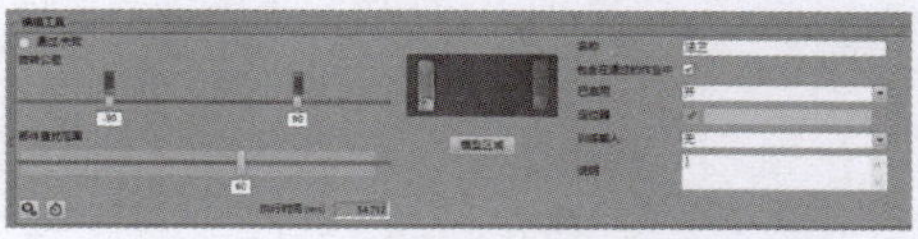 编辑工具 -90 90 60
11	识别物体颜色。单击“检查部件”，双击“颜色像素计数”	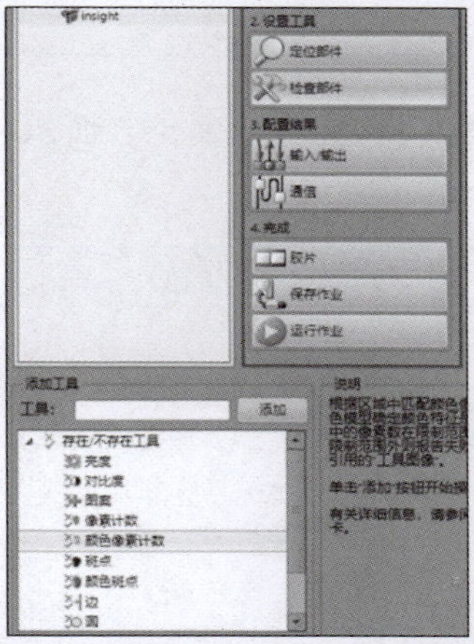 insight 2.设置工具 定位部件 检查部件 3.配置结果 输入/输出 通信 4.完成 胶片 保存作业 运行作业 添加工具 工具： 添加 存在/不存在工具 亮度 对比度 图案 像素计数 颜色像素计数 斑点 颜色斑点 边 圆 说明 单击'添加'按钮开始
12	此时图像显示窗口中出现方框，用户可以根据需求自行选择框线形状。该框是颜色像素的识别范围，根据需要调整“识别框”的位置和大小，单击“确定”按钮	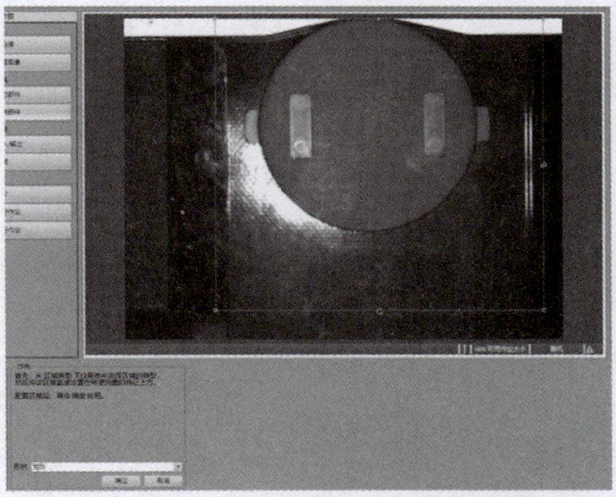
13	单击“训练颜色”	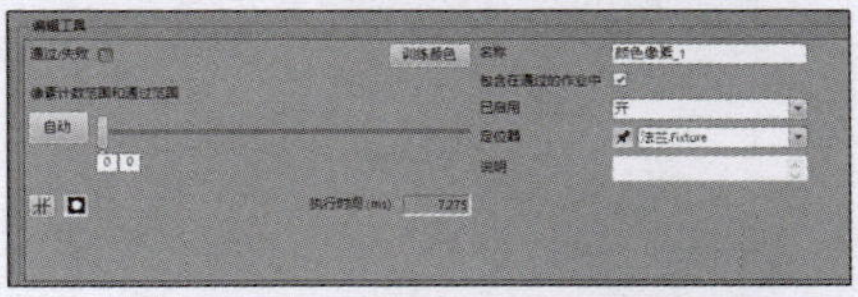 编辑工具 训练颜色 名称 颜色像素_1 自动 已启用 开 定位器 说明
14	单击图标“ ”，选择照片中想要识别的颜色。为达到较好的识别效果，此操作可以重复多次	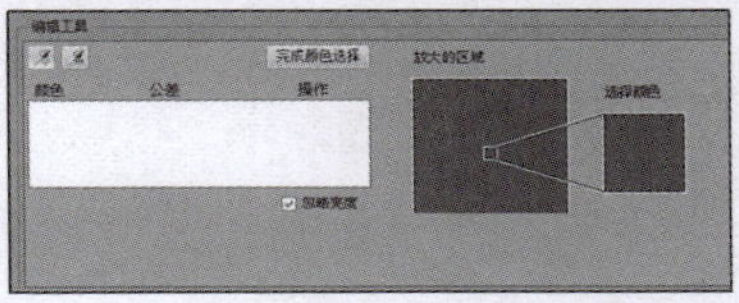 编辑工具 完成颜色选择 放大的区域 颜色 公差 操作 选择颜色

学习笔记

续表

操作步骤	操作说明	示意图
15	识别完成后，单击“完成颜色选择”	
16	用户可以根据需要设置阈值、名称等参数。取消“定位器”	

步骤 2：验证，如表 5-5 所示。

表 5-5　验证

操作步骤	操作说明	示意图
1	将红色的法兰工件放在相机下方，单击相机触发器，触发拍照。观察右侧结果，两个结果都通过，则说明结果与实际相符	
2	将蓝色的法兰工件放在相机下方，单击相机触发器，触发拍照。观察右侧结果，名称为“法兰”的结果通过，名称为“红色”的结果不通过，则说明结果与实际相符	
3	将红色的减速机工件放在相机下方，单击相机触发器，触发拍照。观察右侧结果，名称为“法兰”的结果不通过，名称为“红色”的结果通过，则说明结果与实际相符	
4	将蓝色的减速机工件放在相机下方，单击相机触发器，触发拍照。观察右侧结果，名称为“法兰”的结果不通过，名称为“红色”的结果不通过，则说明结果与实际相符	

学习笔记

任务评价

视觉软件参数设置任务评分，如表5-6所示。

表5-6 任务评价

序号	考核要点	项目（配分：100分）	教师评分
1	职业素养	工具放置规定位置（2分）	
		着装规范整洁，佩戴安全帽（3分）	
		操作规范，爱护设备（5分）	
2	图像设置	图像显示清晰（20分）	
3	定位部件	正确选取工件特征，合理设置旋转公差、阈值等参数（25分）	
4	检查部件	正确抽取工件颜色，合理设置颜色像素计数范围（25分）	
5	视觉识别验证	验证工件类型及颜色（20分）	
得分			

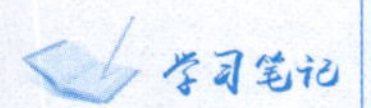

任务 5.2　工业相机与 PLC 的通信设置

【任务描述】

在 In-Sight Explorer 视觉软件中完成通信设置，并在博途软件中对相机进行组态，实现相机与 PLC 之间的数据传输。

【学前准备】

(1) 准备康耐视视觉系统说明书。

(2) 了解视觉相机安全操作事项。

【学习目标】

(1) 学会在视觉软件中进行通信设置。

(2) 学会在博途软件中对相机组态。

在博途软件中对相机进行组态时，会生成相应的数据模块，如图 5-10 所示。

拓扑视图　网络视图　设备视图

设备概览

模块	机架	插槽	I 地址	Q 地址	类型	订货号
InSight	0	0			In-Sight IS2XXX	IS2000-XXX
接口	0	0 X1			InSight	
采集控制_1	0	1		2	采集控制	
采集状态_1	0	2	2...4		采集状态	
检查控件_1	0	3		3	检查控件	
检查状态_1	0	4	5...8		检查状态	
命令控制_1	0	5	68...69	68...69	命令控制	
SoftEvent 控制_1	0	6	9	4	SoftEvent 控制	
用户数据 - 64 个字节_1	0	7		70...133	用户数据 - 64 个...	
结果 - 64 个字节_1	0	8	70...137		结果 - 64 个字节	

图 5-10　相机数据地址分配界面

相机命令根据添加的数据模块进行采集。每台设备添加后的 I/O 地址不一定相同，进行控制时需要看清楚相机里的 I/O 地址是否对应。

1. 采集控制

采集控制占用 1 个字节。以图 5-10 为例，采集控制的地址为 Q2，bit0 为 Q2.0。相机采集控制数据说明如表 5-7 所示。

表 5-7　相机采集控制数据说明

Bit0	相机准备命令
Bit1	相机拍照触发命令
Bit2~6	预留
Bit7	相机脱机命令

学习笔记

2. 采集状态

采集状态占用 3 个字节。以图 5-10 为例，采集状态的地址为 I2～I4，bit0 为 I2.0。相机采集状态数据说明如表 5-8 所示。

表 5-8　相机采集状态数据说明

Bit0	相机准备完成状态
Bit1	相机拍照完成状态
Bit2	预留
Bit3	预留
Bit4～6	相机脱机原因代码
Bit7	相机联机状态
Bit8～23	预留

3. 结果数据

结果数据最多占用 68 个字节。以图 5-10 为例，相机输出的数据结果地址为 I70～I137。相机采集结果数据说明如表 5-9 所示。

表 5-9　相机采集结果数据说明

Byte0～1	完成计数
Byte2～3	预留
Byte4～67	相机数据保存地址

任务实施

步骤 1：康耐视相机网络配置，如表 5-10 所示。

表 5-10　康耐视相机网络配置

操作步骤	操作说明	示意图
1	在菜单栏单击“传感器”，然后单击“网络设置”，打开“网络设置”界面	

续表

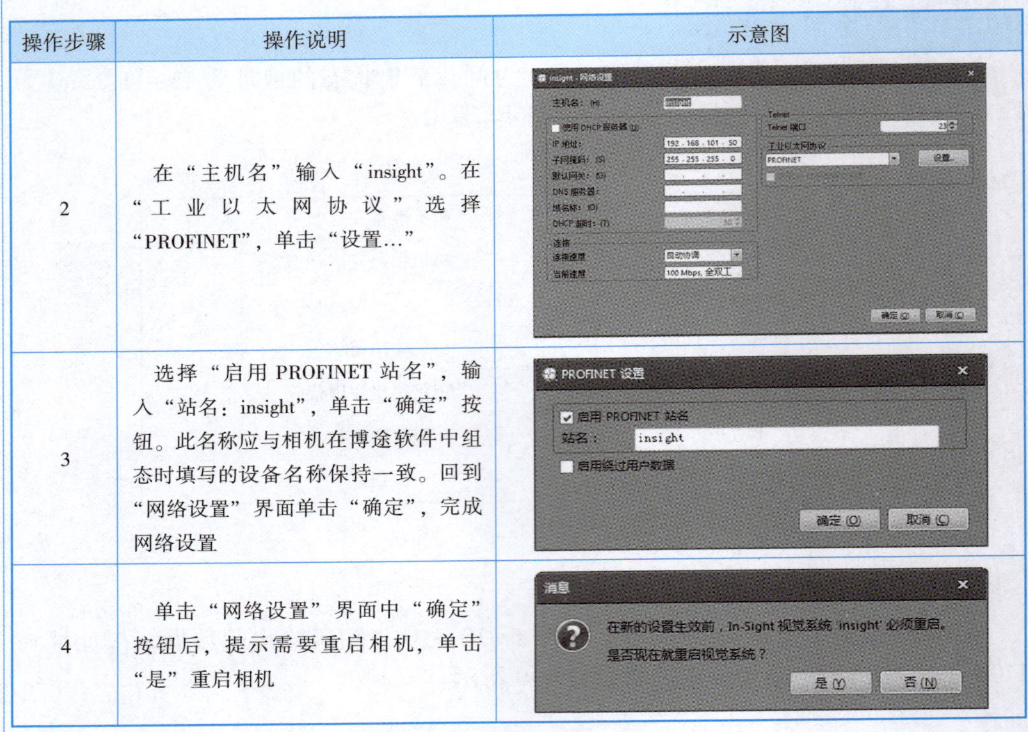

操作步骤	操作说明	示意图
2	在“主机名”输入“insight”。在“工业以太网协议”选择“PROFINET”，单击“设置...”	
3	选择“启用 PROFINET 站名”，输入“站名：insight”，单击“确定”按钮。此名称应与相机在博途软件中组态时填写的设备名称保持一致。回到“网络设置”界面单击“确定”，完成网络设置	
4	单击“网络设置”界面中“确定”按钮后，提示需要重启相机，单击“是”重启相机	

步骤 2：康耐视相机通信设置，如表 5-11 所示。

表 5-11　康耐视相机通信设置

操作步骤	操作说明	示意图
1	选中“应用程序步骤”中的“通信”，单击“添加设备”，正确选择设备参数。设备：PLC/Motion 控制器；制造商：Siemens；协议：PROFINET，单击“确定”按钮	3. 配置结果 输入/输出 通信 4. 完成 胶片 保存作业 运行作业 通信 EasyView FTP 添加设备 编辑设备 移除设备 设备设置 设备： PLC / Motion 控制器 制造商： Siemens 协议： PROFINET 确定 取消
2	选择“格式化输出数据”，单击“添加...”按钮	通信 EasyView FTP PROFINET 添加设备 编辑设备 移除设备 格式化输入数据 格式化输出数据 名称 添加... (A) 删除 (R) 上 (U)

续表

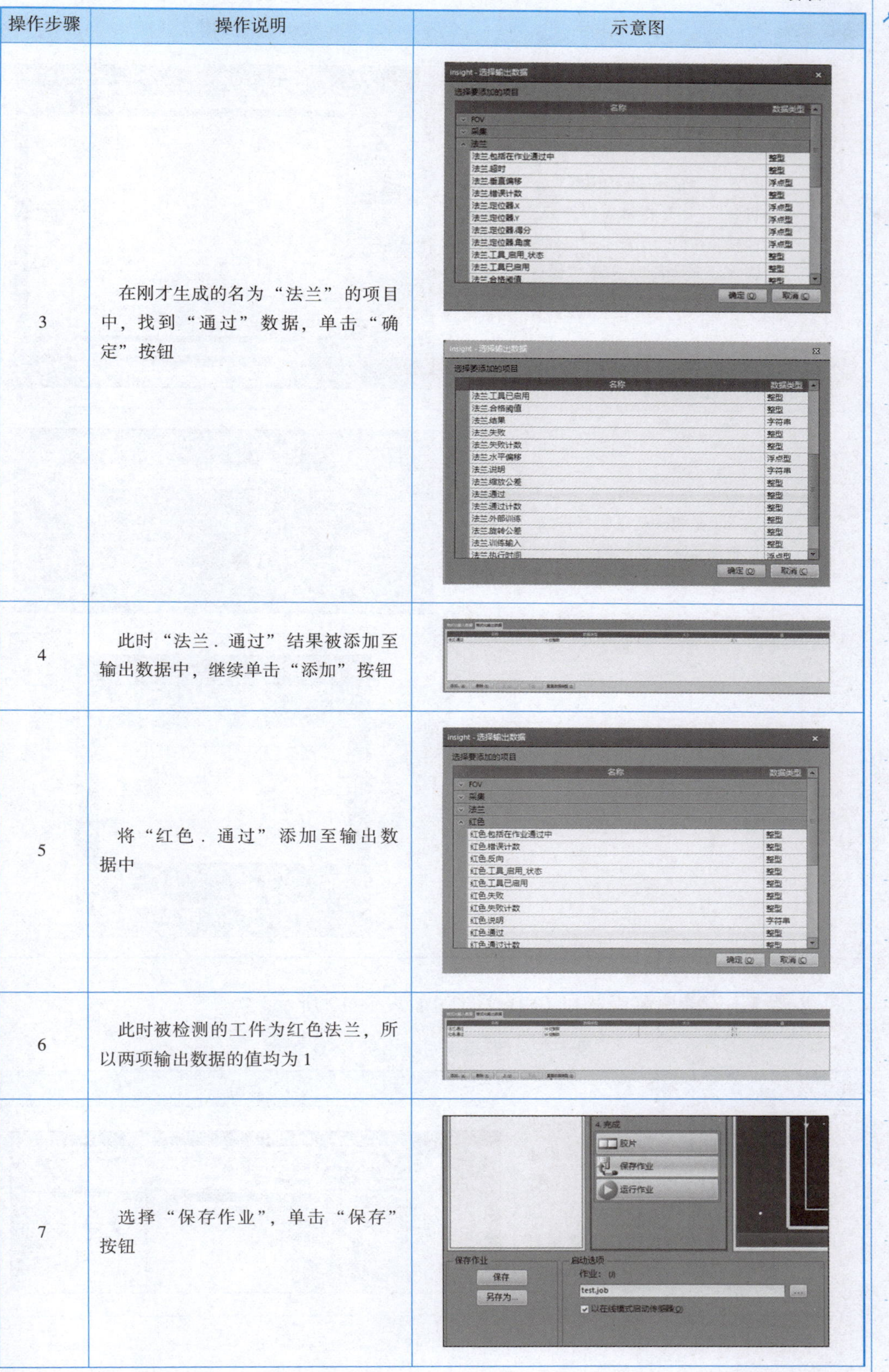

操作步骤	操作说明	示意图
3	在刚才生成的名为“法兰”的项目中，找到“通过”数据，单击“确定”按钮	
4	此时“法兰．通过”结果被添加至输出数据中，继续单击“添加”按钮	
5	将“红色．通过”添加至输出数据中	
6	此时被检测的工件为红色法兰，所以两项输出数据的值均为 1	
7	选择“保存作业”，单击“保存”按钮	

学习笔记

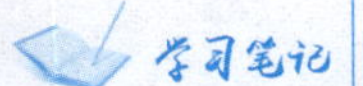

续表

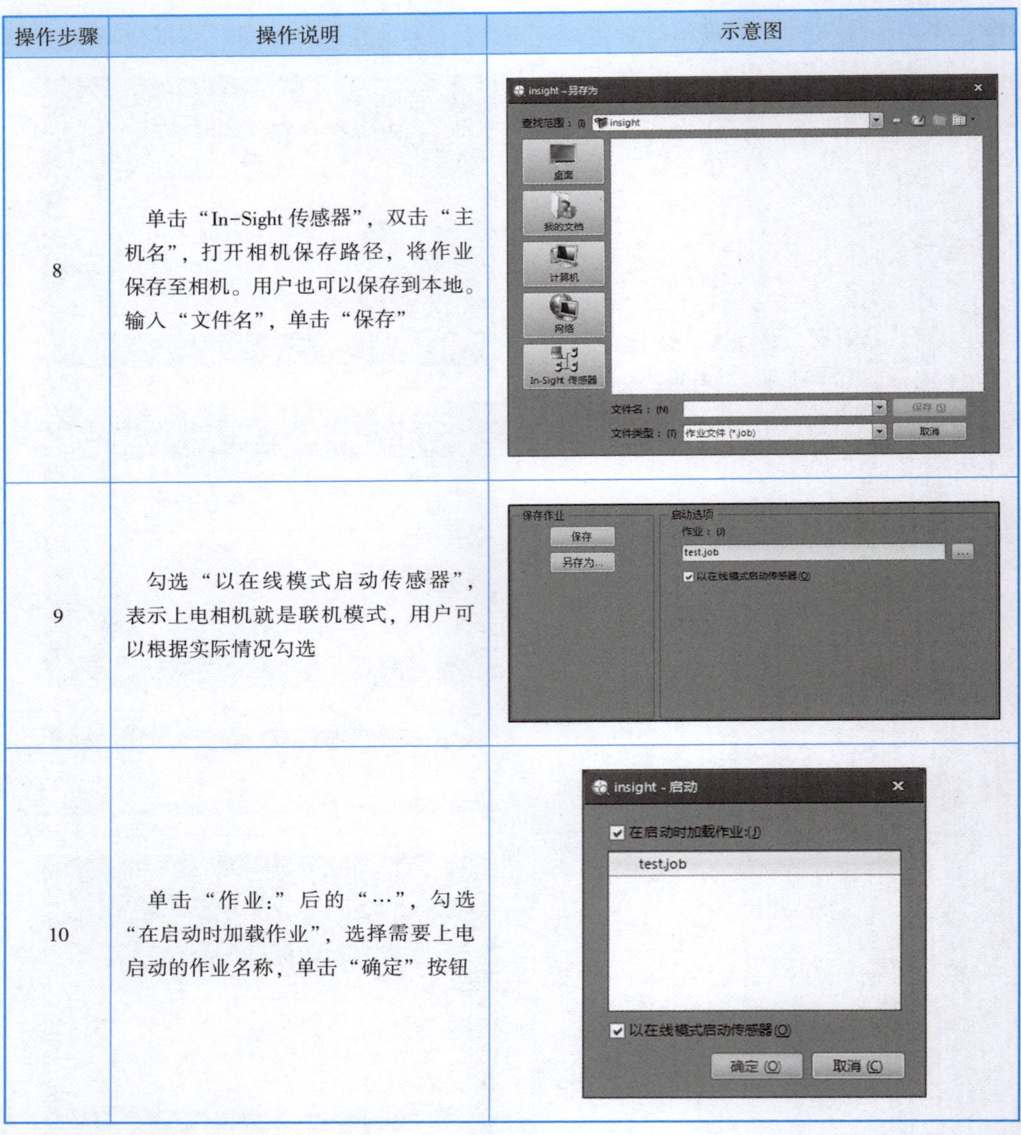

操作步骤	操作说明	示意图
8	单击“In-Sight 传感器”，双击“主机名”，打开相机保存路径，将作业保存至相机。用户也可以保存到本地。输入“文件名”，单击“保存”	insight－另存为 查找范围：(I) insight 桌面 我的文档 计算机 网络 In-Sight 传感器 文件名：(N) 保存(S) 文件类型：(T) 作业文件 (*.job) 取消
9	勾选“以在线模式启动传感器”，表示上电相机就是联机模式，用户可以根据实际情况勾选	保存作业 保存 另存为... 启动选项 作业：(J) test.job 以在线模式启动传感器(O)
10	单击“作业:”后的“…”，勾选“在启动时加载作业”，选择需要上电启动的作业名称，单击“确定”按钮	insight－启动 在启动时加载作业:(J) test.job 以在线模式启动传感器(O) 确定(O)　取消(C)

步骤 3：安装康耐视相机 GSD 文件，如表 5-12 所示。

表 5-12　安装康耐视相机 GSD 文件

操作步骤	操作说明	示意图
1	安装 GSD 文件。菜单栏单击“选项”“管理通用站描述文件（GSD）（D）”。（注：如果找不到 GSD 文件就拿一个组态有相机的程序在电脑里打开，打开后就会自动安装相机 GSD 文件）	Siemens - C:\Users\HBR_YU\Desktop\相机控制\相机控制 项目(P)　编辑(E)　视图(V)　插入(I)　在线(O)　选项(N) 保存项目 Totally Integrated Automation PORTAL 设置(S) 支持包(P) 管理通用站描述文件(GSD) (D) 启动 Automation License Manager(A) 显示参考文本(W) 全局库(G) 项目树　相机控制 ▸ 设备 设备　网络　连接 PLC_1 CPU 1215C 硬件目录　选件　目录　过滤　控制器　HMI

续表

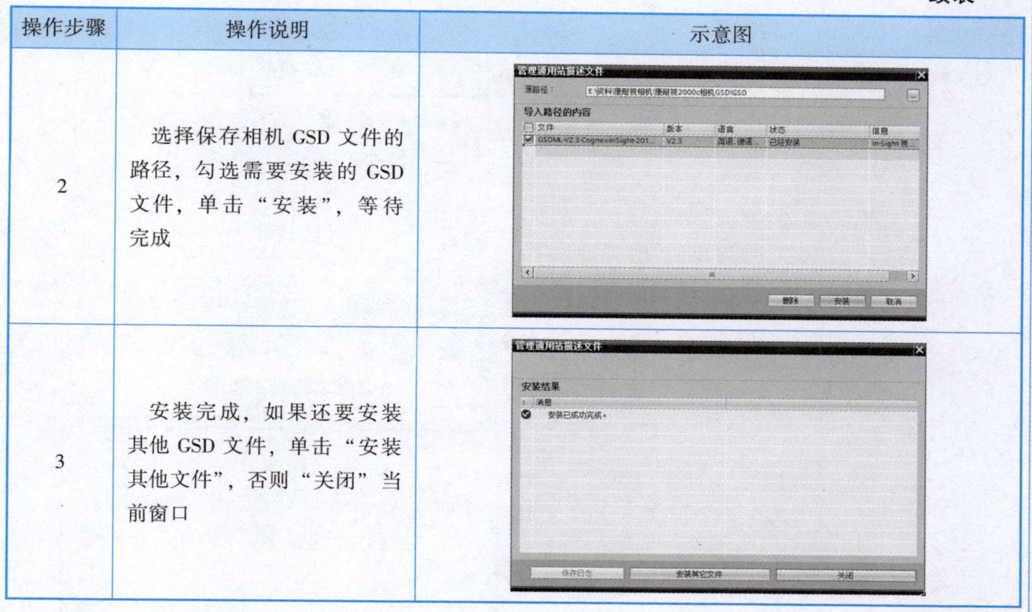

操作步骤	操作说明	示意图
2	选择保存相机 GSD 文件的路径，勾选需要安装的 GSD 文件，单击“安装”，等待完成	
3	安装完成，如果还要安装其他 GSD 文件，单击“安装其他文件”，否则“关闭”当前窗口	

步骤 4：相机组态。

假设 PLC 已经组态完成，接下来进行相机组态，如表 5-13 所示。

表 5-13　相机组态

操作步骤	操作说明	示意图
1	双击“设备和网络”，打开“网络视图”	
2	单击“硬件目录”→“其他现场设备”→“PROFINETIO”→“Sensors”→“Cognex Vision Systems”。双击“In-Sight 2×××”，将其添加到“网络视图”中	

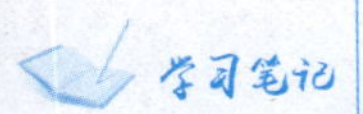

续表

操作步骤	操作说明	示意图
3	单击“未分配”，选择“PLC_1”，表示与 PLC_1 进行 PROFINET 通信	连接前： 连接后：
4	设置相机属性，单击“属性”→“PROFINET 接口”→“以太网地址”。设置相机 IP 地址和设备名称（与相机中配置的 IP 地址和 PROFINET 站名保持一致）	
5	双击相机，打开相机“设备视图”，可以查看和修改相机数据模块的 I/O 地址	

步骤 5：验证，如表 5-14 所示。

表 5-14 验证

操作步骤	操作说明	示意图
1	查看视觉软件输出的数据个数及类型。图中有两个输出数据，且都为 16 位的整数	
2	添加 PLC 变量，展开“PLC 变量”双击“添加新变量表”，添加新数据的名称、数据类型和地址	

续表

操作步骤	操作说明	示意图
3	下载项目至 PLC 中	
4	监控变量，双击刚刚新建的“变量表”，单击“监控”	
5	对比 PLC 接收到的数据与相机发送的数据是否一致，数据一致说明相机与 PLC-1200 之间通过 PROFINET 通信发送数据成功	

任务评价

任务评价如表 5-15 所示。

表 5-15　任务评价

序号	考核要点	项目（配分：100 分）	教师评分
1	职业素养	工位保持清洁，物品整齐（2 分）	
		着装规范整洁，佩戴安全帽（3 分）	
		操作规范，爱护设备（5 分）	
2	视觉软件通信设置	IP 设置正确（15 分）	
		通信方式选择正确（10 分）	
		格式化输出数据选择正确（10 分）	
		设备名称正确（10 分）	

学习笔记

学习笔记

续表

序号	考核要点	项目（配分：100 分）	教师评分
3	相机组态	正确使用 GSD 文件（5 分）	
		IP 地址设置正确（10 分）	
		设备名称设置正确（10 分）	
		变量表建立正确（10 分）	
		数据传输正常（10 分）	
得分			

任务5.3 FANUC工业机器人视觉分拣工作站系统调试

学习笔记

【任务描述】

现场共有8个工件：两个红色法兰，两个红色减速机，两个黄色法兰，两个黄色减速机，如图5-11所示。

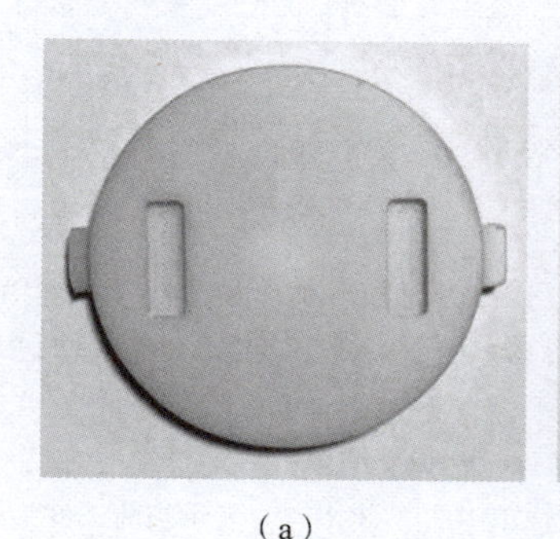

（a）

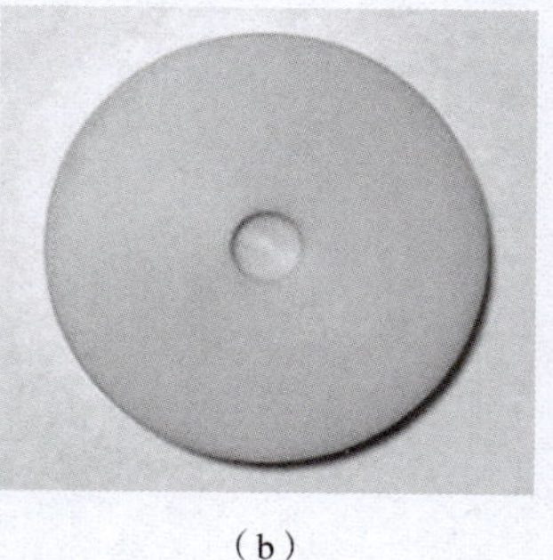

（b）

图5-11 工件

（a）法兰；（b）减速机

流水线线首有个井式供料装置，里面可以用来放置这8个工件，工件由气缸弹出后，进入流水线，流水线动作，将工件由线首输送至线尾，线尾安装有视觉相机，通过相机对这8个工件进行工件类型和颜色的识别，机器人得到识别结果后，对工件进行分拣，将其放在指定区域，如图5-12所示。

红色法兰存放区	红色减速机存放区
黄色法兰存放区	黄色减速机存放区

图5-12 存放区

【学前准备】

（1）准备FANUC工业机器人说明书。

（2）了解工业机器人安全操作事项。

（3）准备康耐视视觉系统说明书。

（4）了解视觉相机安全操作事项。

【学习目标】

学会组建工业机器人视觉分拣工作站。

预备知识

PLC与机器人之间采用CRMA15/16板进行数据交互，PLC的输出/输入信号即对应于机器人的输入/输出信号。此任务中，对I/O进行配置，如表5-16的示。

表 5-16　I/O 配置

机器人	PLC	备注
DO[101]	I0.0	用于触发相机拍照
DO[102]	I0.1	机器人搬运完成信号
DO[103]	/	使流水线动作
DO[104]	/	吸盘
DO[105]	/	井式供料的推料气缸
DI[101]	Q0.0	工件类型识别结果： 当 DI[101]为 ON 时，表示当前工件为法兰。 当 DI[101]为 OFF 时，表示当前工件为减速机
DI[102]	Q0.1	工件颜色识别结果： 当 DI[102]为 ON 时，表示当前工件为红色。 当 DI[102]为 OFF 时，表示当前工件为黄色

任务实施

I/O 分配

步骤 1：I/O 分配，如表 5-17 所示。

表 5-17　I/O 分配

操作步骤	操作说明	示意图
1	进入“DO 数字输出”界面进行设置	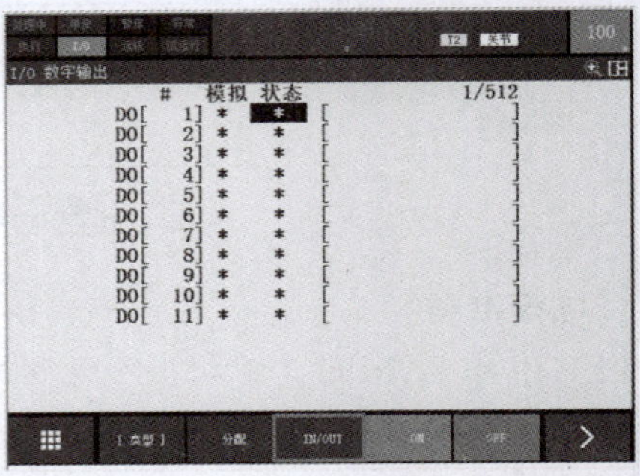
2	按照表 5-16 分别对 DO［101］~ DO［105］进行分配	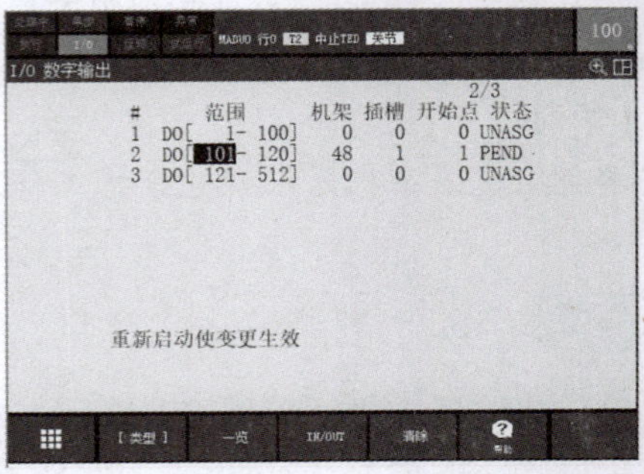

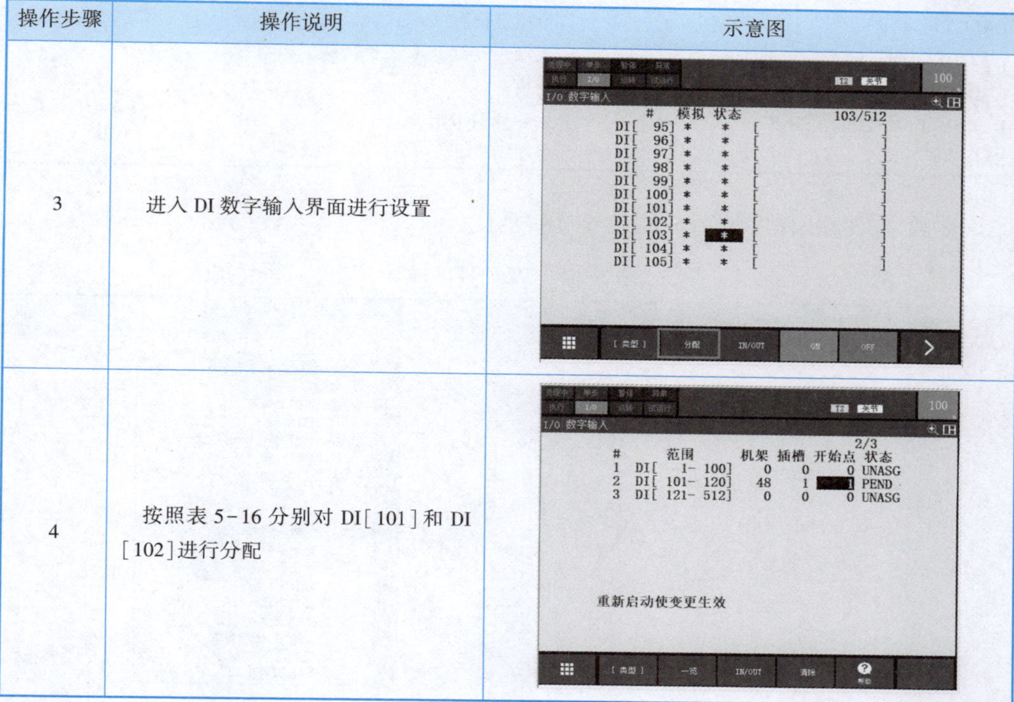

操作步骤	操作说明	示意图
3	进入 DI 数字输入界面进行设置	
4	按照表 5-16 分别对 DI[101]和 DI[102]进行分配	

步骤 2：机器人程序编写。

机器人程序编写

参考程序：

J PR[1] 20% FINE	运动到 HOME 点
FOR R[1]=1 TO 8	循环 8 次，分拣 8 个工件
DO[105]=ON	推料
WAIT 1. 0 sec	等待 1 s
DO[105]=OFF	气缸缩回
DO[103]=ON	流水线动作
WAIT 10. 0 sec	等待 10 s
DO[103]=OFF	流水线停止动作
DO[101]=ON	拍照
WAIT 4. 0 sec	等待 4 s
DO[101]=OFF	复位拍照信号
IF DI [101] = ON AND DI [102] = ON, CALL PRG1	如果工件为红色法兰，则执行程序 PRG1，将工件搬运至指定位置
IF DI [101] = ON AND DI [102] = OFF, CALL PRG2	如果工件为黄色法兰，则执行程序 PRG2，将工件搬运至指定位置
IF DI [101] = OFF AND DI [102] = ON, CALL PRG3	如果工件为红色减速机，则执行程序 PRG1，将工件搬运至指定位置

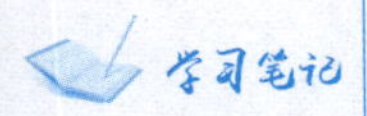

IF DI[101]=OFF AND DI[102]=OFF,	如果工件为黄色减速机，则执行程序PRG1，将工件搬运
CALL PRG4	至指定位置
DO[102]=ON	机器人发给PLC工件搬运完成信号
ENDFOR	结束
J PR[1] 20% FINE	运动到HOME点
END	程序结束

步骤3：PLC程序编写，如表5-18所示。

表5-18 PLC程序编写

操作步骤	操作说明	示意图
1	双击Main[OB1]，编写PLC程序	PLC编程 项目1 添加新设备 设备和网络 PLC_1 [CPU 1215C DC/DC... 设备组态 在线和诊断 程序块 添加新块 Main [OB1] 系统块 工艺对象 外部源文件 PLC变量 显示所有变量 添加新变量表 默认变量表 [67] 变量表_1 [2]
2	拍照触发信号由机器人给PLC，当PLC收到触发信号后，首先将Q2.0置位，使相机处于准备状态。当相机准备完成后，开始进行相机拍照，此时Q2.0和Q2.1置位。当相机完成拍照后，将Q2.0和Q2.1复位	程序段1：… 注释 %I0.0 "拍照触发" P_TRIG CLK Q %M10.0 "扫描上升沿" MOVE EN ENO 1 IN OUT1 %QB2 "相机采集控制" 程序段2：… 注释 %I2.0 "相机准备完成" MOVE EN ENO 3 IN OUT1 %QB2 "相机采集控制" 截图(Alt + A) 程序段3：… 注释 %I2.1 "相机拍照完成" MOVE EN ENO 0 IN OUT1 %QB2 "相机采集控制"
3	拍照完成后，进行数据处理	程序段4：… 注释 %DB1 "IEC_Timer_0_DB" %I2.1 "相机拍照完成" TOF Time IN Q PT ET %IW74 "法兰" == Word 1 MOVE EN ENO 1 IN OUT1 %MW20 "工件类别" %IW74 "法兰" == Word 0 MOVE EN ENO 2 IN OUT1 %MW20 "工件类别" %IW76 "红色" == Word 1 MOVE EN ENO 1 IN OUT1 %MW30 "颜色" %IW76 "红色" == Word 0 MOVE EN ENO 2 IN OUT1 %MW30 "颜色"

续表

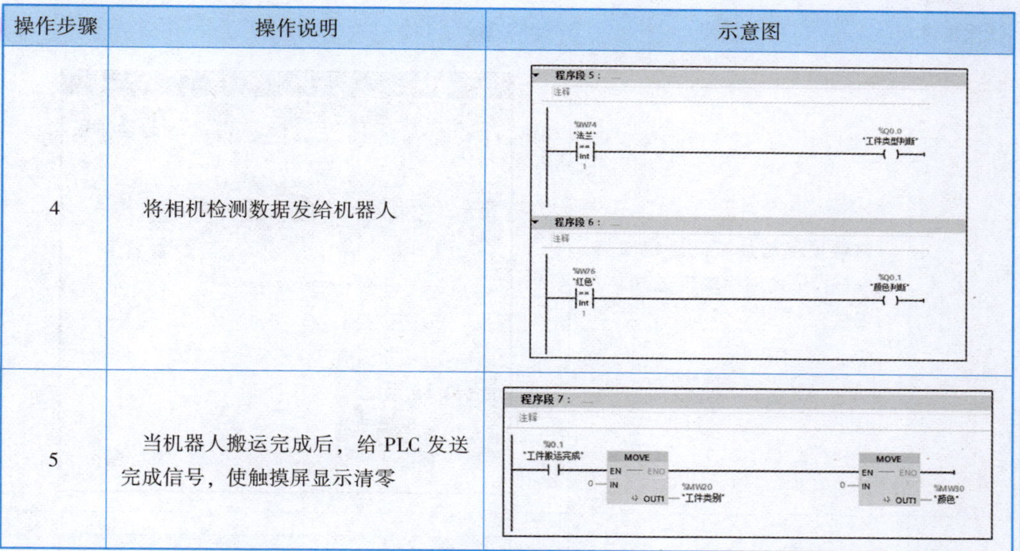

操作步骤	操作说明	示意图
4	将相机检测数据发给机器人	
5	当机器人搬运完成后，给 PLC 发送完成信号，使触摸屏显示清零	

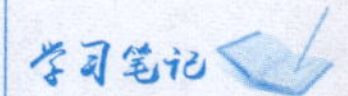

步骤 4：触摸屏设计，如表 5-19 所示。

表 5-19 触摸屏设计

操作步骤	操作说明	示意图
1	双击“设备和网络”	
2	打开硬件目录，选择相应型号的触摸屏，双击添加至网络视图中	

学习笔记

续表

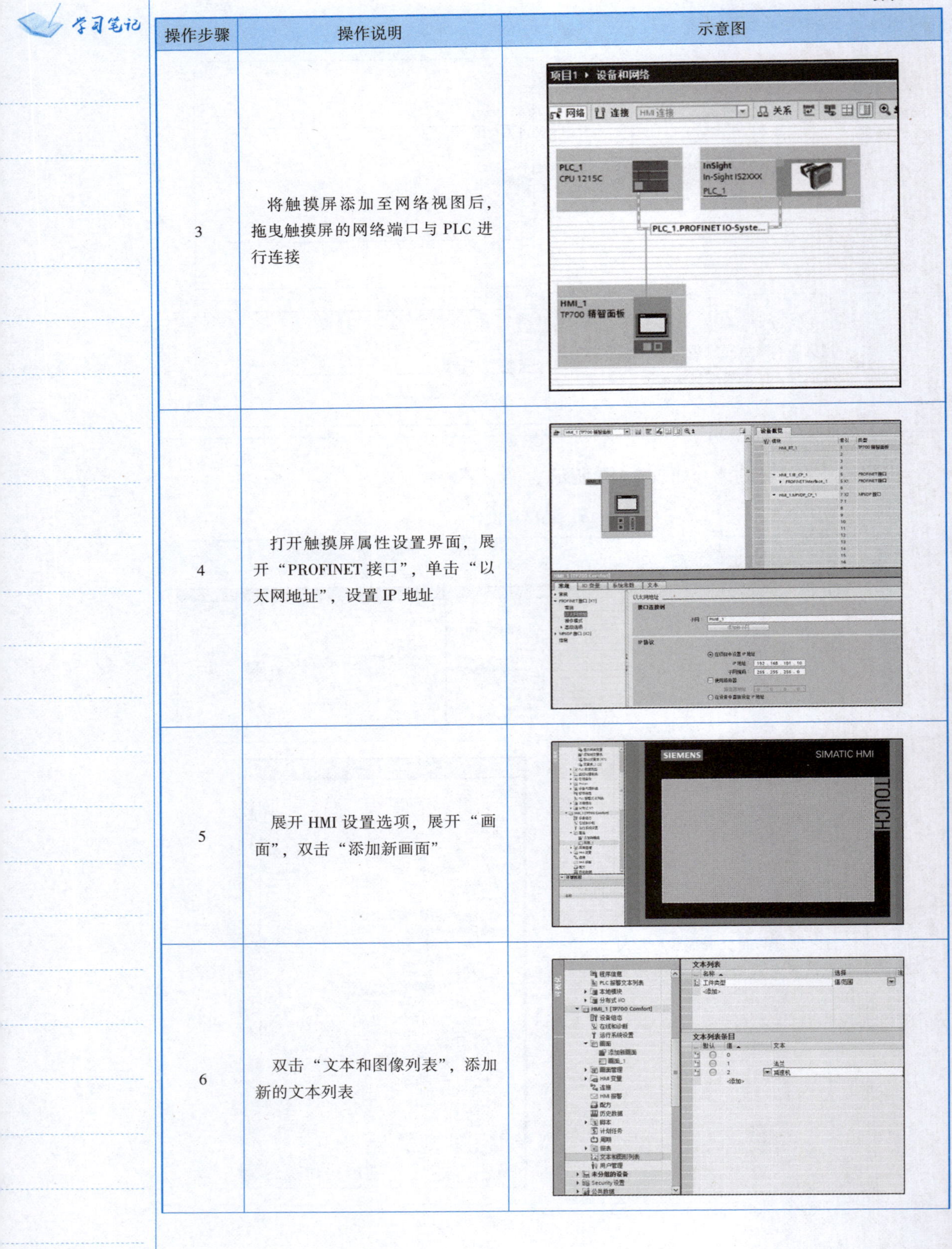

操作步骤	操作说明	示意图
3	将触摸屏添加至网络视图后，拖曳触摸屏的网络端口与 PLC 进行连接	
4	打开触摸屏属性设置界面，展开“PROFINET 接口”，单击“以太网地址”，设置 IP 地址	
5	展开 HMI 设置选项，展开“画面”，双击“添加新画面”	
6	双击“文本和图像列表”，添加新的文本列表	

续表

操作步骤	操作说明	示意图
7	回到触摸屏画面设置，添加“符号 I/O 域”	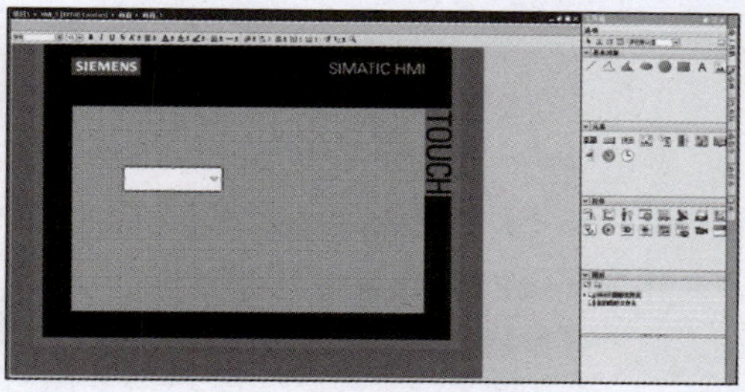 SIEMENS SIMATIC HMI TOUCH
8	单击属性，添加变量及文本列表	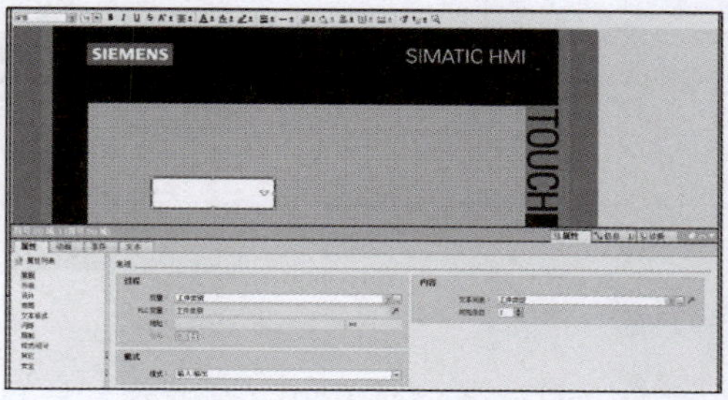 SIEMENS SIMATIC HMI TOUCH
9	添加图形，用于表示颜色	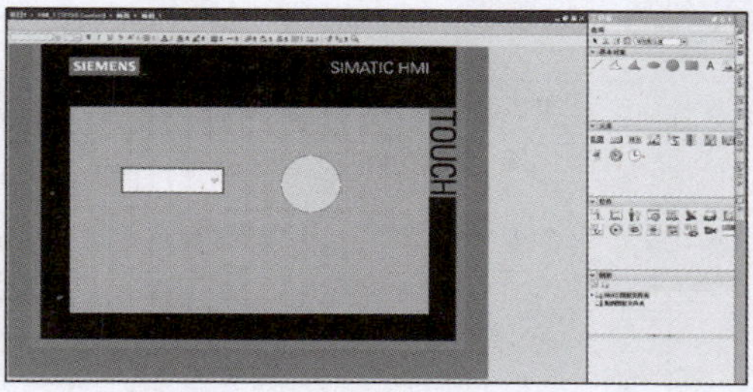 SIEMENS SIMATIC HMI TOUCH
10	设置图形属性，将其关联至相应的 PLC 变量	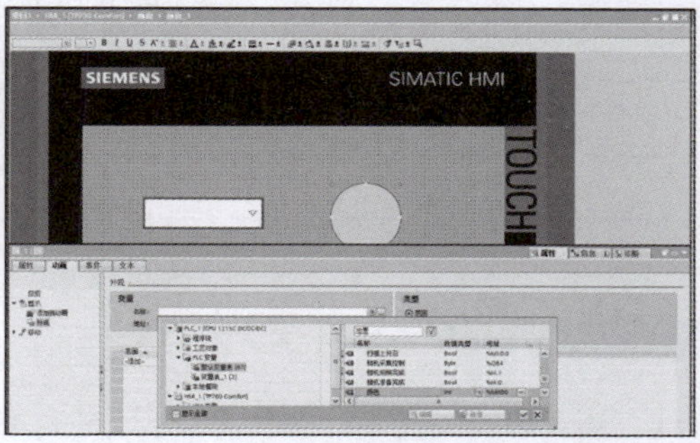 SIEMENS SIMATIC HMI TOUCH
11	设置图形的颜色，当变量的值不同时，图形表示出不同的颜色	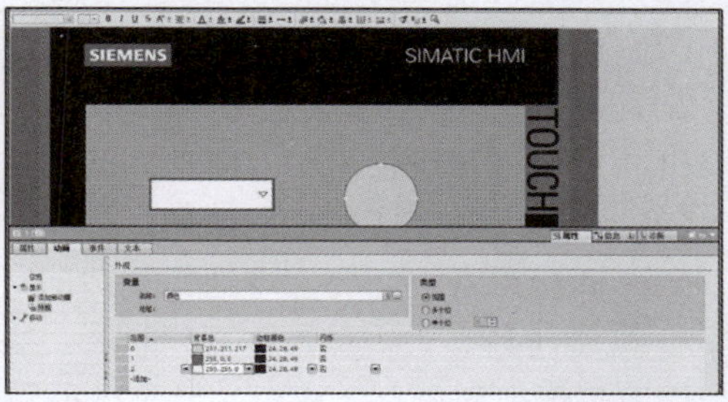 SIEMENS SIMATIC HMI TOUCH

学习笔记

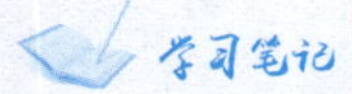

续表

操作步骤	操作说明	示意图
12	触摸屏设置完成后，将设置好的界面下载至设备中	扩展的下载到设备 组态访问节点属于 "HMI_1" 设备 / 设备类型 / 插槽 / 接口类型 / 地址 / 子网 HMI_1 / TP700 Comfort / / 以太网 / 192.168.101.10 / HMI_1.IE_CP_1 / PROFINET接口 / 5 X1 / PN/IE / 192.168.101.10 / PN/IE_1 HMI_RT_1 / / / S7USB / 未组态 / HMI_1.MPI/DP_CP_1 / MPI/DP 接口 / 7 X2 / MPI / 1 / PG/PC 接口的类型：PN/IE PG/PC 接口：Realtek PCIe GbE Family Controller 接口/子网的连接：插槽"5 X1"处的方向 第一个网关： 选择目标设备：显示所有兼容的设备 设备 / 设备类型 / 接口类型 / 地址 / 目标设备 hmi_1 / SIMATIC-HMI / PN/IE / 192.168.101.10 / — — / — / PN/IE / 访问地址 / — 闪烁 LED 开始搜索(S) 在线状态信息：　仅显示错误消息 已建立与地址为 192.168.101.10的设备连接。 扫描完成。找到了 1 个与 4 可访问设备相兼容的设备。 正在检索设备信息... 扫描与信息检索已完成。 下载(L)　取消(C)

任务评价

对已编写好的机器人程序完成 RSR 自动运行设置操作评分，如表 5-20 所示。

表 5-20　任务评价

序号	考核要点	项目（配分：100 分）	教师评分
1	职业素养	工位保持清洁，物品整齐（2 分）	
		着装规范整洁，佩戴安全帽（3 分）	
		操作规范，爱护设备（5 分）	
2	视觉分拣工作站	I/O 配置（20 分）	
		机器人运行轨迹正确（20 分）	
		视觉识别准确（30 分）	
		触摸屏界面设计符合要求（20 分）	
得分			

问题探究

1. 填空题

（1）康耐视相机的 I/O 连接器模块由________和________组成。

（2）康耐视相机主要由________、________和________三部分组成。

2. 简答题

（1）康耐视相机指示符有哪些？写出这些指示符的功能。

（2）写出五种工业相机的应用。

（3）两台设备之间要实现通信，请问对 IP 地址有什么要求？

3. 拓展任务

使用康耐视相机，完成对法兰工件的角度识别。

学习笔记

项目六　工业机器人机床上下料工作站系统组建

项目学习导航

学习目标	**知识目标：** 1. 学会 FANUC 工业机器人 I/O Link 信号配置方法。 2. 学会 FANUC 数控系统 I/O Link 信号配置方法。 3. 学会 FANUC 数控系统 PMC 程序编程。 **技能目标：** 1. 能针对 FANUC 工业机器人与数控系统进行 I/O Link 信号配置。 2. 能根据机器人与数控系统交互信号修改对应 PMC 程序。 3. 能为工业机器人机床上下料工作站组建一套控制系统并调试。 **素养目标：** 养成严谨认真的工作精神
知识重点	1. 工业机器人 I/O 信号配置。 2. 工业机器人自动运行设置
知识难点	1. 工业机器人与数控系统信号交互。 2. PMC 程序修改
建议学时	12 学时
实训任务	任务 6.1　工业机器人与数控机床的 I/O Link 通信 任务 6.2　工业机器人与数控机床的程序编写

项目导入

数控机床通过工业机器人工件上下料操作是工业生产现场较为典型作业方式之一。本项目通过 I/O Link 通信协议方式完成数控系统与工业机器人通信连接，并进行 I/O 信号参数配置、数控系统 PMC 程序修改、机器人程序编写等工作任务，学会用 I/O Link 通信方式组建一套工业机器人机床上下料工作站控制系统。

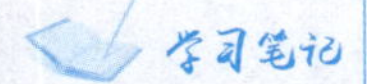

任务 6.1 工业机器人与数控机床的 I/O Link 通信

【任务描述】

在工业机器人机床上下料工作站中，若要让机器人与数控机床按设定方式完成工件搬运任务需要机器人与数控机床之间建立通信连接，并完成信号分配与逻辑处理功能。因此，要完成工作站整体设计与调试首先采用 I/O Link 通信方式建立工业机器人与数控系统连接，然后分别对数控系统以及机器人进行 I/O 信号分配。

【学前准备】

（1）准备 FANUC 工业机器人说明书。

（2）准备 FANUC 数控系统说明书。

（3）了解 FANUC 系统的 I/O Link 硬件设备。

【学习目标】

（1）能完成 CNC 与机器人 I/O Link 模块硬件接线。

（2）能在 CNC 与机器人中完成 I/O 信号地址分配。

预备知识

1. FANUC 数控系统 I/O Link 总线连接

FANUC 0i 数控系统与各分布式设备 I/O 单元可以采用 I/O Link 总线连接方式，各个 I/O 单元都有确定的 I/O 点，这些 I/O 点的相对地址与外部连接引脚的对应关系都是确定的，但是这些 I/O 单元起始地址需要在 CNC 系统中进行设定。

2. FANUC 数控系统 I/O 模块定义

FANUC I/O Link 是一个串行接口，将 CNC 单元、分布式 I/O、操作面板等连接起来，并在各个 I/O 设备间高速传送 I/O 信号。I/O Link 是 FANUC 专用 I/O 总线。

由于各个 I/O 点、手轮脉冲信号等信号都连接在 I/O Link 总线上，在 PMC 梯形图编辑之前都要进行 I/O 模块的设置，即地址分配。在 PMC 中进行模块分配，实质上就是要把硬件连接和软件上设定统一的地址（物理点和软件点的对应）。

为了地址分配的命名方便，将各 I/O 模块的连接定义出组（group）、基座（base）、槽（slot）的概念。

1）组（group）

系统和 I/O 单元之间通过 JDIA→JD1B 串行连接，离系统最近的单元称之为第 0 组，依次类推，最大到 15 组。

2）基座（base）

使用 I/O UNIT-MODEL A 时，在同一组中可以连接扩展模块，因此在同一组中为区分其物理位置，定义主副单元分别为 0 基座、1 基座。

3）槽（slot）

在 I/O UNIT-MODEL A 时，在一个基座上可以安装 5~10 槽的 I/O 模块，从左至右依次定义其物理位置为 1 槽、2 槽。

一般来说，从系统的 I/O Link 接口出来默认的组号为第 0 组，一个 JD1A 连接 1 组。从第 0 组开始，组号顺序排列。基座号是在同一组内的分配，基座号从 0 开始。槽号为同一基座内的分配，槽号从 1 开始。

3. I/O Link 硬件连接

0i-D 系列和 0i Mate-D 系列中，JD51A 插座位于主板上。I/O Link 分为主单元和子单元，作为主单元的 0i/0i Mate 系列控制单元与作为子单元的分布式 I/O 相连接子单元分为若干组，一个 I/O Link 最多可连接 16 组子单元（0i Mate 系统受 I/O 点数限制）。根据单元类型以及 I/O 点数不同，I/O Link 有多种连接方式。PMC 程序可以对 I/O 信号的分配和地址进行设定，用来连接 I/O Link。I/O 点数最多可以达到1 024/1 024 点。I/O Link 的两个插座分别叫作 JD1A 和 JD1B，对所有单元（具有 I/O Link 功能）来说是通用的。电缆总是从一个单元的 JD1A 连接到下一个单元的 JD1B。最后一个单元 JD1A 接口是空着的，无须连接一个终端插头。对于 I/O Link 中的所有单元来说，JD1A 和 JD1B 的引脚分配是一致的。不管单元连接类型如何均可按照图 6-1 来连接 I/O Link。

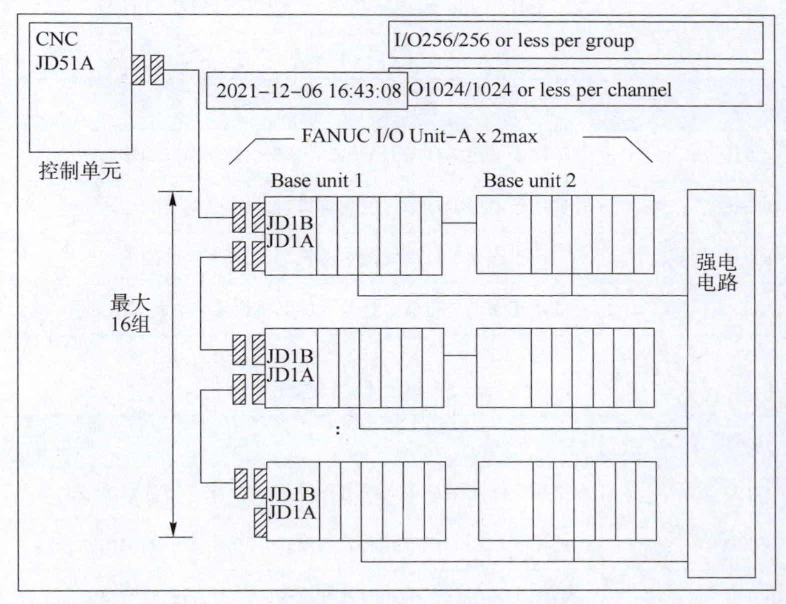

图 6-1　FANUC I/O Link 硬件连接图

FANUC I/O Link 的硬件连接总是从系统的 JD1A（JD51A）引出，到下一个 JD1B，依次顺序连接直到完成所有 I/O 模块的连接，本工作站 I/O Link 通信连接如图 6-2 所示，CNC 的 JD51A 接口通过 I/O Link 总线连接 0i-D 的 I/O 模块 JD1B 接口，I/O 模块上 JD1A 接口通过 I/O Link 总线连接至机器人控制柜 JRS26 接口。

学习笔记

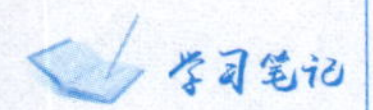

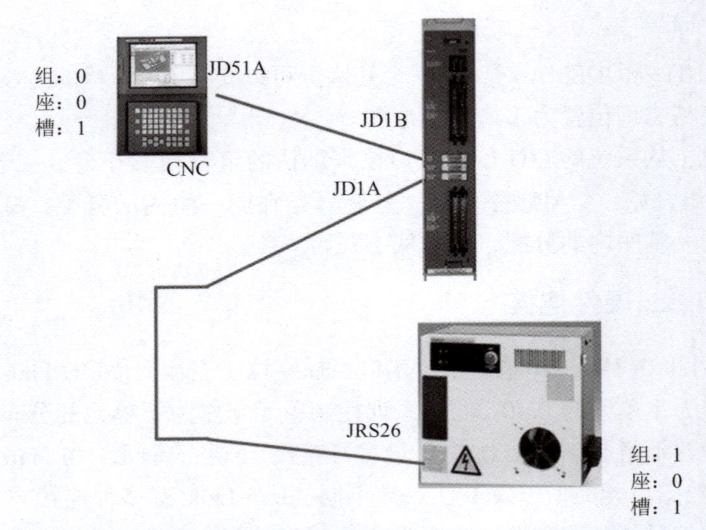

图 6-2　工业机器人机床上下料工作站 I/O Link 硬件连接示意图

4. CNC I/O 模块命名

I/O 点数的设定是按照字节数的大小通过命名来实现的，根据实际的硬件单元所具有的容量和要求进行设定。输入信号功能如表 6-1 所示。输出信号功能如表 6-2 所示。

表 6-1　输入信号功能

信号名称	功能
OC01I	适用于通用 I/O 单元的名称设定，12 个字节的输入
OC02I	适用于通用 I/O 单元的名称设定，16 个字节的输入
OC03I	适用于通用 I/O 单元的名称设定，32 个字节的输入
/*n*	适用于通用、特殊 I/O 单元的名称设定，*n* 字节

表 6-2　输出信号功能

信号名称	功能
OC01O	适用于通用 I/O 单元的名称设定，12 个字节的输出
OC02O	适用于通用 I/O 单元的名称设定，16 个字节的输出
OC03O	适用于通用 I/O 单元的名称设定，32 个字节的输出
/*n*	适用于通用、特殊 I/O 单元的名称设定，*n* 字节

n 可使用 1~8 之间的任意数字，或 12、16、20、24、28、32。

例如：

在当前 CNC 系统操作面板输入地址 X0.0 开始进行分配：0.0.1.OC02I，则将为 CNC 系统完成 16 个字节输入信号的创建，如图 6-3 所示。

PMC构成　　执行　ALM

PMC I/O模块编辑　　地址模块(1/4)

地址	组	基本	槽	名称	地址	组	基本	槽	名称
X0000	00	00	01	OC02I	Y0000				
X0001	00	00	01	OC02I	Y0001				
X0002	00	00	01	OC02I	Y0002				
X0003	00	00	01	OC02I	Y0003				
X0004	00	00	01	OC02I	Y0004				
X0005	00	00	01	OC02I	Y0005				
X0006	00	00	01	OC02I	Y0006				
X0007	00	00	01	OC02I	Y0007				
X0008	00	00	01	OC02I	Y0008				
X0009	00	00	01	OC02I	Y0009				
X0010	00	00	01	OC02I	Y0010				
X0011	00	00	01	OC02I	Y0011				
X0012	00	00	01	OC02I	Y0012				
X0013	00	00	01	OC02I	Y0013				

组·基板·槽·名称=

A>0.0.1.OC02I_

MDI **** *** ***　10:23:15

删除　全删除　退出 编辑

图 6-3　分配输入信号地址

在当前 CNC 系统操作面板输入地址 Y50.0 开始进行分配：1.0.1FS04A，则将在 1 号组即机器人控制系统完成 4 个字节输出信号的创建，如图 6-4 所示。

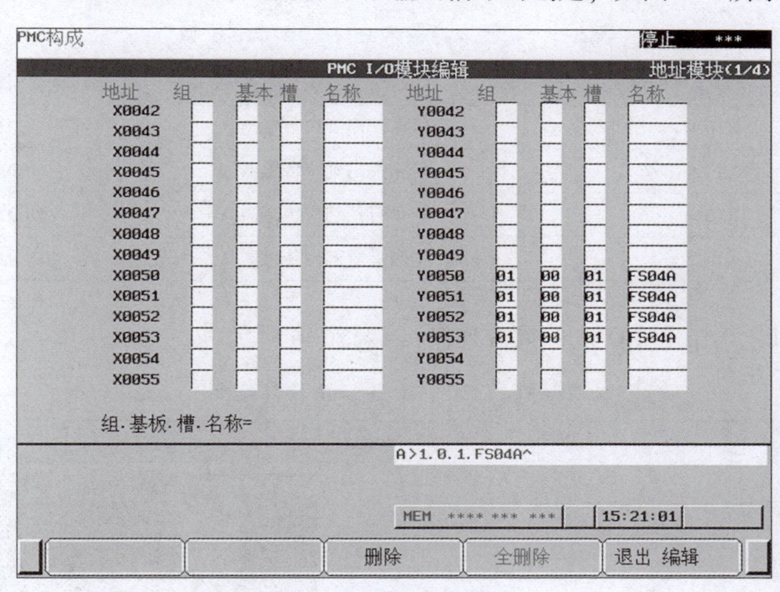

PMC构成　　停止　***

PMC I/O模块编辑　　地址模块(1/4)

地址	组	基本	槽	名称	地址	组	基本	槽	名称
X0042					Y0042				
X0043					Y0043				
X0044					Y0044				
X0045					Y0045				
X0046					Y0046				
X0047					Y0047				
X0048					Y0048				
X0049					Y0049				
X0050					Y0050	01	00	01	FS04A
X0051					Y0051	01	00	01	FS04A
X0052					Y0052	01	00	01	FS04A
X0053					Y0053	01	00	01	FS04A
X0054					Y0054				
X0055					Y0055				

组·基板·槽·名称=

A>1.0.1.FS04A^

MEM **** *** ***　15:21:01

删除　全删除　退出 编辑

图 6-4　分配输出信号地址

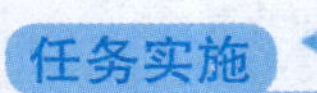

任务实施

根据机器人与 CNC 上下料工作需求，可暂列出表 6-3、表 6-4 及机器人与机床 I/O Link 信号交互表 6-5，然后按表中信号开展工业机器人与机床系统硬件连接及信号分配。

学习笔记

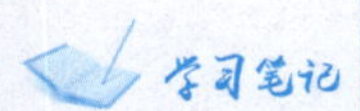

表 6-3　机器人输出信号

机器人地址	备注	机床地址
DO101	机床门打开/关闭	X50. 0
DO102	机床门关闭	X50. 1
DO103	机床卡盘松开	X50. 2
DO104	机床卡盘夹紧	X50. 3
DO105	机床循环启动	X50. 4
DO106	复位加工完成信号	X50. 5

表 6-4　机床输出信号

机床输出地址	备注	机器人地址
Y50. 0	气动门开到位	DI101
Y50. 1	气动门关到位	DI102
Y50. 2	卡盘松开到位	DI103
Y50. 3	卡盘夹紧到位	DI104
Y50. 4	工件加工完成	DI105

表 6-5　机器人与机床 I/O Link 信号交互

机床信号	备注	模块名称
X10. 0	机床开门到位传感器	OC02I
X10. 1	机床关门到位传感器	OC02I
X10. 2	卡盘打开到位传感器	OC02I
X10. 3	卡盘夹紧到位传感器	OC02I

步骤 1：工作站 I/O Link 硬件连接，如表 6-6 所示。

表 6-6　工作站 I/O Link 硬件连接

操作步骤	操作说明	示意图
1	关闭数控机床总电源，将 I/O Link 通信线缆插入 I/O 模块 JD1B 接口	

续表

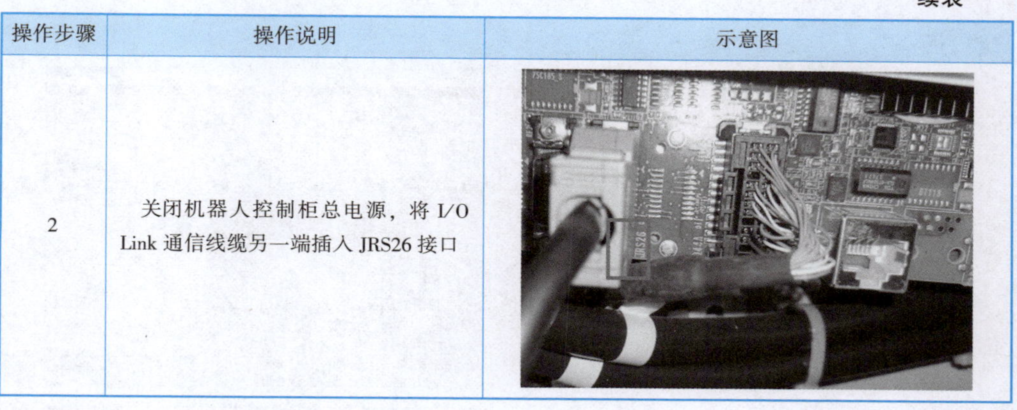

操作步骤	操作说明	示意图
2	关闭机器人控制柜总电源，将 I/O Link 通信线缆另一端插入 JRS26 接口	

步骤 2：CNC 系统与机器人通信 I/O 信号分配，如表 6-7 所示。

表 6-7　CNC 系统与机器人通信 I/O 信号分配

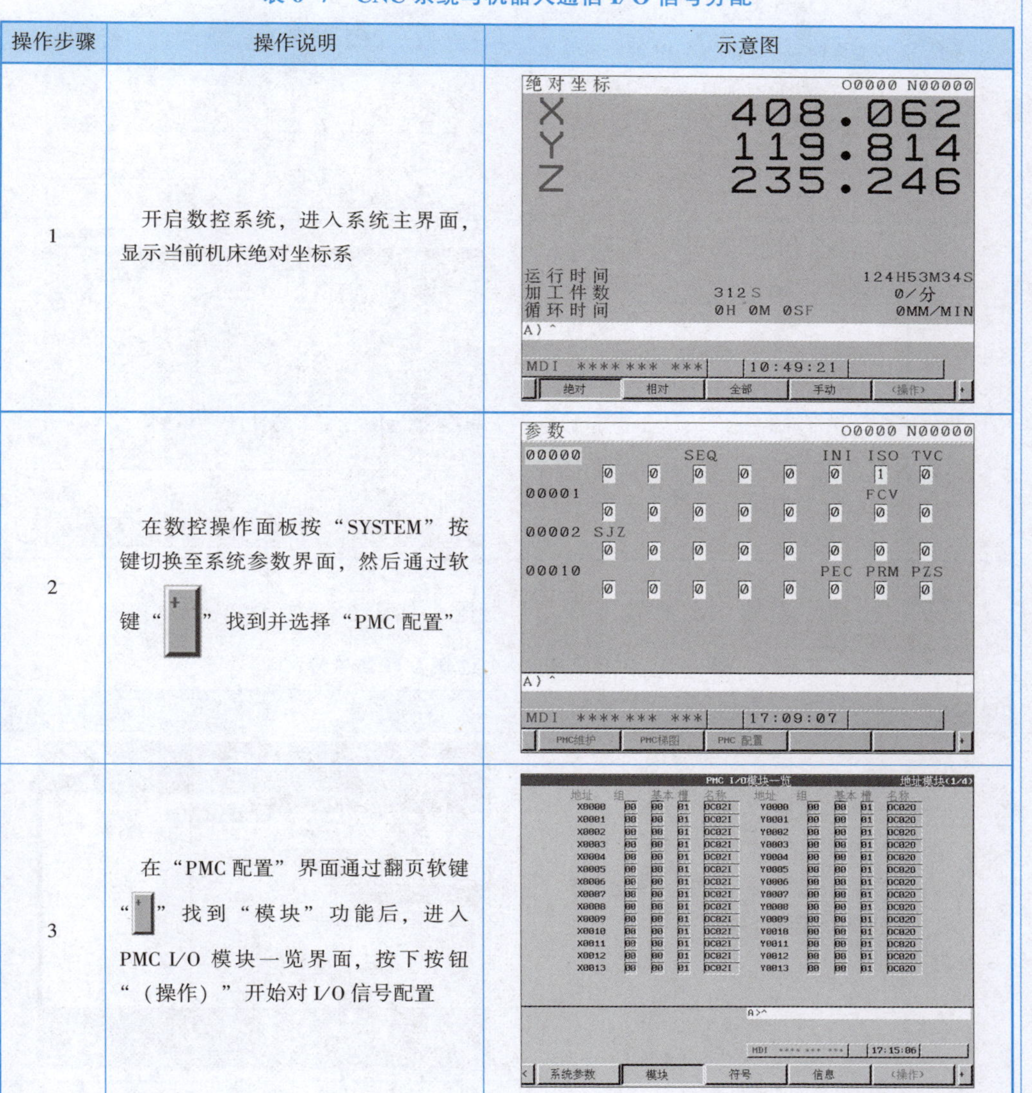

操作步骤	操作说明	示意图
1	开启数控系统，进入系统主界面，显示当前机床绝对坐标系	
2	在数控操作面板按“SYSTEM”按键切换至系统参数界面，然后通过软键“ ”找到并选择“PMC 配置”	
3	在“PMC 配置”界面通过翻页软键“ ”找到“模块”功能后，进入 PMC I/O 模块一览界面，按下按钮“（操作）”开始对 I/O 信号配置	

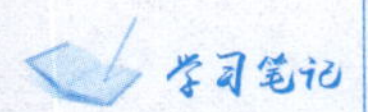

续表

操作步骤	操作说明	示意图
4	将操作光标移至 X50 处，通过按键输入：1. 0. 1. FS04A，完成后按下数控操作面板“INPUT”按钮，完成 4 个字节输入信号配置	PMC构成　停止 *** PMC I/O模块编辑　地址模块(1/4) 地址 组 基本 槽 名称　地址 组 基本 槽 名称 X0042　Y0042 X0043　Y0043 X0044　Y0044 X0045　Y0045 X0046　Y0046 X0047　Y0047 X0048　Y0048 X0049　Y0049 X0050 01 00 01 FS04A　Y0050 X0051 01 00 01 FS04A　Y0051 X0052 01 00 01 FS04A　Y0052 X0053 01 00 01 FS04A　Y0053 X0054　Y0054 X0055　Y0055 组·基板·槽·名称= A>1.0.1.FS04A_ MEM **** *** ***　15:23:15 删除　全删除　退出 编辑
5	将操作光标移至 Y50 处，通过按键输入：1. 0. 1. FS04A，完成后按下数控操作面板“INPUT”按钮，完成 4 个字节输出信号配置，完成配置后按下“退出编辑”按钮	PMC构成　停止 *** PMC I/O模块编辑　地址模块(1/4) 地址 组 基本 槽 名称　地址 组 基本 槽 名称 X0042　Y0042 X0043　Y0043 X0044　Y0044 X0045　Y0045 X0046　Y0046 X0047　Y0047 X0048　Y0048 X0049　Y0049 X0050 01 00 01 FS04A　Y0050 01 00 01 FS04A X0051 01 00 01 FS04A　Y0051 01 00 01 FS04A X0052 01 00 01 FS04A　Y0052 01 00 01 FS04A X0053 01 00 01 FS04A　Y0053 01 00 01 FS04A X0054　Y0054 X0055　Y0055 组·基板·槽·名称= A>1.0.1.FS04A_ MEM **** *** ***　15:24:15 删除　全删除　退出 编辑
6	当前数控系统界面右下角处将提示“程序要写到 FLASH ROM 中?”，选择“是”	PMC构成　停止 PMC I/O模块一览　地址模块(1/4) 地址 组 基本 槽 名称　地址 组 基本 槽 名称 X0042　Y0042 X0043　Y0043 X0044　Y0044 X0045　Y0045 X0046　Y0046 X0047　Y0047 X0048　Y0048 X0049　Y0049 X0050 01 00 01 FS04A　Y0050 01 00 01 FS04A X0051 01 00 01 FS04A　Y0051 01 00 01 FS04A X0052 01 00 01 FS04A　Y0052 01 00 01 FS04A X0053 01 00 01 FS04A　Y0053 01 00 01 FS04A X0054　Y0054 X0055　Y0055 A>_ 程序要写到FLASH ROM中？ MEM **** *** ***　15:22:14 是　不

步骤 3：机器人与 CNC 通信 I/O 信号分配，如表 6-8 所示。

表 6-8　机器人与 CNC 通信 I/O 信号分配

操作步骤	操作说明	示意图
1	在示教器中操作如下：“MENU”→“I/O”，选择“数字”	RSR0112 行0 T2 中止TED 关节　100 I/O 数字输出 MENU 1 1 实用工具 2 试运行 3 手动操作 4 报警 5 I/O 6 设置 7 文件 9 用户 0 -- 下页 -- I/O 1 1 单元 接口 2 自定义 3 数字 4 模拟 5 组 6 机器人 7 UOP 8 SOP 9 DI->DO 互连 0 -- 下页 -- I/O 2 1 I/O 连接设备 2 标志 3 PROFIBUS 0 -- 下页 -- 1/1 开始点 状态 0 UNASG 菜单收藏夹 (press and hold to set)

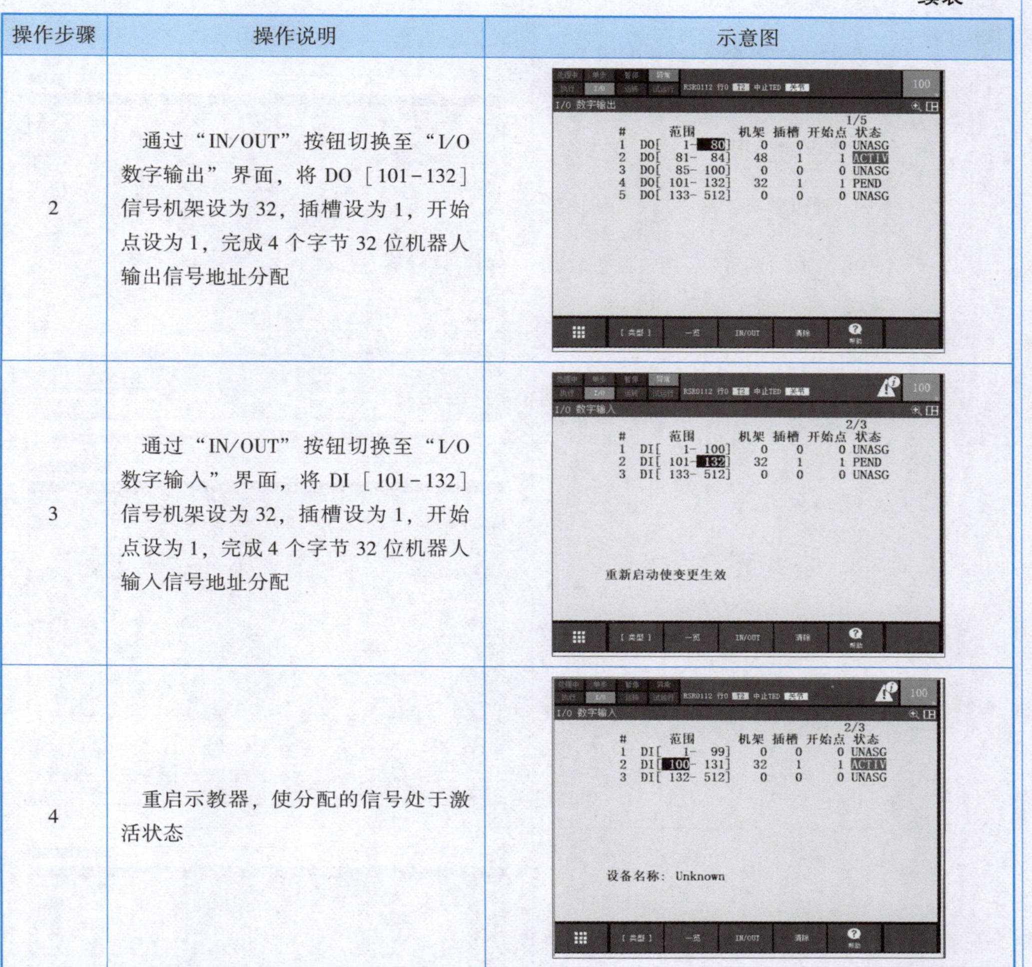

操作步骤	操作说明	示意图
2	通过“IN/OUT”按钮切换至“I/O 数字输出”界面，将 DO［101－132］信号机架设为 32，插槽设为 1，开始点设为 1，完成 4 个字节 32 位机器人输出信号地址分配	
3	通过“IN/OUT”按钮切换至“I/O 数字输入”界面，将 DI［101－132］信号机架设为 32，插槽设为 1，开始点设为 1，完成 4 个字节 32 位机器人输入信号地址分配	
4	重启示教器，使分配的信号处于激活状态	

小贴士

在分配信号过程中，可以等全部信号都分配完成后再重启示教器，可以减少重启电源次数，提高设备使用寿命。

步骤 4：I/O 信号通信验证，如表 6-9 所示。

表 6-9　I/O 信号通信验证

操作步骤	操作说明	示意图
1	在示教器中操作如下：“MENU”→“I/O”选择“数字”→“IN/OUT”切换至数字输出信号界面，找到分配的输出信号，对 DO［101］置位为 ON 高电平状态	

续表

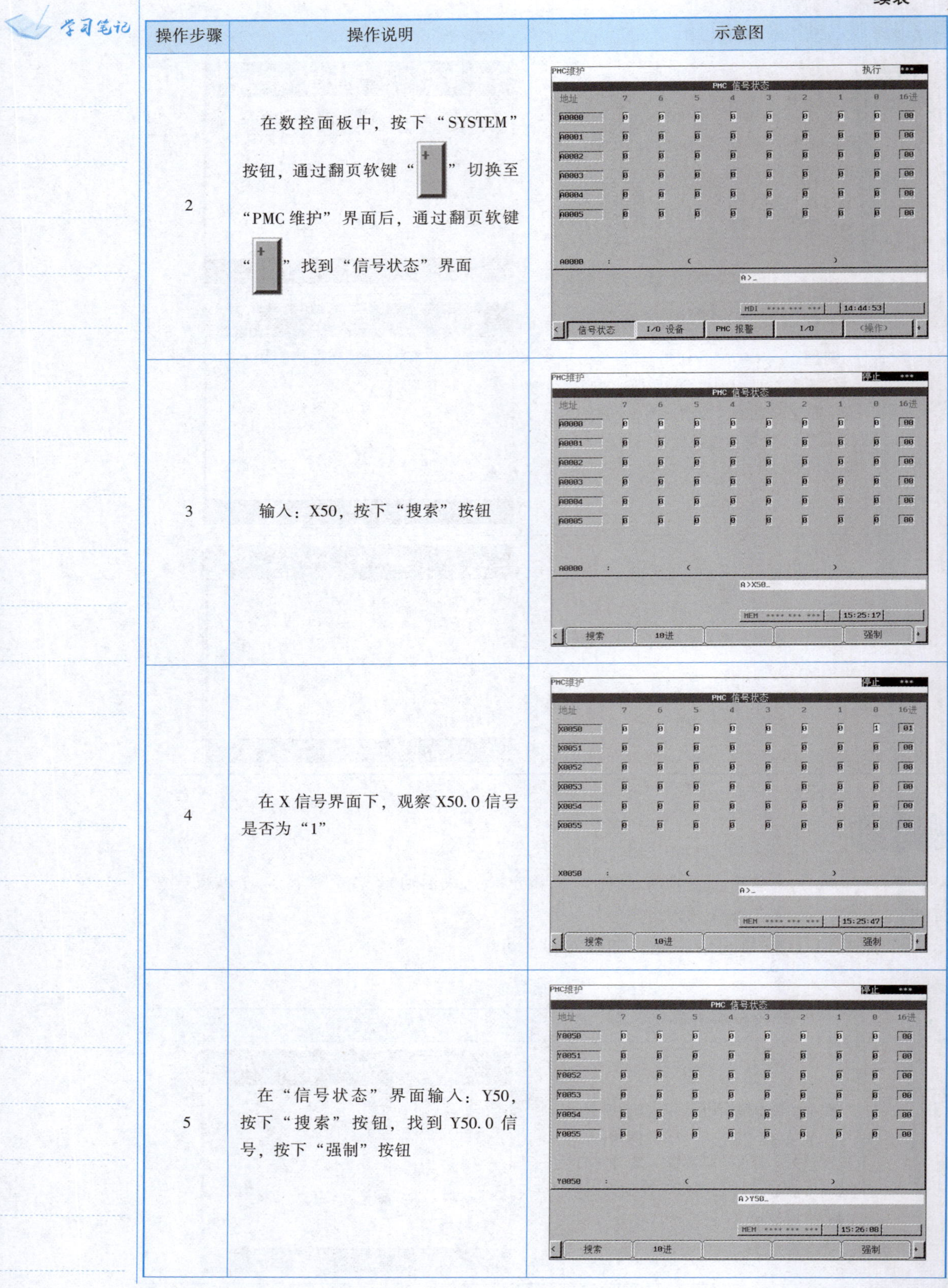

操作步骤	操作说明	示意图
2	在数控面板中，按下“SYSTEM”按钮，通过翻页软键“ ”切换至“PMC 维护”界面后，通过翻页软键“ ”找到“信号状态”界面	
3	输入：X50，按下“搜索”按钮	
4	在 X 信号界面下，观察 X50.0 信号是否为“1”	
5	在“信号状态”界面输入：Y50，按下“搜索”按钮，找到 Y50.0 信号，按下“强制”按钮	

学习笔记

续表

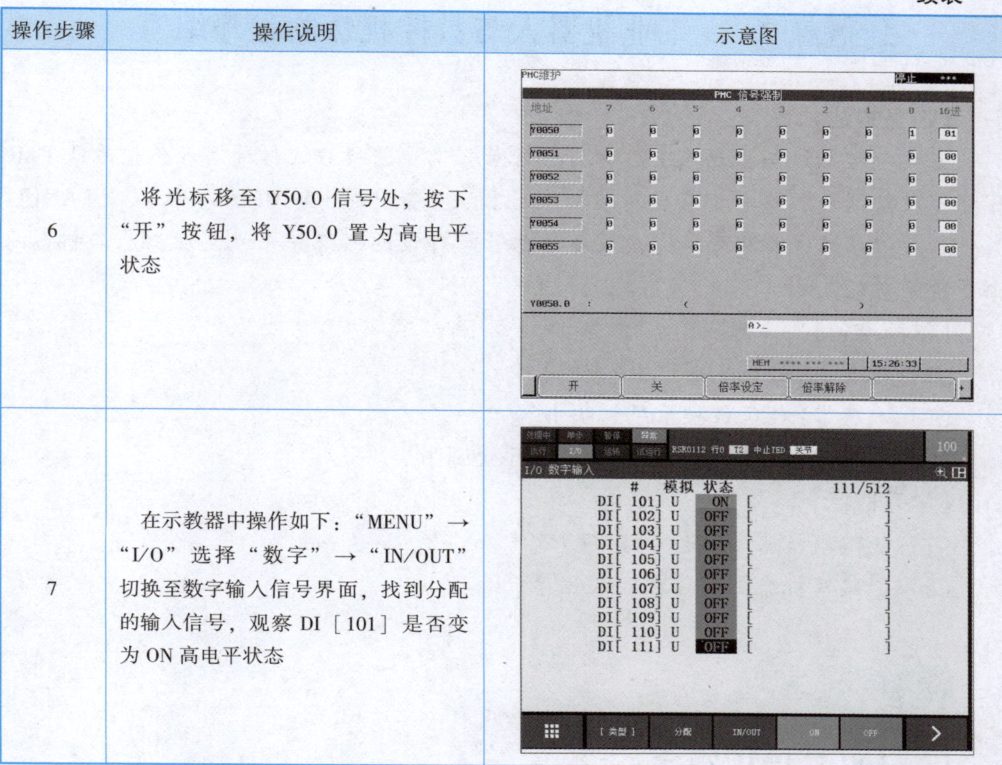

操作步骤	操作说明	示意图
6	将光标移至 Y50.0 信号处，按下“开”按钮，将 Y50.0 置为高电平状态	
7	在示教器中操作如下：“MENU”→“I/O”选择“数字”→“IN/OUT”切换至数字输入信号界面，找到分配的输入信号，观察 DI［101］是否变为 ON 高电平状态	

任务评价

根据机器人机床上下料任务，要求数控系统从 X40 与 Y40 开始连续分配 4 个字节的地址，分别与机器人的 DO101～DO132 和 DI101～DI132 建立对应通信关系，进行 I/O Link 通信连接并进行信号分配任务，任务评价如表 6-10 所示。

表 6-10　任务评价

序号	考核要点	项目（配分：100 分）	教师评分
1	职业素养	机器人及数控机床工位整洁（4 分）	
		着装规范整洁，佩戴安全帽（4 分）	
		操作规范，爱护设备（2 分）	
2	I/O Link 硬件连接	正确完成机器人与数控机床 I/O Link 硬件接线（10 分）	
3	数控系统信号分配	数控系统输入信号地址分配正确（15 分）	
		数控系统输出信号地址分配正确（15 分）	
4	机器人信号分配	机器人输入信号分配正确（15 分）	
		机器人输出信号分配正确（15 分）	
5	通信测试	数控系统与机器人 I/O Link 能正常通信（20 分）	
得分			

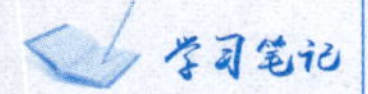

任务6.2 工业机器人与数控机床的程序编写

【任务描述】

完成数控系统与机器人I/O信号分配后，需要将所分配信号写入数控系统PMC程序以及机器人程序当中实现对应功能。本任务将针对FANUC机器人以及FANUC 0i-MF数控系统编写程序，完成设备的信号与外设的匹配关系，实现机床与机器人上下料的功能。

【学前准备】

（1）准备FANUC工业机器人说明书。

（2）准备FANUC数控系统说明书。

（3）准备FANUC数控系统PMC程序说明书。

【学习目标】

（1）能编写机床上下料PMC程序。

（2）能编写机床上下料机器人程序。

1. FANUC PMC概念

PMC（Programmable Machine Controller）就是内置于CNC（Computerized Numerical Control）用来执行数控机床顺序控制操作的可编程机床控制器。

PMC在数控机床上实现的功能主要包括工作方式控制、速度倍率控制、自动运行控制、手动运行控制、主轴控制、机床锁住控制、程序校验控制、硬件超程和急停控制、辅助电机控制、外部报警和操作信息控制等。

2. PMC、CNC、机床（MT）之间的关系

CNC：计算机控制的数控装置。

PMC：可编程顺序逻辑控制器。

CNC系统的控制软件已安装完毕，只需要制作完成机械动作控制即可。

PMC是内置于CNC、负责执行数控机床顺序控制操作的可编程机床控制器。

PMC的信息交换是以PMC为中心，在CNC、PMC和机床三者之间进行信息交互，如图6-5所示。

（1）CNC是数拉系统的核心，机床上I/O要与CNC交换信息，要通过PMC处理才能完成，因此，PMC在机床与CNC之间发挥桥梁作用。

（2）机床本体信号进入PMC，输入X信号，输出到机床本体的信号为Y信号。机床本体输入/输出信号的地址分配和含义原则上由机床厂定义分配。

（3）根据机床动作要求编制PMC程序时，由PMC处理后送给CNC装置的信号为G信号，CNC处理结果产生的标志位为F信号，直接用于PMC逻辑编程，G

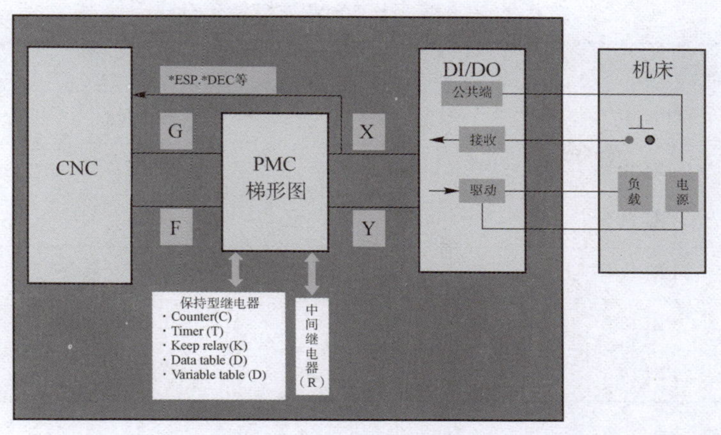

图 6-5　PMC、CNC 与机床信息交互关系图

信号以及 F 信号含义已由 FANUC 指定。

（4）PMC 本身还具备内部地址（内部继电器、可变定时器、计数器、保持型继电器等），在需要时也可以把 PMC 作为普通 PLC 使用。

3. PMC 信号分类

X：来自机床侧的输入信号，如接近开关、极限开关、压力开关、操作按钮等输入信号元件。PMC 接收从机床侧各装置的输入信号，在梯形图中进行逻辑运算，作为机床动作的条件及对外围设备进行诊断的依据。

Y：由 PMC 输出到机床侧的信号。在 PMC 控制程序中，根据机床设计的要求，输出信号控制机床侧的电磁阀、接触器、信号灯等动作，满足机床运行的需要。

F：由控制伺服电动机与主轴电动机的系统侧输入到 PMC 信号。系统就是将伺服电动机和主轴电动机的状态，以及请求相关机床动作的信号（如移动信号、位置检测信号、系统准备完成信号等）反馈到 PMC 中去进行逻辑运算，作为机床动作的条件及进行自诊断的依据。

G：由 PMC 侧输出到系统的信号。对系统进行控制和信息反馈（如轴互锁信号、M 代码执行完毕信号等）。

4. 机器人机床上下料程序设计

在本次任务中，机器人首先从 HOME 点出发经料仓取物料，然后运动至机床气动门前等待机床以及卡盘打开；机器人运动将物料输送至机床卡盘处等待卡盘夹紧；机器人运动至机床气动门外安全点等待机床门关闭后发送循环启动指令至机床；机床完成加工程序后向机器人发出请求取件信号，机器人请求机床开门后运动至卡盘处夹取工件，最后将工件放回料仓。

为完成机器人机床上下料任务，在编写机器人程序前需要对任务示教点进行规划，规划机器人在完成上下料过程中所需要示教的关键点位。机器人上下料程序关键示教点如表 6-11 所示。

学习笔记

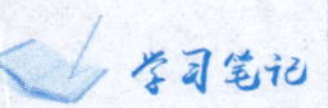

表 6-11　机器人上下料程序关键示教点

示教点	备注
PR[1]	HOME 点
PR[10]	物料安全点
PR[11]	取料点
PR[12]	机床门外安全点
PR[13]	卡盘外安全点
PR[14]	物料放置卡盘点

根据任务流程绘制机器人与机床上下料流程，如图 6-6 所示。

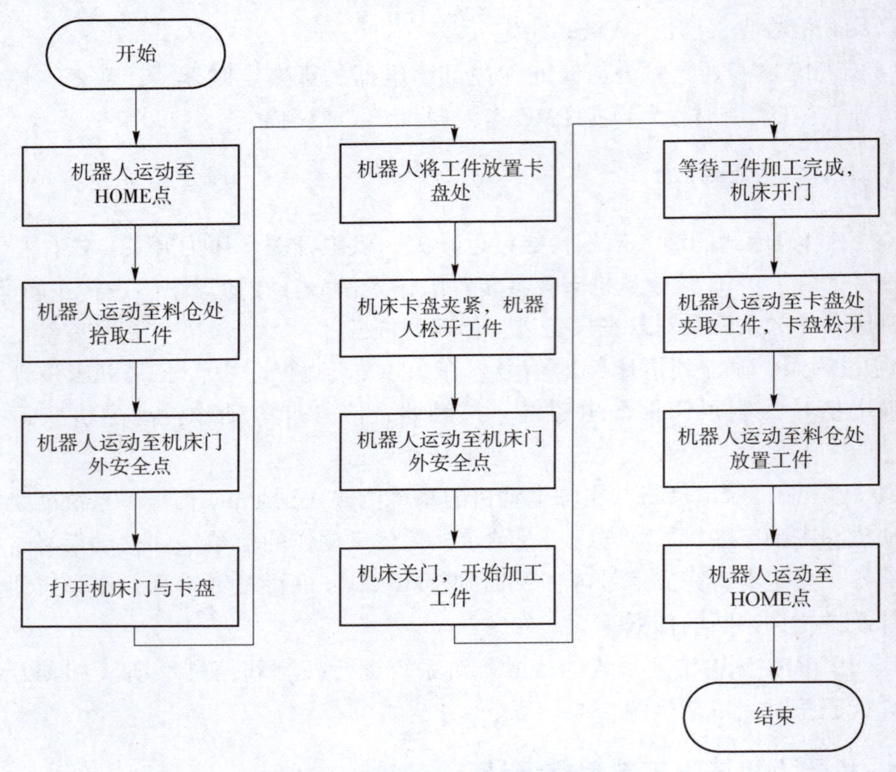

图 6-6　机器人与机床上下料流程

子任务 1：机器人程序编写

程序名称：RSR0112

J PR[1] 100% FINE	运动至 HOME 点
DO 106 = OFF	初始化加工完成信号
DO 81 =OFF	机器人卡爪松开
L PR[10] 200mm/s FINE	运动至物料安全点
L PR[11] 100mm/s FINE	运动至物料点
DO 81 =ON	机器人卡爪抓紧工件

学习笔记

```
WAIT 0.5 SEC
L PR [10] 200mm/s FINE          运动至物料安全点
L PR [12] 200mm/s FINE          运动至机床门外安全点
DO 101 =ON                      发送请求机床开门信号
DO 102 =OFF
WAIT DI 101=ON                  等待机床门打开
DO 103 =ON                      发送请求机床卡盘松开信号
DO 104=OFF
WAIT DI 103=ON                  等待卡盘松开
L PR [13] 200mm/s FINE          运动至卡盘外安全点
L PR [14] 100mm/s FINE          将物料放置卡盘处
DO 103 =OFF
DO 104=ON                       发送请求机床卡盘夹紧信号
WAIT DI 104=ON                  等待卡盘夹紧
DO 81 =ON                       机器人卡爪松开
WAIT 0.5 SEC
L PR [13] 200mm/s FINE          运动至卡盘外安全点
L PR [12] 200mm/s FINE          运动至机床门外安全点
DO 105 = ON 1.0 SEC             发送循环启动脉冲信号
WAIT DI 105 =ON                 等待机床加工完成
DO 106 = OFF                    发送复位加工完成信号
WAIT DI 105 = OFF               复位加工完成状态
WAIT 5.0 SEC                    等待 5 s
DO 101 =ON                      发送请求机床开门信号
DO 102 =OFF
WAIT DI 101=ON                  等待机床门打开
L PR [13] 200mm/s FINE          运动至卡盘外安全点
L PR [14] 100mm/s FINE          将物料放置卡盘处
DO 81 =OFF                      机器人卡爪抓紧
DO 103 =ON                      发送请求机床卡盘松开信号
DO 104=OFF
WAIT DI 103=ON                  等待卡盘松开
L PR [13] 200mm/s FINE          运动至卡盘外安全点
END                             程序结束
```

子任务二：PMC 程序编写

在本任务中，需要在 PMC 主程序加入机器人控制机床循环启动数控程序的梯图程序，以及编写一个机器人与机床和卡盘控制的子程序，来实现机器人与数控机床上下料控制。

步骤 1：创建机器人控制机床门与卡盘 PMC 子程序，如表 6-12 所示。

表 6-12　创建机器人控制机床门与卡盘 PMC 子程序

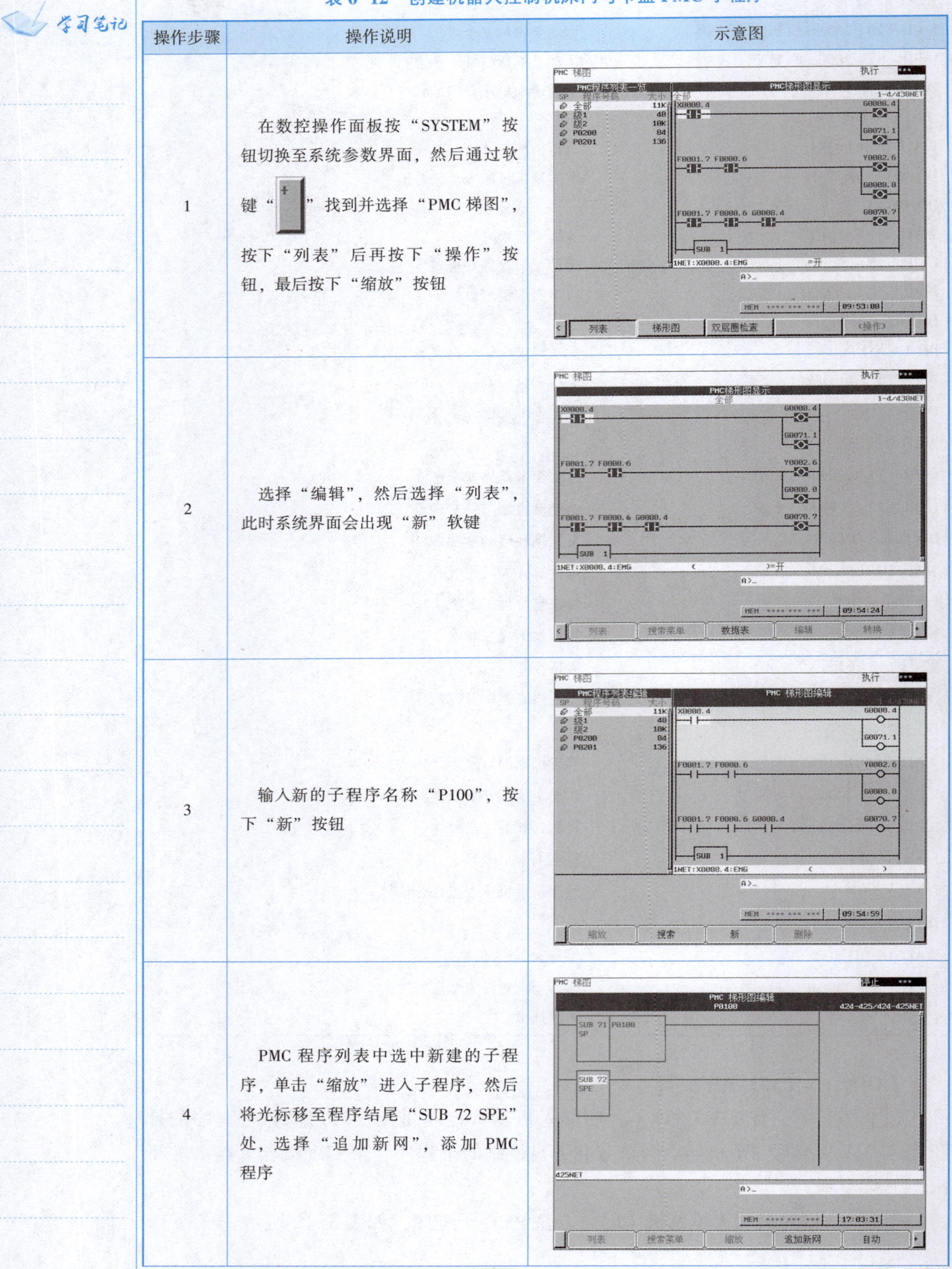

操作步骤	操作说明	示意图
1	在数控操作面板按“SYSTEM”按钮切换至系统参数界面，然后通过软键“ ”找到并选择“PMC 梯图”，按下“列表”后再按下“操作”按钮，最后按下“缩放”按钮	
2	选择“编辑”，然后选择“列表”，此时系统界面会出现“新”软键	
3	输入新的子程序名称“P100”，按下“新”按钮	
4	PMC 程序列表中选中新建的子程序，单击“缩放”进入子程序，然后将光标移至程序结尾“SUB 72 SPE”处，选择“追加新网”，添加 PMC 程序	

续表

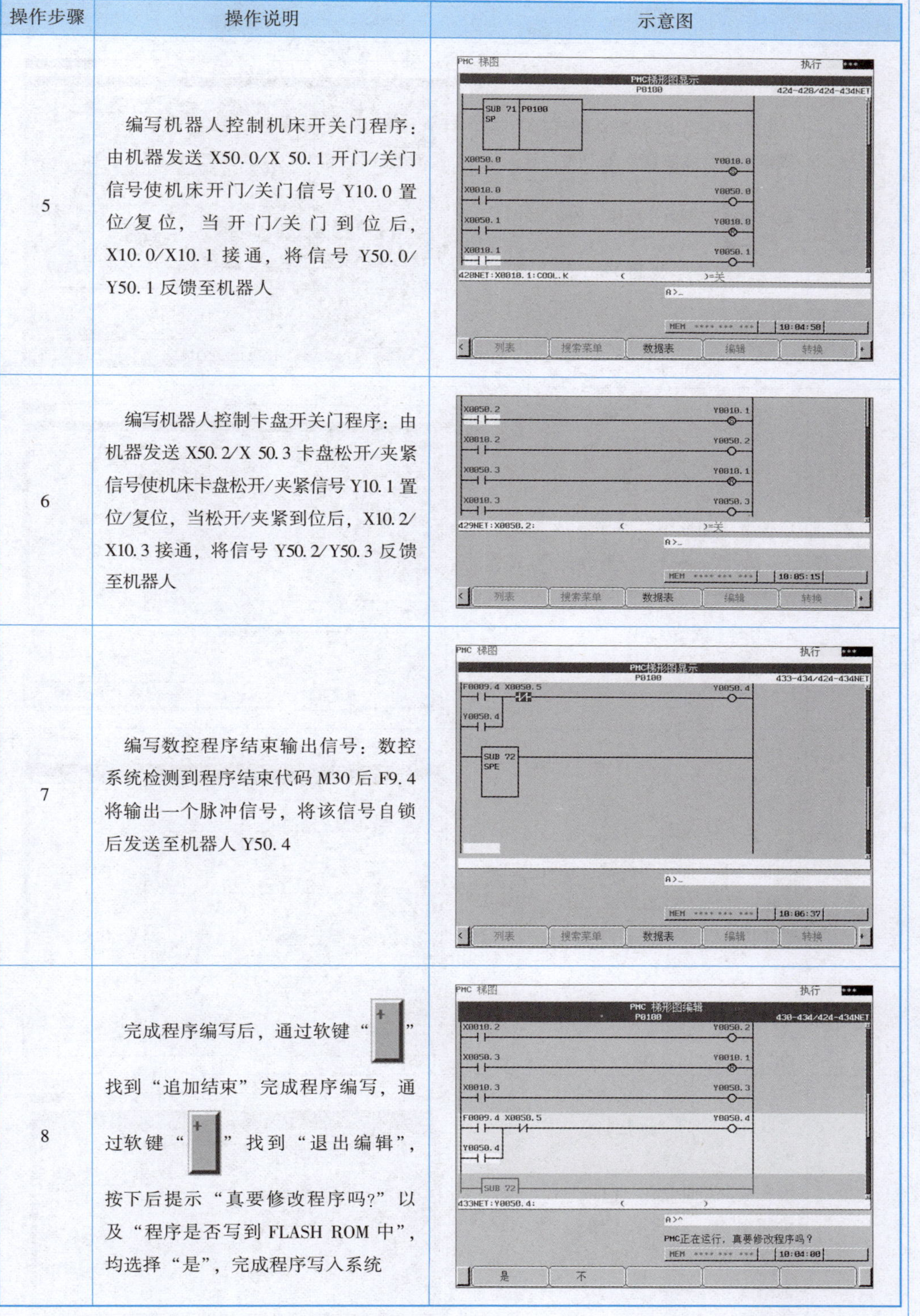

操作步骤	操作说明	示意图
5	编写机器人控制机床开关门程序：由机器发送 X50.0/X 50.1 开门/关门信号使机床开门/关门信号 Y10.0 置位/复位，当开门/关门到位后，X10.0/X10.1 接通，将信号 Y50.0/Y50.1 反馈至机器人	
6	编写机器人控制卡盘开关门程序：由机器发送 X50.2/X 50.3 卡盘松开/夹紧信号使机床卡盘松开/夹紧信号 Y10.1 置位/复位，当松开/夹紧到位后，X10.2/X10.3 接通，将信号 Y50.2/Y50.3 反馈至机器人	
7	编写数控程序结束输出信号：数控系统检测到程序结束代码 M30 后 F9.4 将输出一个脉冲信号，将该信号自锁后发送至机器人 Y50.4	
8	完成程序编写后，通过软键“ ”找到“追加结束”完成程序编写，通过软键“ ”找到“退出编辑”，按下后提示“真要修改程序吗?”以及“程序是否写到 FLASH ROM 中”，均选择“是”，完成程序写入系统	

步骤 2：在主程序中插入子程序，如表 6-13 所示。

学习笔记

表 6-13　在主程序中插入子程序

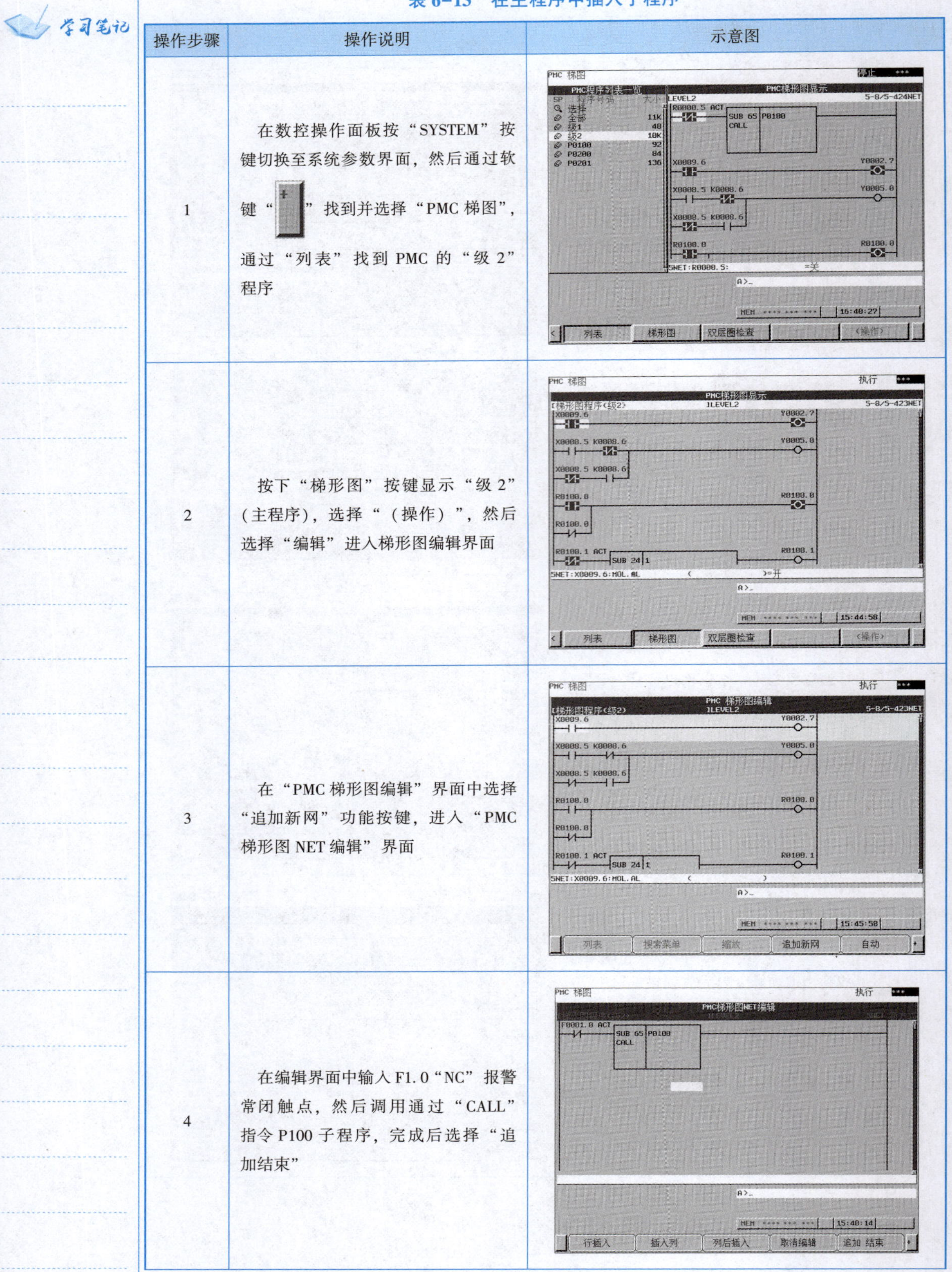

操作步骤	操作说明	示意图
1	在数控操作面板按“SYSTEM”按键切换至系统参数界面，然后通过软键“ ”找到并选择“PMC 梯图”，通过“列表”找到 PMC 的“级 2”程序	
2	按下“梯形图”按键显示“级 2”（主程序），选择“（操作）”，然后选择“编辑”进入梯形图编辑界面	
3	在“PMC 梯形图编辑”界面中选择“追加新网”功能按键，进入“PMC 梯形图 NET 编辑”界面	
4	在编辑界面中输入 F1.0“NC”报警常闭触点，然后调用通过“CALL”指令 P100 子程序，完成后选择“追加结束”	

续表

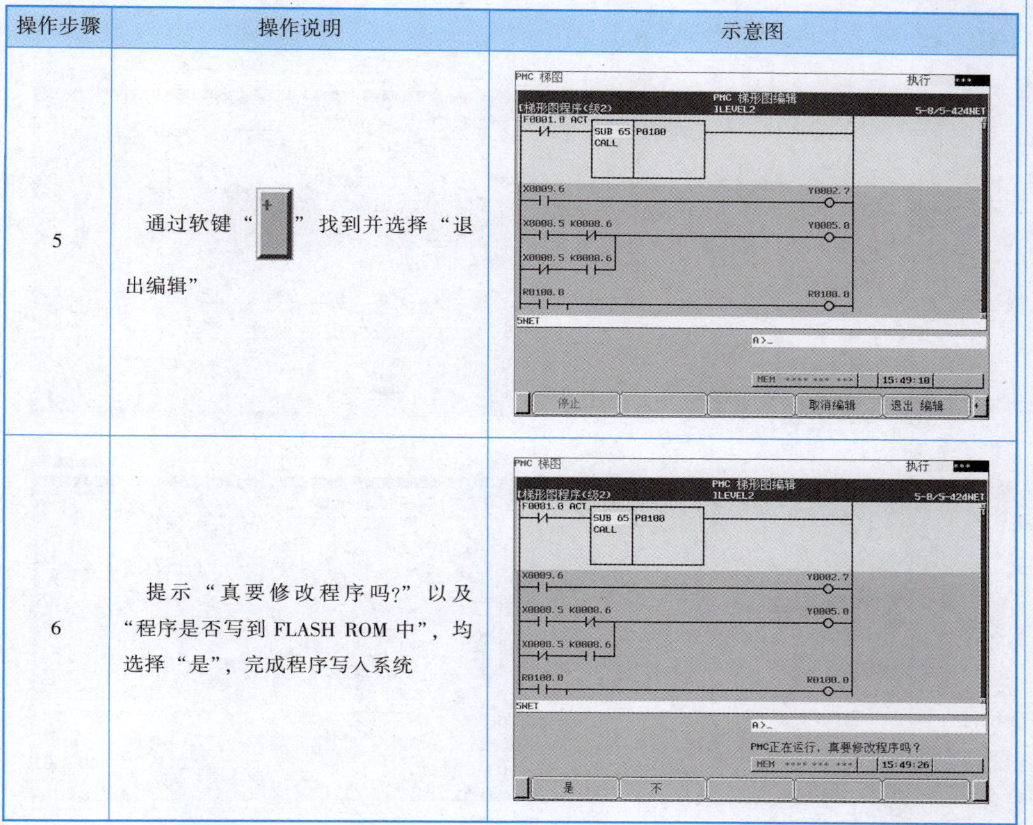

操作步骤	操作说明	示意图
5	通过软键“ ”找到并选择“退出编辑”	
6	提示“真要修改程序吗?”以及“程序是否写到 FLASH ROM 中”，均选择“是”，完成程序写入系统	

步骤 3：机器人控制机床循环启动。

要实现机器人控制机床循环启动数控程序，需要在 PMC 程序的循环启动信号 G7.2 前并联上机器人发送的启动信号 DO105（X50.4），其操作步骤如表 6-14 所示。

表 6-14　机器人控制机床循环启动

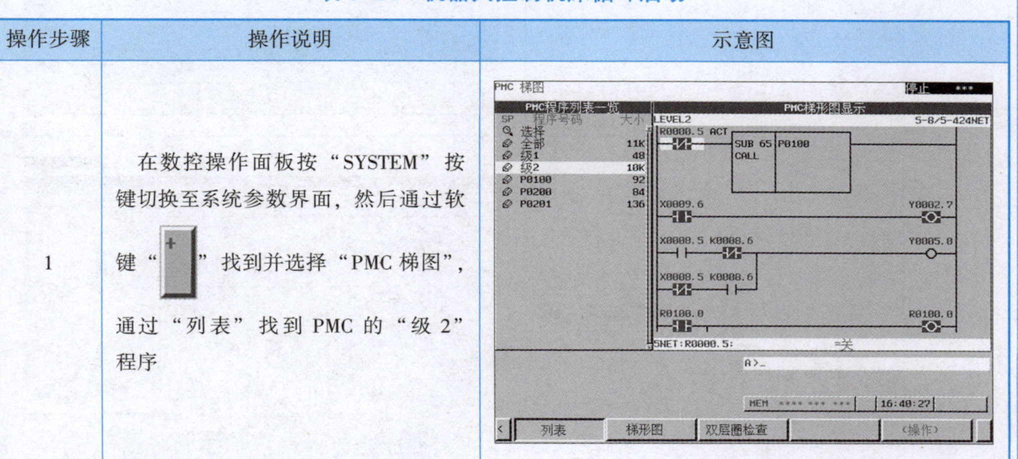

操作步骤	操作说明	示意图
1	在数控操作面板按“SYSTEM”按键切换至系统参数界面，然后通过软键“ ”找到并选择“PMC 梯图”，通过“列表”找到 PMC 的“级 2”程序	

学习笔记

续表

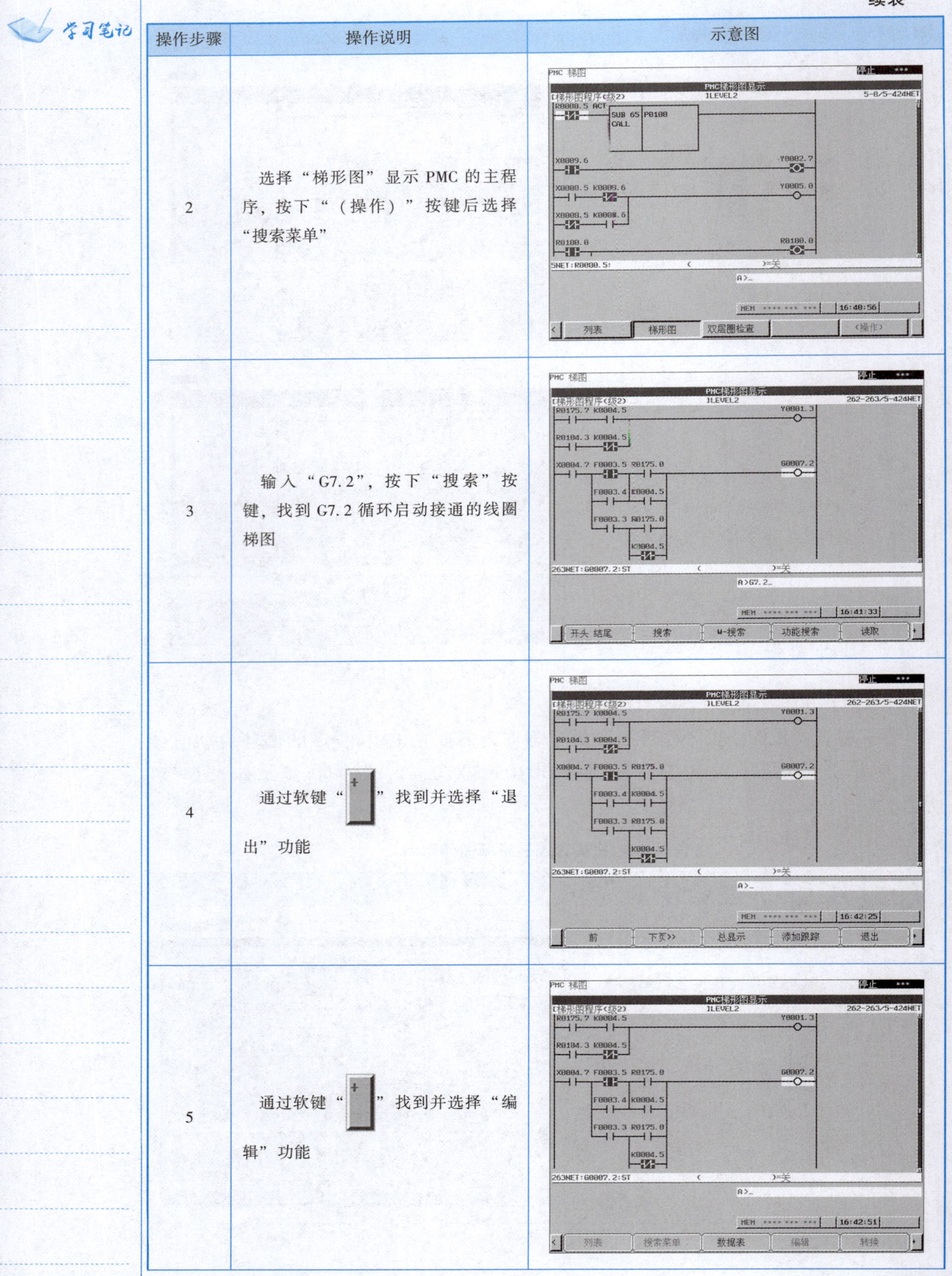

操作步骤	操作说明	示意图
2	选择“梯形图”显示 PMC 的主程序，按下“（操作）”按键后选择“搜索菜单”	
3	输入“G7.2”，按下“搜索”按键，找到 G7.2 循环启动接通的线圈梯图	
4	通过软键“ ”找到并选择“退出”功能	
5	通过软键“ ”找到并选择“编辑”功能	

学习笔记

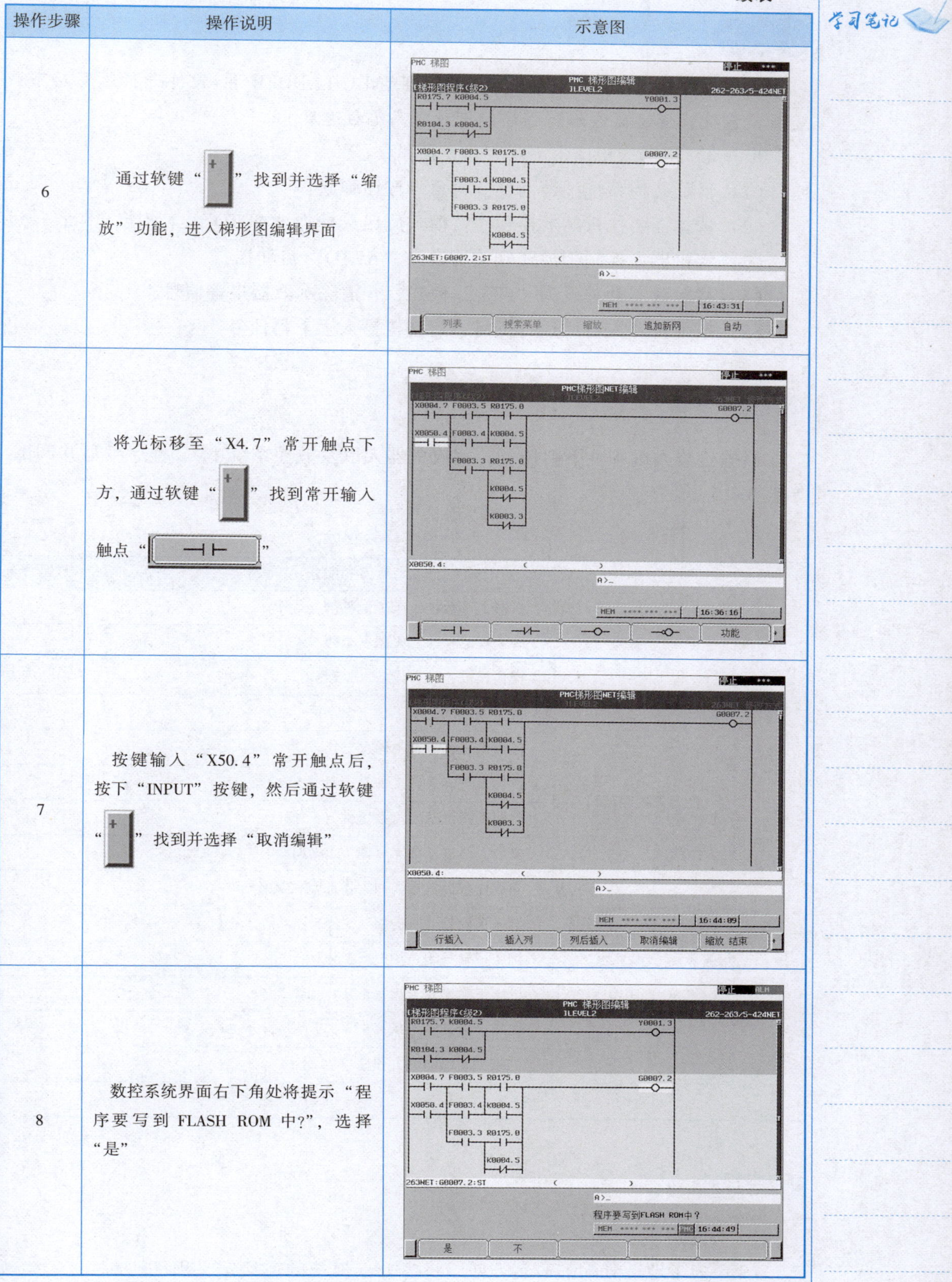

操作步骤	操作说明	示意图
6	通过软键“ ”找到并选择“缩放”功能，进入梯形图编辑界面	
	将光标移至“X4.7”常开触点下方，通过软键“ ”找到常开输入触点“ ”	
7	按键输入“X50.4”常开触点后，按下“INPUT”按键，然后通过软键“ ”找到并选择“取消编辑”	
8	数控系统界面右下角处将提示“程序要写到 FLASH ROM 中?”，选择“是”	

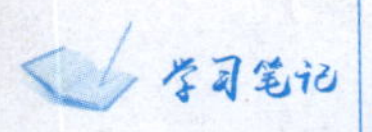

小贴士

编写数控机床 PMC 程序也可以通过 FANUC LADDER Ⅲ 软件进行编写后下载至数控系统，通过离线编写程序能有效提高编程速度。

步骤 4：机器人机床上下料工作站调试。

（1）清除数控系统报警信息，将急停按钮弹起；

（2）选择需要执行的数控程序，模式旋钮选择为“AUTO”自动挡；

（3）将机器人控制柜模式开关切换为“AUTO”自动挡；

（4）将示教器开关设为“OFF”模式，并清除示教器报警信息；

（5）按下机器人自动运行按键，启动机器人上下料任务。

任务评价

根据机器人机床上下料任务，完成机器人以及数控系统 PMC 程序编写并调试，如表 6-15 所示。

表 6-15　任务评价

序号	考核要点	项目（配分：100 分）	教师评分
1	职业素养	机器人及数控机床工位整洁（4 分）	
		着装规范整洁，佩戴安全帽（4 分）	
		操作规范，爱护设备（2 分）	
2	机器人程序编写	机器人正确拾取工件（5 分）	
		机器人正确放置工件（5 分）	
		机器人正确放置工件至卡盘（5 分）	
		机器人正确从卡盘取工件（5 分）	
		机器人轨迹正确无碰撞（20 分）	
		完成任务后机器人回工作原点（10 分）	
3	PMC 程序编写	机床正确打开防护门（5 分）	
		机床正确关闭防护门（5 分）	
		机床正确松开卡盘（5 分）	
		机床正确夹紧卡盘（5 分）	
		机床正确启动加工程序（20 分）	
得分			

问题探究

1. 填空题

（1）为了地址分配的命名方便，将各 I/O 模块的连接定义出＿＿＿＿＿＿＿＿、

______________、______________的概念。

（2）在 I/O UNIT-MODEL A 时，在一个基座上可以安装____________槽的 I/O 模块，从左至右依次定义其物理位置为____________槽、____________槽。

（3）一般来说，从系统的 I/O Link 接口出来默认的组号为第______________组，一个 JD1A 连接______________组。

（4）数控系统在分配 I/O 模块地址时，若需要适用于通用 I/O 单元的名称设定的 12 个字节的输入，那这么模块的名称应为______________。

2. 简答题

（1）简述在 FANUC 机器人控制系统上 I/O Link 信号的配置方法和步骤。

（2）结合 PMC 方面知识，简述机器人是如何将信号传递至数控系统使它执行数控代码加工的？

（3）简述 PMC 中信号的类型以及其主要功能。

学习笔记

学习笔记

项目七　工业机器人弧焊工作站系统组建

项目学习导航

学习目标	**知识目标：** 1. 学会 FANUC 工业机器人 CO_2 气体保护焊接工作原理。 2. 学会 FANUC 工业机器人弧焊工作站控制原理与硬件连接。 3. 熟悉 FANUC 工业机器人弧焊编程方法。 4. 会使用 FANUC 工业机器人进行弧焊编程焊接。 5. 熟悉 FANUC 工业机器人弧焊工艺优化方法。 **技能目标：** 1. 能对 FANUC 工业机器人弧焊工作站硬件进行接线。 2. 能基于 FANUC 工业机器人进行弧焊编程。 3. 能为工业机器人焊接工作站组建一套控制系统并调试。 **素养目标：** 养成严谨认真的工作精神
知识重点	会用 FANUC 工业机器人和电焊机进行弧焊工作站系统组件
知识难点	机器人焊接参数配置
建议学时	20 学时
实训任务	任务 7.1　FANUC 工业机器人弧焊工作站的硬件连接 任务 7.2　FANUC 工业机器人弧焊编程方法 任务 7.3　FANUC 工业机器人 T 形平角焊接

项目导入

使用工业机器人 CO_2 气体保护焊接是 FANUC 工业机器人最典型的一种应用，本项目通过完成工业机器人硬件连接、FANUC 工业机器人 I/O 通信、FANUC 工业机器人平敷焊接、FANUC 工业机器人 T 形平角焊接等任务，学会工业机器人与外部设备之间通过 I/O 模块进行通信实现机器人控制，组建一套工业机器人弧焊工作站控制系统。

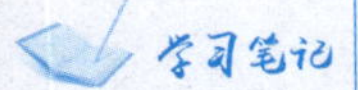

任务 7.1 FANUC 工业机器人弧焊工作站的硬件连接

【任务描述】

针对型号为 M-10iD$_{12}$的 FANUC 工业机器人弧焊工作站，由机器人本体、电焊机、保护气体装置、机器人控制装置、焊丝盘支架、送丝机、焊枪、清枪器等硬件组成，通过焊机的正负极电源线和气瓶的气管的连接，焊丝的安装，完成 FANUC 工业机器人弧焊工作站的硬件连接。

【学前准备】

（1）准备 FANUC 工业机器人焊接说明书。

（2）准备 Panasonic-YD-350GL4 电焊机说明书。

【学习目标】

（1）掌握焊机的电源线反极接法。

（2）掌握机器人清枪器信号配置方法。

（3）掌握保护气瓶与焊接机器人的连接操作。

（4）掌握 FANUC 工业机器人焊丝的装丝操作。

预备知识

1. 工业机器人弧焊工作站组成

工业机器人弧焊工作站通常由机器人本体、焊接电源、送丝机、焊枪、工作台、气瓶等组成，其组成示意图如图 7-1 所示。

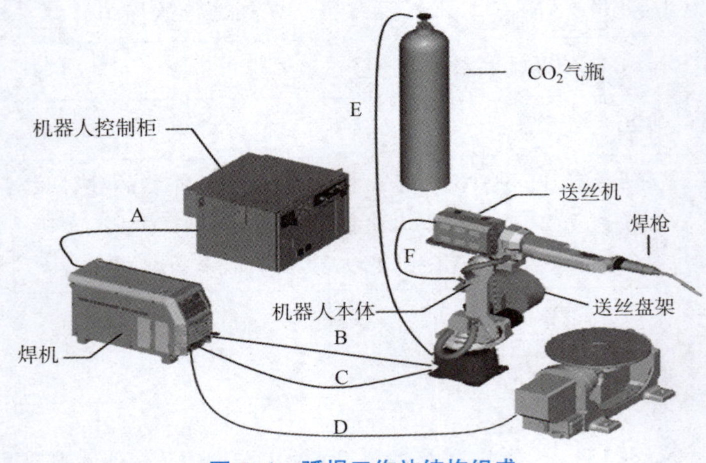

图 7-1　弧焊工作站结构组成

2. 弧焊电源

弧焊电源（图 7-2）是用来对电弧焊接提供电能的一种专用设备，是电弧焊接设备中的核心部分。弧焊电源具有供给焊接电弧电能提供电流和电压以及适宜电弧焊工艺所需电气特性的作用。按输出电流种类分，有直流、交流和脉冲三大弧焊电源类型。

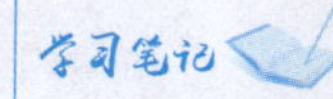

图 7-2 弧焊电源

3. 送丝机

送丝机配合机器人及焊接电源，根据焊接工艺要求，实现自动给焊枪供给焊丝功能，如图 7-3 所示。

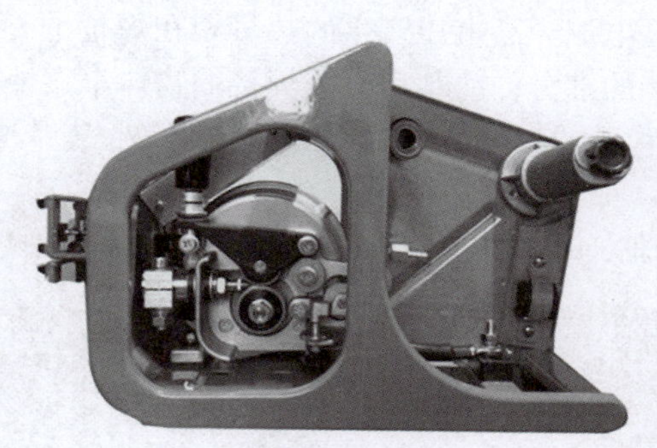

图 7-3 送丝机

（1）送丝机按安装方式分为一体式和分离式两种。将送丝机安装在机器人的上臂的后部上面与机器人组成一体的为一体式；将送丝机与机器人分开安装的为分离式。

（2）送丝机按滚轮数分为一对滚轮式和两对滚轮式两种。送丝机的结构有一对送丝滚轮的，也有两对滚轮的；有只用一个电动机驱动一对或两对滚轮的，也有用两个电动机分别驱动两对滚轮的。从送丝力来看，两对滚轮的送丝力比一对滚轮的大些。

（3）送丝机按控制方式分为开环式和闭环式两种。送丝机的送丝速度控制方法可分为开环和闭环。目前，大部分送丝机仍采用开环控制方法，也有一些采用装有光电传感器（或编码器）的伺服电动机，使送丝速度实现闭环控制，不受网路电压或送丝阻力波动的影响，保证送丝速度的稳定性。

对填丝的脉冲 TIG 焊来说，可以选用连续送丝的送丝机，也可以选用能与焊接脉冲电流同步的脉动送丝机。脉动送丝机的脉动频率可受电源控制，而每步送出焊丝的长度可以任意调节，脉动送丝机也可以连续送丝。

学习笔记

(4) 送丝机按送丝动力方向分为推丝式、拉丝式和推拉丝式三种。

①推丝式主要用于直径为 0.8~2.0 mm 的焊丝，它是应用最广的一种送丝方式。其特点是焊枪结构简单轻便，易于操作，但焊丝需要经过较长的送丝软管才能进入焊枪，焊丝在软管中受到较大阻力，影响送丝稳定性，一般软管长度为 3~5 m。

②拉丝式主要用于细焊丝（焊丝直径小于或等于 0.8 mm），因为细丝刚性小，推丝过程易变形，难以推丝。拉丝时送丝电动机与焊丝盘均安装在焊枪上，由于送丝力较小，所以拉丝电动机功率较小，尽管如此，拉丝式焊枪仍然较重。可见拉丝式虽保证了送丝的稳定性，但由于焊枪较重，增加了机器人的载荷，而且焊枪操作范围受到限制。

③推拉丝式可以增加焊枪操作范围，送丝软管可以加长到 10 m。除推丝机外，还在焊枪上加装了拉丝机。推丝是主要动力，而拉丝机只是将焊丝拉直，以减小推丝阻力。推力与拉力必须很好地配合，通常拉丝速度应稍快于推丝，这种方式虽有一些优点，但由于结构复杂，调整麻烦，同时焊枪较重，因此实际应用并不多。

4. 焊枪

机器人焊枪指焊接过程中，执行焊接的操作部分，它使用灵活、快捷，工艺简单，焊枪利用焊机的高电流、高电压产生的热量聚在焊枪的终端，融化焊丝，融化的焊丝渗透到需要焊接的部分，冷却后，被焊接的物体牢靠地连接成一体。

(1) 根据所在位置不同：分为中空内置焊枪和外置焊枪两种，如图 7-4 和图 7-5所示。

(2) 根据焊枪冷却方式不同：分为水冷焊枪和空冷焊枪两种。

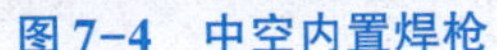

图 7-4　中空内置焊枪

图 7-5　外置焊枪

5. 焊接工作台

焊接工作台是指为焊接小型焊件而设置的工作台。焊接工作台的表面一般有 T 形槽或孔，方便使用，如图 7-6 所示。

焊接工作台材质一般为 HT200 或 HT250，这两种材质占焊接工作台材质的 98% 以上，既能满足焊接工件时的要求，又相对来说价格低廉，焊接平台的抗拉力、硬度、耐磨程度均能满足焊接要求。

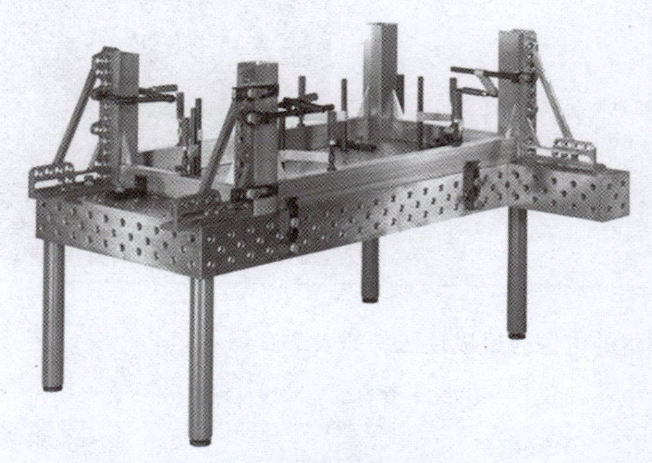

图 7-6 焊接工作台

任务实施

根据控制要求对工业机器人控制柜和焊机控制柜的控制线进行连接，并对焊机保护气瓶及焊丝进行安装。

步骤 1：机器人与焊机控制电路连接，如表 7-1 所示。

表 7-1 机器人与焊机控制电路连接

操作步骤	操作说明	示意图
1	机器人与焊机的信号需要通过硬件 I/O 板 CRW11 接口线缆传输，右图所示为机器人与焊机的信号传输原理图	机器人主板 — 焊机 电压给定 50 — B7 DACH1 电流给定 51 — B8 DACH2 气体检查 53 — A7 Wo02 气体检查 54 — A6 Wo01 24 V电源端子 15 — B9 COMDA
2	连接机器人控制柜，右图所示为机器人控制柜 CRW11 接口线缆安装图	

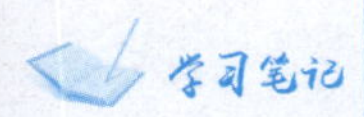

续表

操作步骤	操作说明	示意图
3	连接焊机控制柜，右图所示为焊机控制柜 CRW11 接口线缆安装图	

步骤 2：焊机的电源线反极接法，如表 7-2 所示。

表 7-2　焊机的电源线反极接法

操作步骤	操作说明	示意图
1	正极电缆连接：用螺栓将电缆线的一端固定在焊机的输出正极处；另一端固定在机器人与焊枪连接处	焊机的输出正极　焊枪连接处
2	负极电缆连接：用螺栓将电缆线的一端固定在焊机的输出负极处；另一端固定在装焊接件的工作台上	焊机的输出负极　工作台处

步骤 3：保护气瓶与焊接机器人的连接操作，如表 7-3 所示。

表 7-3　保护气瓶与焊接机器人的连接操作

操作步骤	操作说明	示意图
1	气管的一端套上紧固环	

续表

操作步骤	操作说明	示意图
2	气管对着流量阀的输出端用力插入，插入的深度约 15 mm	
3	用十字螺丝刀拧紧紧固环	
4	用以上同样的方法将气管另一端紧固在机器人上	

步骤 4：FANUC 工业机器人焊丝的装丝操作，如表 7-4 所示。

表 7-4　FANUC 工业机器人焊丝的装丝操作

操作步骤	操作说明	示意图
1	把焊丝装在焊丝支架盘上，使焊丝头顺着焊丝管入口方向，并对着销轴插入	焊丝　固定销

学习笔记

学习笔记

续表

操作步骤	操作说明	示意图
2	紧固焊丝盘固定螺钉，防止焊丝盘掉落	
3	用钳子剪去折弯处的丝头	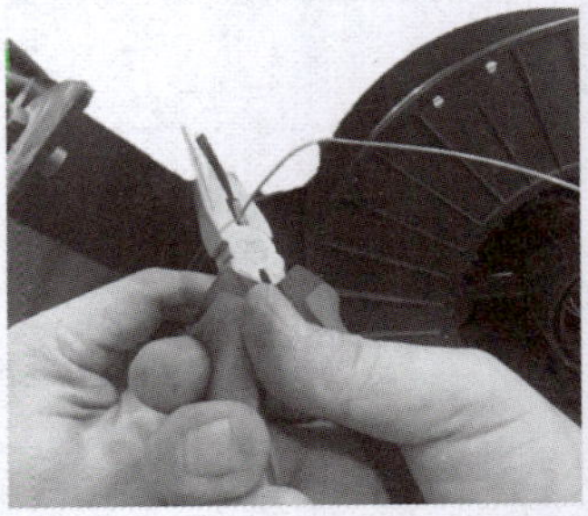
4	焊丝头顺着丝管穿入到送丝轮处	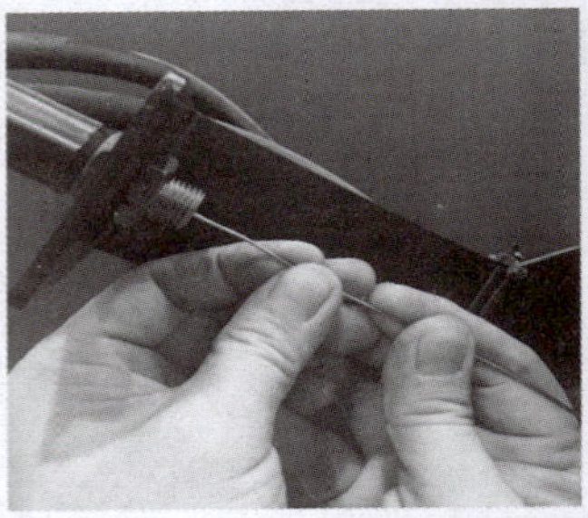
5	每个送丝轮可适用两种直径的焊丝，送丝轮槽大小必须与焊丝直径保持一致，安装正确时丝径标号应朝向外侧	
6	抬起加压臂，将焊丝插入导套孔 2~3 cm	

学习笔记

续表

操作步骤	操作说明	示意图
7	放下压臂轮，并调节加压力大小合适	
8	按“手动送丝”按键，使焊丝伸出导电嘴 10 mm 即可	

任务评价

FANUC 工业机器人弧焊工作站的硬件连接任务评分，如表 7-5 所示。

表 7-5 任务评价

序号	考核要点	项目（配分：100 分）	教师评分
1	职业素养	示教器放置规定位置（2 分）	
		着装规范整洁，佩戴安全帽（3 分）	
		操作规范，爱护设备（5 分）	
2	焊机的电源线反极连接	信号规划正确（30 分）	
3	保护气瓶与焊接机器人的连接操作	信号配置正确（20 分）	
4	FANUC 工业机器人焊丝的装丝操作	信号配置正确（40 分）	
得分			

任务 7.2 FANUC 工业机器人弧焊编程方法

【任务描述】

针对型号为 M-10iD12 的 FANUC 工业机器人编写一个绕盒子四周的模拟的连续边缘焊缝焊接程序，首先记录下所有的点，然后再按照需要进行编辑。焊枪与盒子边缘成 45° 角，以小角度前向焊。最后一个角不必转角示教编程。起弧点必须示教在最接近机器人的角。J6 应该示教成能绕着盒子往一个方向旋转释放的角度，使得当机器人到达收弧点的时候，J6 正好转到了和开始时相反的角度。尽量地保持所有点的 J4 和 J5 在一个相对一致的位置，这可以通过 2 面 90° 间隔观察 J6 扭转电动机的位置来检测，尽量保持电动机竖直往上或往下。

【学前准备】

(1) 准备 FANUC 工业机器人说明书。

(2) 了解 FANUC 工业机器人弧焊焊接指令。

【学习目标】

(1) 可使用 FANUC 工业机器人的弧焊指令。

(2) 学会更改 FANUC 工业机器人的弧焊指令参数。

预备知识

1. 起弧指令 Arc Start

起弧指令（Arc Start [1, 1]）方括号中第一个数字 1 代表焊接程序号，第二个数字 1 表示的是所选用的 Weld Schedule 号，有 32 个可用的 Weld Schedule 号可供设置和选用，1 是示教点的时候默认，使用“Data”键可以查看焊接程序内容。

2. 焊接程序设置

如图 7-7 所示，该界面所显示的是 32 个列表项目中的 3 项。Volts 是用在 Powerwave 焊接电压的一个术语，此表明了不同型号电源的电压。IPM 表示送丝的速度，它通常的范围在 0~1 000 IPM。速度则表示焊接时运动速度，它通常的范围在 0~100 IPM。这项只有在 WELD_SPEED 与焊接点在程序中出现的时候才有效。

```
                                              1/7
+  焊接程序            1 [                      ]
  -  设置

设置            Volts      IPM    速度     时间
Schedule   1     20.0    200.0    20.0    0.00
Schedule   2     20.0    200.0    20.0    0.00
Schedule   3     20.0    200.0    20.0    0.00
Wirestick        20.0      0.0            0.10
OnTheFly          0.1      5.0     1.0
```

图 7-7 焊接程序设置

3. 收弧指令 Arc End

在许多焊接的应用中，Arc End 的参数设置方法与 Arc Start 的参数设置方法是一样的，在到达被示教的 Arc End 点后焊接结束。

任务实施

本节在平板上焊接一条直线焊缝，采用先上后下的焊枪位置，小角度的前向焊，焊接长度为 80 mm，焊接速度 40 IPM，焊接程序预设置电压为 25 V，送丝速度为300 IPM。

步骤 1：预设焊接参数，如表 7-6 所示。

表 7-6　预设焊接参数

操作步骤	操作说明	示意图
1	在示教器上依次单击按键："DATA" → "类型" → "焊接程序" 进入焊接参数设置界面	数据 焊接程序 1 1/2 + 焊接程序 1 [ ] + 设置 [类型] 详细 [指令] [查看] 帮助
2	焊接参数设置界面中将光标移动至设置"+"处，单击"+"展开分支，进入焊接程序设置界面	数据 焊接程序 1 2/7 + 焊接程序 1 [ ] 设置 设置 Volts IPM 速度 时间 Schedule 1 20.0 200.0 20.0 0.00 Schedule 2 20.0 200.0 20.0 0.00 Schedule 3 20.0 200.0 20.0 0.00 Wirestick 20.0 0.0 0.10 OnTheFly 0.1 5.0 1.0 [类型] 详细 [指令] [查看] 帮助
3	设置焊接程序预设置电压为 25 V，送丝速度为 300 IPM，焊接速度 40 IPM	数据 焊接程序 1 2/7 + 焊接程序 1 [ ] 设置 设置 Volts IPM 速度 时间 Schedule 1 25.0 300.0 40.0 0.00 Schedule 2 20.0 200.0 20.0 0.00 Schedule 3 20.0 200.0 20.0 0.00 Wirestick 20.0 0.0 0.10 OnTheFly 0.1 5.0 1.0 [类型] 详细 [指令] [查看] 帮助

学习笔记

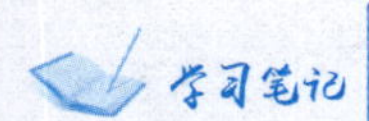

步骤 2：编写焊接程序，如表 7-7 所示。

表 7-7　编写焊接程序

操作步骤	操作说明	示意图
1	在示教器上依次单击按键：“SELECT”→“创建”→“输入程序名”，进入创建程序界面	--- 创建TP程序 --- 程序名： Exercise1 -- 结束 -- Alpha input 1 单词 大写 小写 其他/键盘 输入程序名 abcdef ghijkl mnopqr stuvwx yz_@*
2	机器人、操作台和清枪器 DO 配置如右图所示	I/O 数字输出 1/3 # 范围 机架 插槽 开始点 状态 1 DO[1- 100] 0 0 0 UNASG 2 DO[101- 120] 48 1 1 ACTIV 3 DO[121- 512] 0 0 0 UNASG
3	机器人、操作台和清枪器 DI 配置如右图所示	I/O 数字输入 3/3 # 范围 机架 插槽 开始点 状态 1 DI[1- 100] 0 0 0 UNASG 2 DI[101- 120] 48 1 1 ACTIV 3 DI[121- 512] 0 0 0 UNASG
4	机器人、操作台及清枪器 I/O 信号定义如右图所示	序号 | DO信号 | 注解 | DI信号 | 注解 101 | close 1 | 关闭操作台气缸1 | ALL OPENED | 操作台气缸全部打开信号 102 | close 2 | 关闭操作台气缸2 | ALL CLOSED | 操作台气缸全部关闭信号 103 | close 3 | 关闭操作台气缸3 | BACK | 剪丝气缸后退到位信号 104 | CUT | 剪丝气缸信号 | DOWN | 铰刀下降到位信号 105 | GUN CLEAN | 清枪信号 | GUN NO ERROR | 焊枪无碰撞信号 106 | UP | 铰刀上升信号 | |
5	编写焊接程序，如右图所示	EXERCISE1 6/6 1:J PR[1:HOME] 20% FINE 2:J P[1] 20% FINE 3:J P[2] 40% FINE : Weld Start[1,1] 4:L P[3] 200mm/sec FINE : Weld End[1,1] 5:J PR[1:HOME] 20% FINE [End]

学习笔记

小贴士

运行弧焊焊接程序需要满足以下 3 个条件：

（1）关闭单步模式。

（2）机器人速度设置为 100%。

（3）按“SHIFT”+“WELD ENBL”键，并确认“weld enable”在点亮状态。如果没有同时操作“SHIFT”和“WELD ENBL”，可以按“EDIT”回到程序编辑模式。

任务评价

FANUC 工业机器人弧焊编程方法任务评分，如表 7-8 所示。

表 7-8　任务评价

序号	考核要点	项目（配分：100 分）	教师评分
1	职业素养	示教器放置规定位置（2 分）	
		着装规范整洁，佩戴安全帽（3 分）	
		操作规范，爱护设备（5 分）	
2	机器人、操作台和清枪器信号配置	完整（30 分）	
3	焊接编程	正确（20 分）	
4	操作台及清枪器动作	合格（40 分）	
得分			

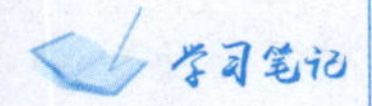

FANUC 工业机器人 T 形平角焊接

【任务描述】

针对型号为 M-10iD$_{12}$ 的 FANUC 工业机器人，用焊接电源型号为 Panasonic-YD-350GL4swc 松下电焊机，保护气体为 CO_2，焊丝型号为碳钢焊丝 ER49-1，直径1.2 mm。按图 7-8 所示进行装配焊接。

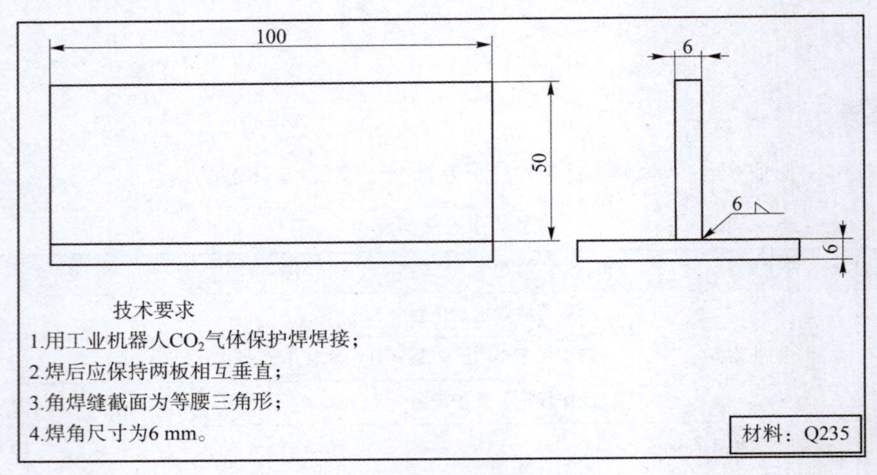

图 7-8 T 形平角焊接

【学前准备】

（1）用 6 点法设置工具坐标系。

（2）按装配要求点固 2 块板件，保证 2 块板相互垂直。

（3）了解工业机器人电弧焊安全防护注意事项。

【学习目标】

（1）掌握 CO_2 保护气体流量大小的调节。

（2）掌握 Panasonic-YD-350GL4swc 电焊机电源设置。

（3）掌握 FANUC 工业机器人焊接参数的设置。

（4）掌握 FANUC 工业机器人摆焊数据的设置。

（5）掌握 FANUC 工业机器人 T 形平角焊接操作要领。

1. 气体流量

气体流量过小则电弧不稳，焊缝表面易被氧化成深褐色，并有密集气孔；气体流量过大，会产生涡流，焊缝表面呈浅褐色，也会出现气孔。CO_2 气体流量与焊接电流、焊丝伸出长度、焊接速度等均有关系。通常细丝焊接时，气体流量为 8~15 L/min；粗丝焊接时，气体流量为 20~30 L/min。CO_2 减压流量调节器如图 7-9 所示。

学习笔记

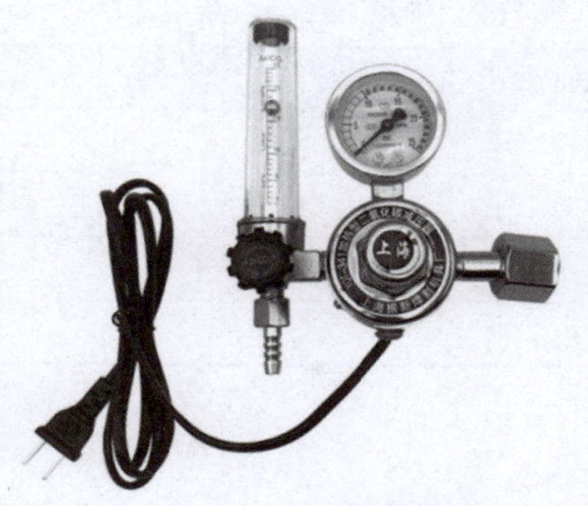

图 7-9　CO_2 减压流量调节器

1）CO_2 供气系统（图 7-10）

CO_2供气系统由气瓶、预热器、干燥器、减压器、流量计和电磁气阀等组成。

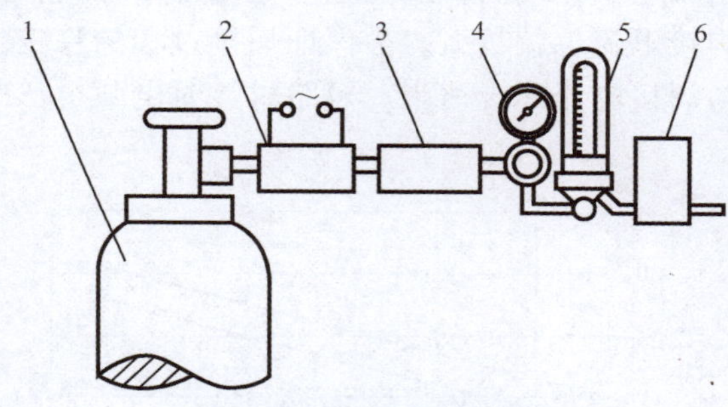

图 7-10　供气系统示意图

1—CO_2 气瓶；2—预热器；3—干燥器；4—减压器；5—流量计；6—电磁气阀

2）供气系统的各部件及功能（图 7-11）

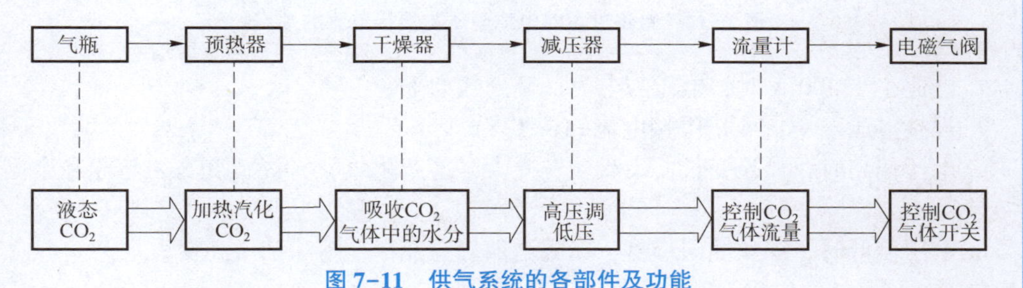

图 7-11　供气系统的各部件及功能

2. 焊接电流

焊接电流的大小对焊接质量和焊接生产率的影响很大。焊接电流主要影响熔深的大小。电流过小，电弧不稳定，熔深小，易造成未焊透缺陷，而且生产率低；电流过大，则焊缝容易产生咬边和烧穿等缺陷，同时引起飞溅。因此，焊接电流必须选得适当，焊接电流一般可根据焊件厚度、焊丝直径、施焊位置及熔滴过渡形式等确定。焊丝直径与焊接电流的关系如表 7-9 所示。

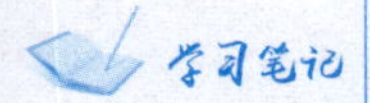

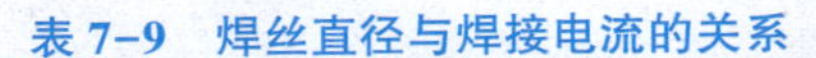
表 7-9 焊丝直径与焊接电流的关系

焊丝直径 /mm	焊接电流/A
0.8	60~160
1.2	100~175
1.6	100~180
2.4	150~200

小贴士

同一大小焊丝，电流越大送丝速度越快。

3. 焊接电压

焊接电压也是电弧电压，提供焊接能量。电弧电压越高，焊接能量越大，焊丝熔化速度越快，焊接电流也就越大。为保证焊接过程的稳定性和良好的焊缝成形，电弧电压必须与焊接电流配合适当。短路过渡时电弧电压与焊接电流的关系如图 7-12 所示。

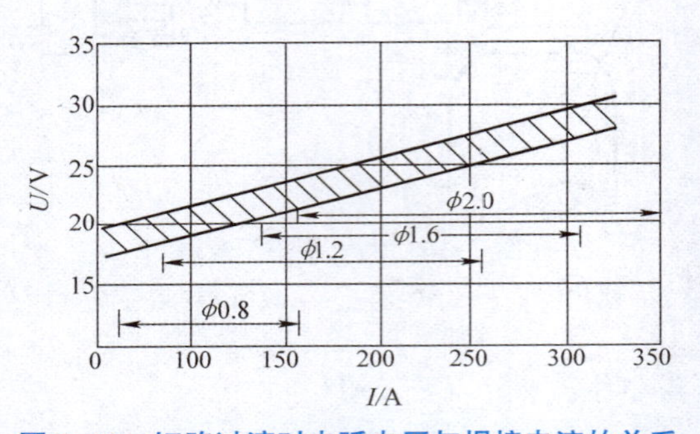

图 7-12 短路过渡时电弧电压与焊接电流的关系

电流小于 300 A 时，电压与电流计算公式如下：

焊接电压=（0.04 倍焊接电流+16±1.5）V

电压偏高时，弧长变长，飞溅颗粒变大，易产生气孔，焊道变宽，熔深和余高变小；

电压偏低时，焊丝插向母材，飞溅增加焊道变窄，熔深和余高变大。

4. 焊丝伸出长度

焊丝伸出长度（也称干伸长）是指从导电嘴到焊丝端部的距离，一般约等于焊丝直径的 10 倍，且不超过 15 mm，如图 7-13 所示。

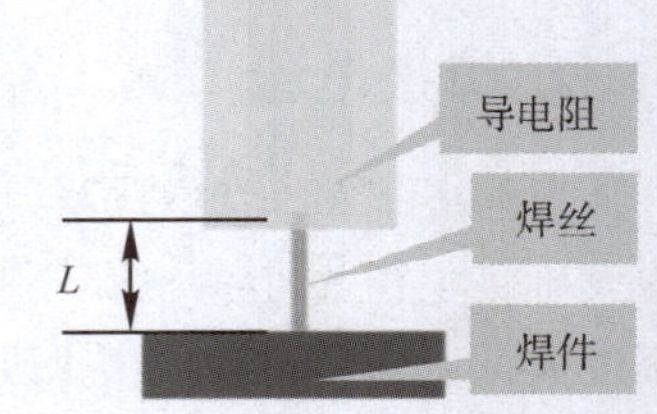

图 7-13 焊丝长度

步骤 1：CO_2 气体流量的调节，如表 7-10 所示。

表 7-10　CO_2 气体流量的调节

操作步骤	操作说明	示意图
1	逆时针旋转气瓶总阀开关	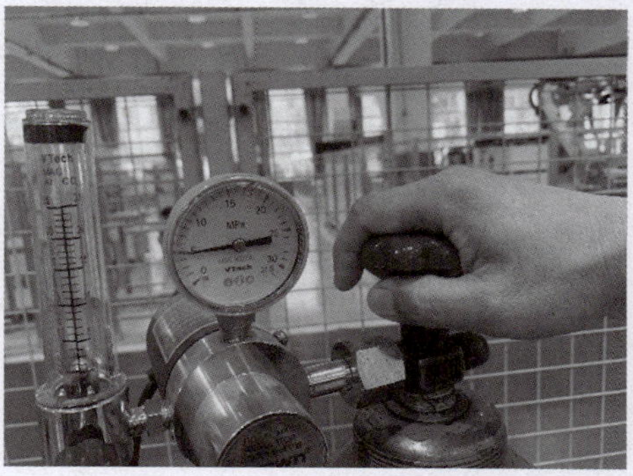
2	在焊机控制面板上，打开“检气”按键，指示灯亮	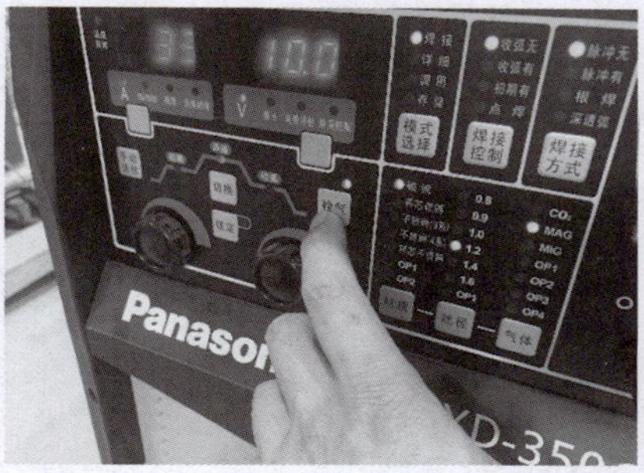
3	调节流量开关，使滚珠飘浮在 10~15 L/min	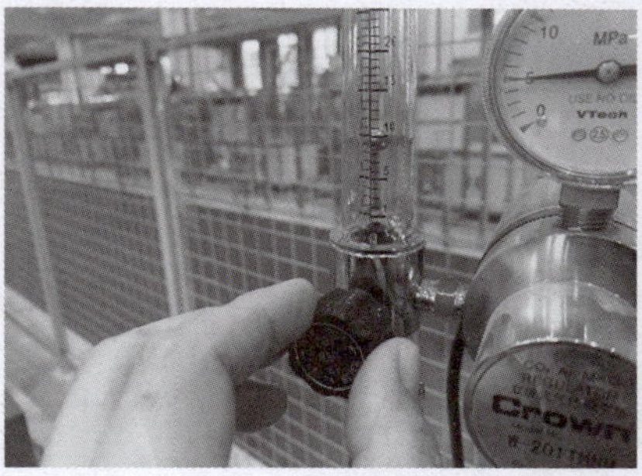
4	在焊机控制面板上，关掉“检气”按键，指示灯熄灭	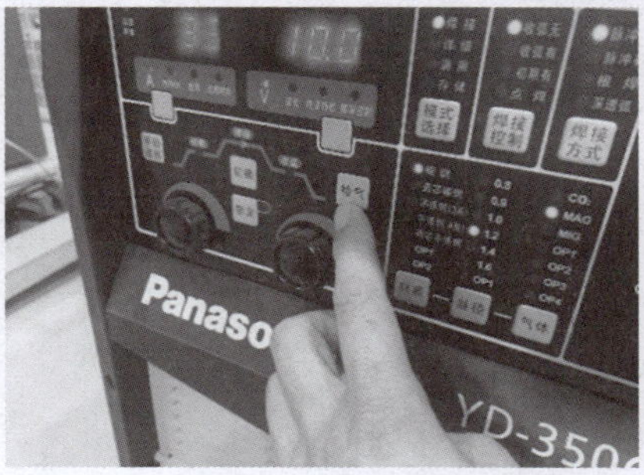

步骤 2：电焊机的电源设置，如表 7-11 所示。

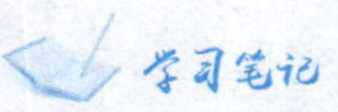

表 7-11 电焊机的电源设置

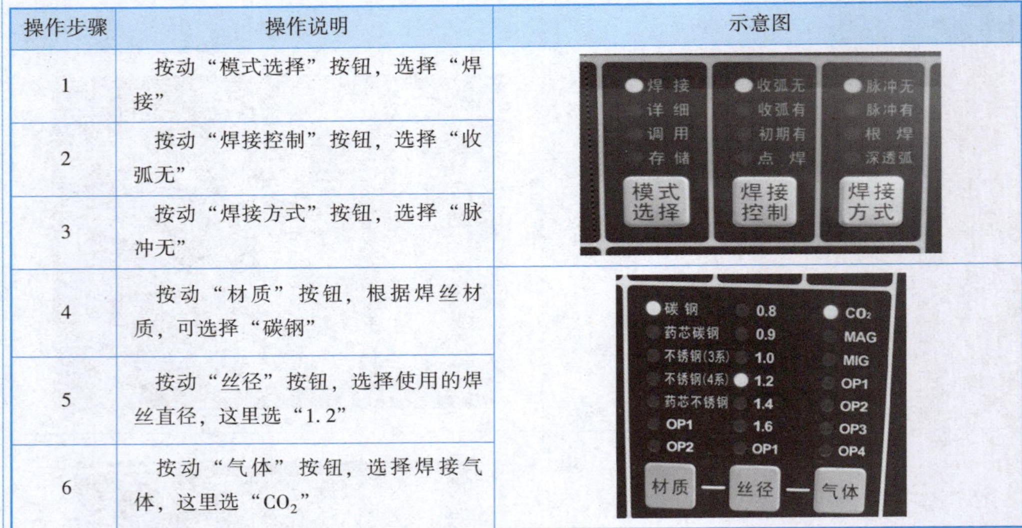

操作步骤	操作说明	示意图
1	按动“模式选择”按钮，选择“焊接”	
2	按动“焊接控制”按钮，选择“收弧无”	
3	按动“焊接方式”按钮，选择“脉冲无”	
4	按动“材质”按钮，根据焊丝材质，可选择“碳钢”	
5	按动“丝径”按钮，选择使用的焊丝直径，这里选“1.2”	
6	按动“气体”按钮，选择焊接气体，这里选“CO_2”	

步骤 3：FANUC 工业机器人焊接程序的编辑，如表 7-12 所示。

表 7-12 FANUC 工业机器人焊接程序的编辑

操作步骤	操作说明	示意图
1	焊接开始：单击“下一页”→“指令”→“弧焊”→“焊接开始”生成了焊接开始程序“Weld Start[1,1]”	
2	焊接结束：单击“下一页”→“指令”→“弧焊”→“焊接结束”生成了焊接结束程序“Weld End[1,2]”	

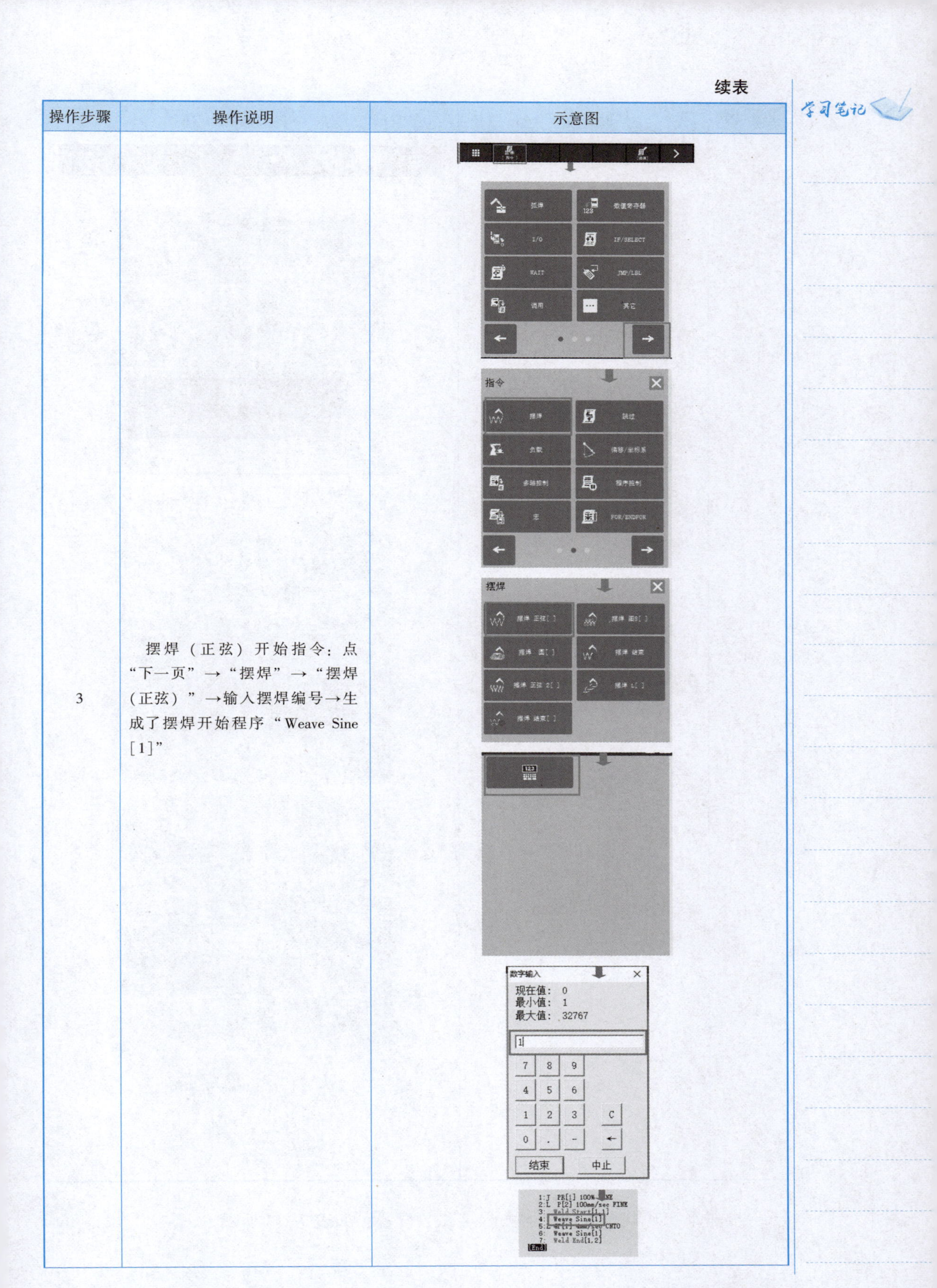

操作步骤	操作说明	示意图
3	摆焊（正弦）开始指令：点“下一页”→“摆焊”→“摆焊（正弦）”→输入摆焊编号→生成了摆焊开始程序“Weave Sine [1]”	

学习笔记

续表

操作步骤	操作说明	示意图
4	摆焊结束指令：点“下一页”→“摆焊”→“摆焊结束”→生成了摆焊结束程序“Weave End”	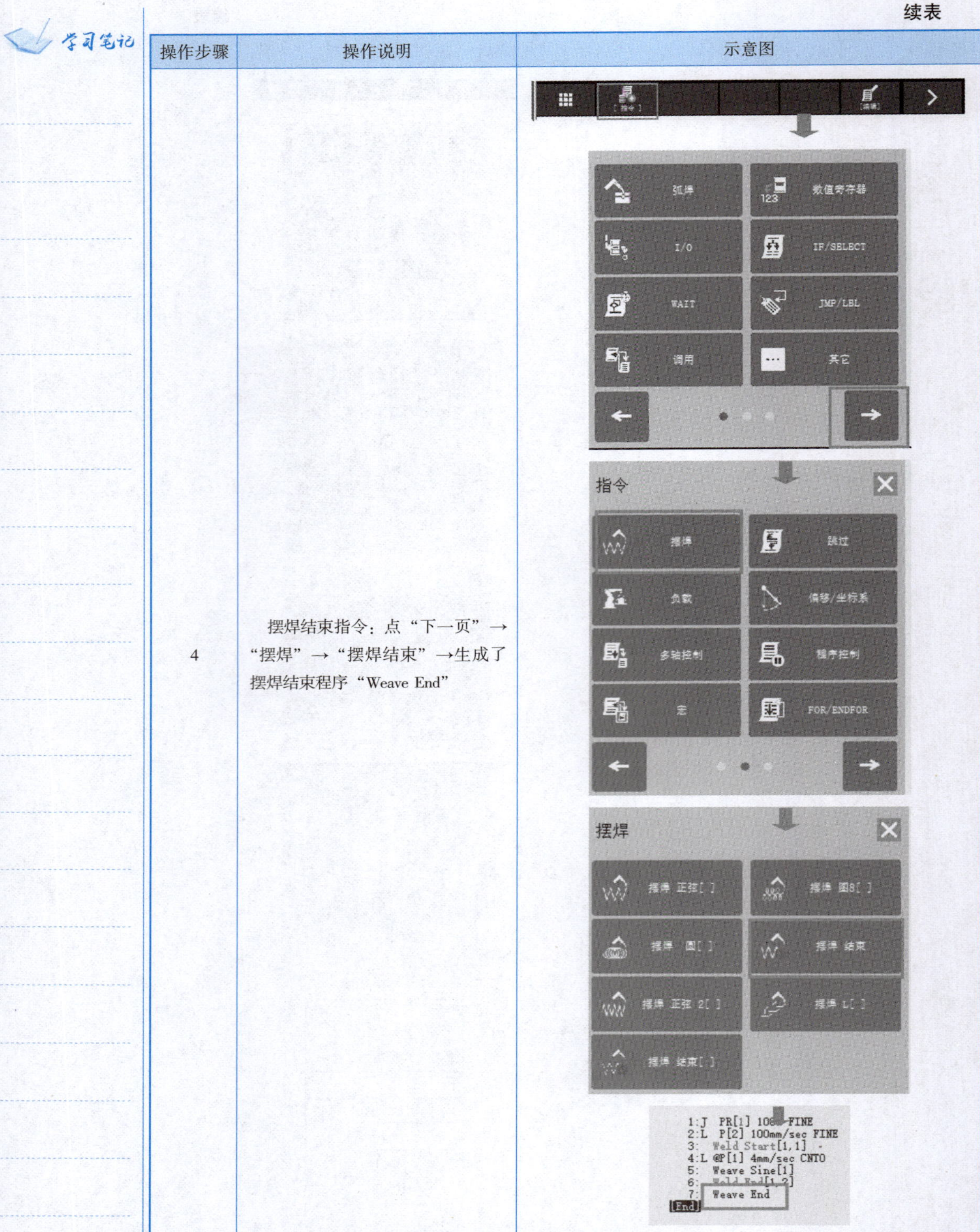

步骤 4：FANUC 工业机器人焊接参数设置，如表 7-13 所示。

表 7-13　FANUC 工业机器人焊接参数设置

操作步骤	操作说明	示意图
1	焊接参数（起弧和收弧）：点菜单键“MENU”→“下页”→“数据”→“焊接程序”→焊接程序前的加号→回车键 ENTER→把启动处理和后处理改为启用→预送气和滞后送气分别设为 0.3 s，收弧时间设为 300 ms	 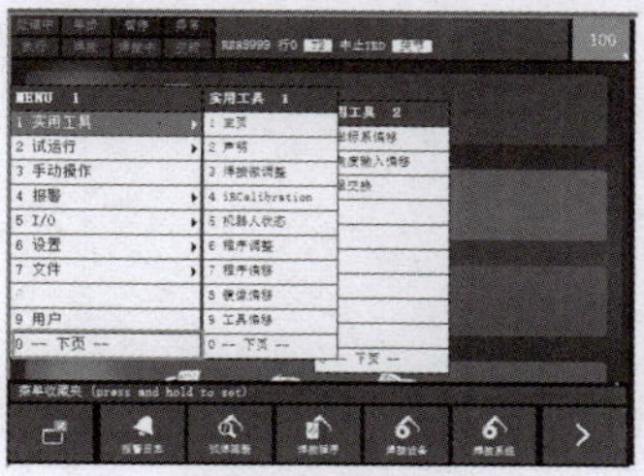  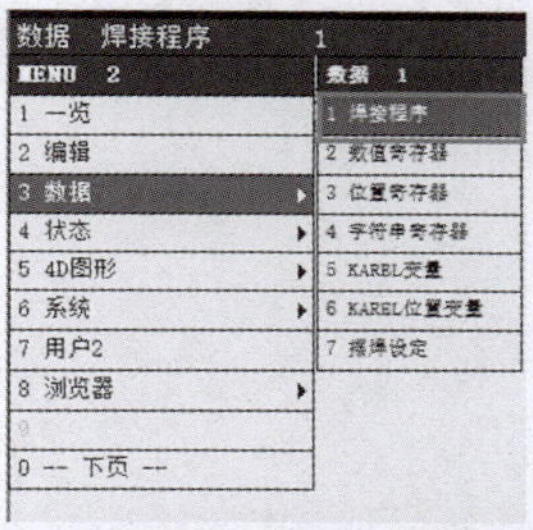 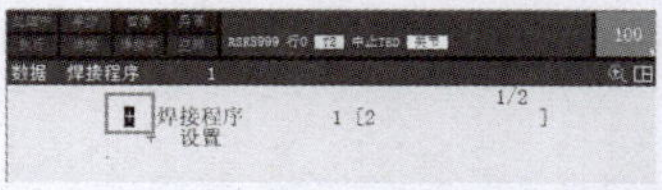  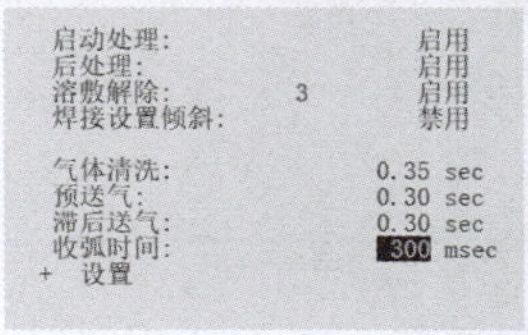 PREV SHIFT MENU SELECT EDIT DATA FCTN SHIFT NEXT STEP HOLD RESET BACK SPACE ITEM ENTER FWD BWD WELD ENBL WIRE+ WIRE− COORD GROUP OTF DIAG HELP POSN I/O STATUS MENU 1 1 实用工具 2 试运行 3 手动操作 4 报警 5 I/O 6 设置 7 文件 9 用户 0 -- 下页 -- 实用工具 1 1 主页 2 声明 3 焊接微调整 4 iRCalibration 5 机器人状态 6 程序调整 7 程序偏移 8 镜像偏移 9 工具偏移 0 -- 下页 -- 菜单收藏夹 (press and hold to set) MENU 2 1 一览 2 编辑 3 数据 4 状态 5 4D图形 6 系统 7 用户2 8 浏览器 0 -- 下页 -- 数据 焊接程序 1 MENU 2 1 一览 2 编辑 3 数据 4 状态 5 4D图形 6 系统 7 用户2 8 浏览器 0 -- 下页 -- 数据 1 1 焊接程序 2 数值寄存器 3 位置寄存器 4 字符串寄存器 5 KAREL变量 6 KAREL位置变量 7 摆焊设定 数据 焊接程序 1 1/2 焊接程序 1 [2] + 设置 PREV SHIFT MENU SELECT EDIT DATA FCTN SHIFT NEXT 启动处理: 启用 后处理: 启用 溶敷解除: 3 启用 焊接设置倾斜: 禁用 气体清洗: 0.35 sec 预送气: 0.30 sec 滞后送气: 0.30 sec 收弧时间: 300 msec + 设置

学习笔记

续表

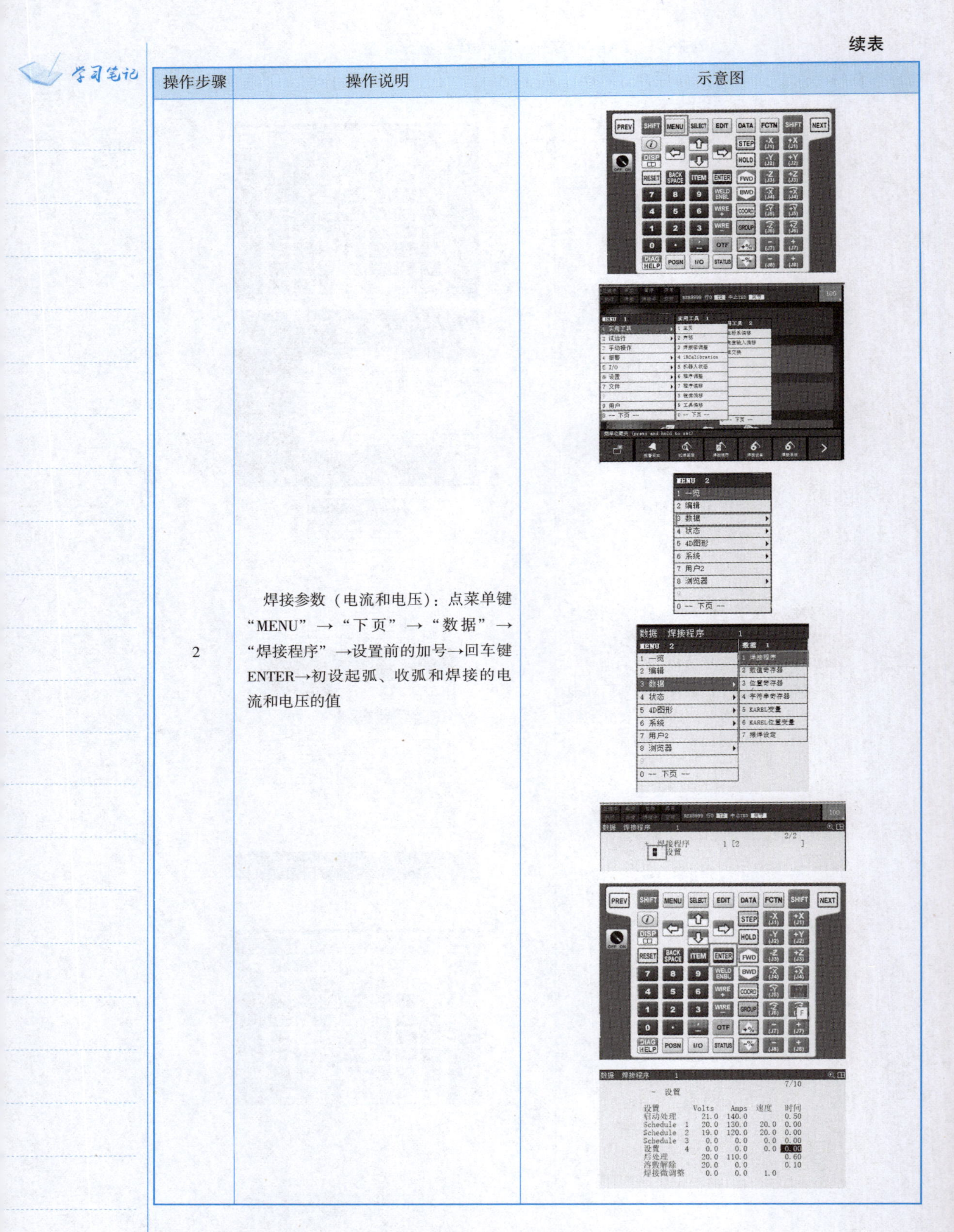

操作步骤	操作说明	示意图
2	焊接参数（电流和电压）：点菜单键“MENU”→“下页”→“数据”→“焊接程序”→设置前的加号→回车键ENTER→初设起弧、收弧和焊接的电流和电压的值	

步骤 5：FANUC 工业机器人摆焊参数设置，如表 7-14 所示。

表 7-14　FANUC 工业机器人摆焊参数设置

操作步骤	操作说明	示意图
1	摆焊参数：点菜单键“MENU”→“下页”→“数据”→“摆焊设定”→把摆焊编号 1 组的数据设定为以下值：频率为 1.2 Hz、振幅为 2.5 mm、右停留 0.2 s（上停留）、左停留 0.1 s（下停留）	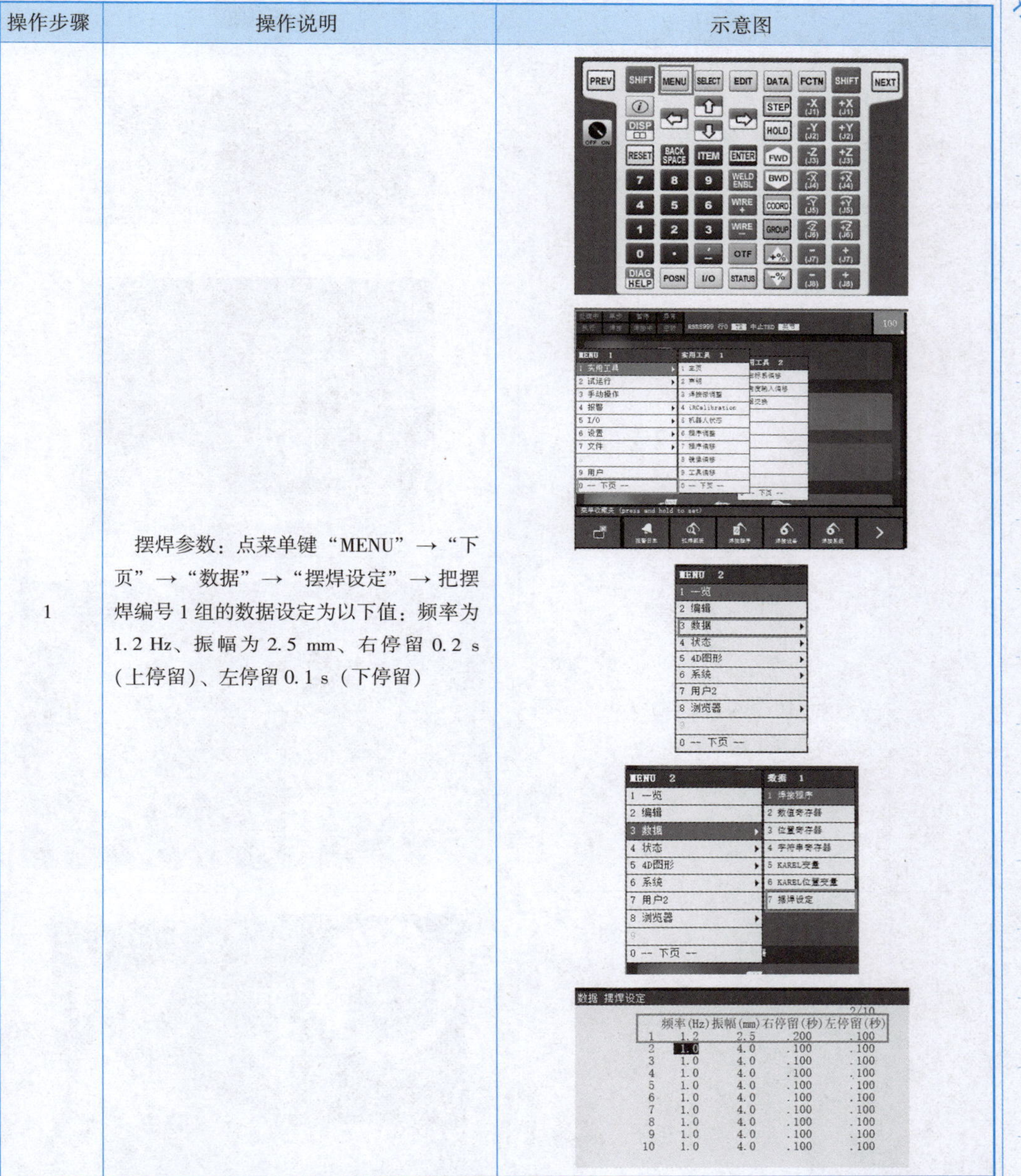

步骤 6：FANUC 工业机器人 T 形平角焊接操作，如表 7-15 所示。

表 7-15　FANUC 工业机器人 T 形平角焊接操作

操作步骤	操作说明	示意图
1	焊件装配：按图纸焊接装配，确保两块板相互垂直→用手工 CO_2 气体保护焊点固 2 点，固点长度约 6 mm	

学习笔记

学习笔记

续表

操作步骤	操作说明	示意图
2	焊件装夹：用压板压紧焊件在机器人工作台上	
3	启动电焊机，按步骤 2 设置焊机电源参数	
4	打开 CO_2 气瓶阀，调节 CO_2 气体流量，按步骤 1 操作完成	
5	启动机器人	
6	示教编程： （1）焊接程序：按“步骤 3：FANUC 工业机器人焊接程序的编辑”完成。 （2）参数：按“步骤 4：FANUC 工业机器人焊接参数设置”完成。 （3）工具坐标系设置：用六点法 XZ4。 （4）焊枪角度如右图所示	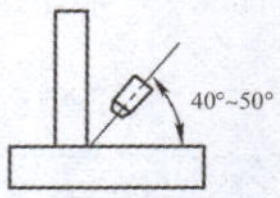 40°~50° 焊丝与水平板的夹角 

续表

操作步骤	操作说明	示意图
7	焊接 T 形直角的程序	1：J @ PR［1：HOME］100% FINE 2. J P［1］100% FINE 3：L P［2］100mm/sec FINE 4：Weld Start［1，1］ 5：Weave Sine［1］ 6：L P［3］2 mm/sec FINE 7：Weld End［1，2］ 8：Weave End 9：L P［4］100mm/sec FINE 10：J @ PR［1：HOME］100% FINE
8	启动焊接： （1）同时按下使能键 + SHIFT + WELD ENBL，“焊接”显亮。 （2）运动速度调到 100% （3）同时按下使能键+SHIFT+FED，自动运行焊接	

任务评价

FANUC 工业机器人弧焊工作站的硬件连接任务评分，如表 7-16 所示。

表 7-16　任务评价

序号	考核要点	项目（配分：100 分）	教师评分
1	职业素养	示教器放置规定位置（2 分）	
		着装规范整洁，佩戴安全帽（3 分）	
		操作规范，爱护设备（5 分）	
2	焊接程序编辑	完整（30 分）	
3	焊接工艺	正确（20 分）	
4	焊接质量	合格（40 分）	
得分			

问题探究

1. 填空题

（1）机器人弧焊指令 Weld Start［1，1］中两个数字分别代表__________和__________。

（2）机器人的外部连接焊接 I/O 接口________不需做信号配置。

（3）机器人配置 I/O 通信时机架号是________。

（4）机器人 I/O-设备配置为 DI/DO 64 字节时可以寻址________位 I/O 地址。

（5）在示教弧焊轨迹点时，要尽可能保证焊枪（或者焊丝）垂直于________。

2. 简答题

（1）简述弧焊机器人应用场合。

（2）简述弧焊机器人工作站系统组成。

学习笔记

项目八　工业机器人点焊工作站系统组建

学习目标	**知识目标：** 1. 学会点焊工作原理及工艺参数配置。 2. 学会点焊工作站信号连接与配置。 3. 学会 FANUC 工业机器人的点焊编程指令。 **技能目标：** 1. 能进行伺服焊枪添加及初始化设置。 2. 能进行伺服焊枪坐标系及参数设定。 3. 能进行点焊系统 I/O 信号配置。 4. 能为工业机器人点焊工作站组建一套控制系统并调试。 **素养目标：** 养成严谨认真的工作精神
知识重点	1. 伺服焊枪参数设定。 2. 点焊系统 I/O 信号配置
知识难点	1. 伺服焊枪参数设定。 2. 点焊系统 I/O 信号配置
建议学时	12 学时
实训任务	任务 8.1　点焊设备安装与初始化设置 任务 8.2　点焊 I/O 信号配置 任务 8.3　工业机器人程序编写与调试 任务 8.4　PLC 程序编写与调试

项目导入

点焊是工业机器人工作站最典型的一种使用场景，本项目通过完成点焊设备安装与初始化设置、工业机器人 I/O 信号配置、工业机器人程序编写与调试、PLC 程序编写与调试，学会组建一套工业机器人点焊工作站控制系统并完成点焊任务作业。

任务8.1 点焊设备安装与初始化设置

【任务描述】

针对型号为FANUC R-2000iC系列点焊机器人，在了解点焊原理及工作站硬件结构基础上，完成点焊设备硬件接线及伺服焊枪轴初始化安装、坐标系设置及伺服焊枪零位设置、焊枪关闭方向设置、焊枪轴限位设置、焊枪自动调节、压力标定及工件厚度标定。

【学前准备】

(1) 机器人点焊工艺。

(2) 点焊工作站硬件结构。

(3) 了解工业机器人点焊安全操作事项。

(4) 准备FANUC工业机器人说明书。

【学习目标】

(1) 能完成伺服焊枪轴初始化安装。

(2) 学会伺服焊枪坐标系及其他基本设定。

预备知识

1. 机器人点焊工艺

电阻点焊英文缩写名为“RSW”，简称点焊，是焊件装配成搭接接头，并压紧在两电极之间，利用电阻热融化母材金属，形成焊点的电阻焊方法。如图8-1所示，焊点的形成主要由四个过程组成，由于两工件间存在接触处电阻较大，当通过足够大的电流时，在板的接触处产生大量的电阻热，将中心最热区域的金属很快加热至高塑性或熔化状态，形成一个透镜形的液态熔核，熔化区温度由内至外逐级降低。断电后继续保持压力或加大压力，使熔核在压力下凝固结晶，形成组织致密的焊点。

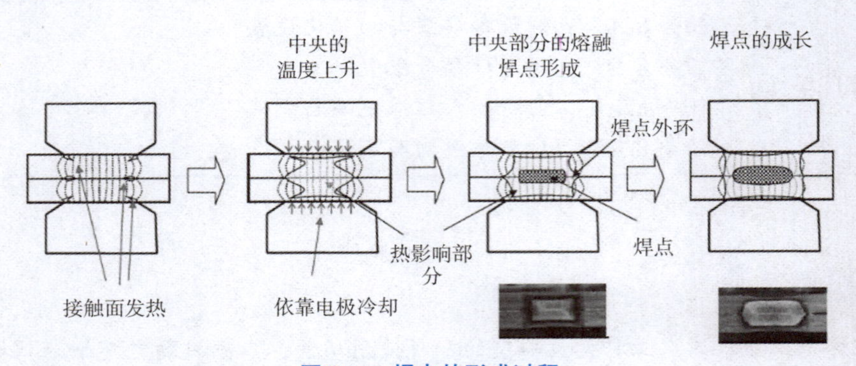

图8-1 焊点的形成过程

按照对工件焊点的通电方向，点焊通常分为双面点焊和单面点焊两大类，双面点焊电极位于工件的两侧，电流通过工件的两侧形成焊点，是点焊机器人通常采用的焊接方法。单面点焊两电极位于工件的一侧，用于电极难以从工件两侧接近工件，或工件一侧要求压痕较浅的场合。电阻点焊的热源是电阻热，符合焦耳定律。其焊接电流、两电极之间的电阻及通电时间是决定点焊发热量（内部热源）的三大因素，但大部分热量是用来形成点焊的焊点。形成一定焊点所需的电流与通电时间有关，如图 8-2 所示。

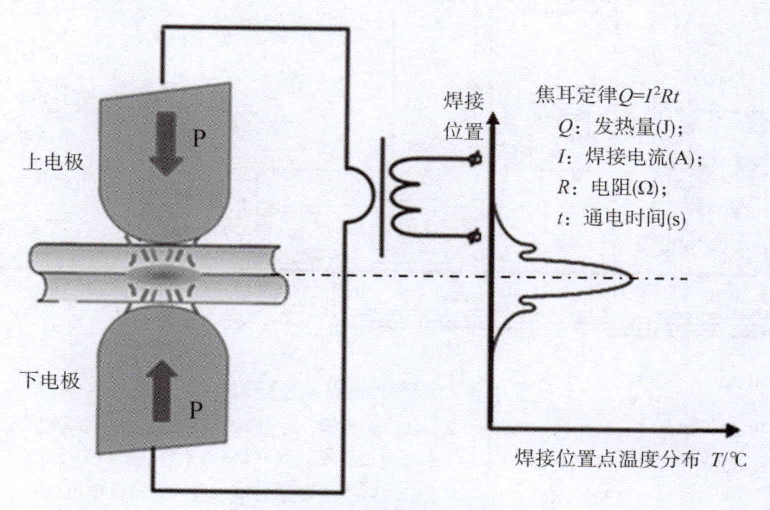

图 8-2　通电中温度分布图

点焊电极是保证点焊质量的重要零件，点焊电极由四部分组成：端部、主体、尾部和冷却水孔。其主要功能有：(1) 向工件传导电流；(2) 向工件传递压力；(3) 迅速导散焊接区的热量。常用的点焊电极主要有 5 种，分别为标准直电极、弯电极、帽式电极、螺纹电极以及复合电极。

点焊的四大规范参数是焊接电流、通电时间、电极压力、电极形状（尺寸）。其中，焊接过程中，接近或超过某个临界点时，都会产生抗剪强度增加缓慢或飞溅、工件表面压痕过深等问题，因此通常选用对熔核直径变化不敏感的适中电流来焊接。过小的电极压力将导致电阻增大、析热量过多且散热较差，引起前期飞溅；过大的电极压力将导致电阻减小、析热量少、散热良好、熔核尺寸缩小，尤其是焊透率显著下降。

点焊可能出现的工艺缺陷主要包含虚焊、边缘焊点、焊点扭曲、压痕过深、焊接裂纹、焊点位置偏差、烧穿、漏焊、焊点毛刺、焊点间距以及多余焊点。电阻焊（含点焊）接头质量检验通常采用破坏性检验、非破坏性检验及微观检验方法。

2. 机器人点焊设备

点焊机器人系统结构主要由机器人本体、焊钳等部件组成，如图 8-3 所示。点焊机器人控制原理如图 8-4 所示。

焊接控制器主要具备以下功能：(1) 点焊过程时序控制；(2) 焊接电流波形的调制；(3) 同时存储多套焊接参数；(4) 自动进行电极磨损后的阶梯电流补偿，记录焊点数并预报电极寿命；(5) 故障自诊断；(6) 与机器人控制器及示教盒的通信联系，提供单加压和机器人示教功能；(7) 断电保护功能。

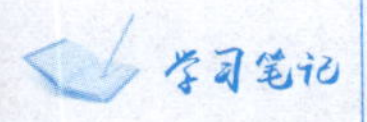

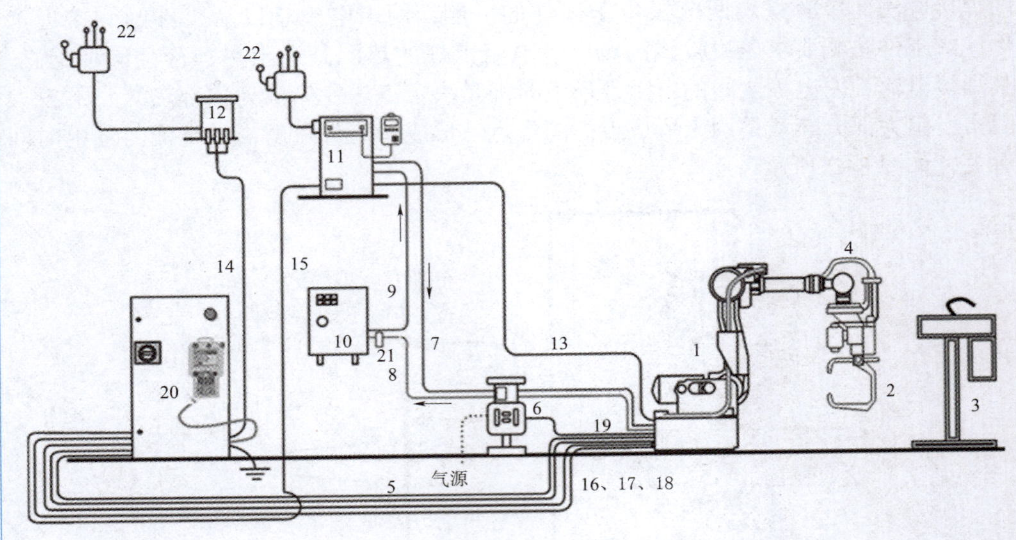

图 8-3　点焊机器人系统组成

1—机器人本体（R-2000IC/165F）；2—气动点焊枪；3—电极修磨机；4—手部集合电缆；
5—焊枪（气动）控制电缆；6—气/水管路组合体；7—焊枪冷水管；8—焊枪回水管；
9—点焊控制箱冷水管；10—冷水机；11—点焊控制箱；12—焊枪供电电缆；
13—机器人控制柜（R-30IB）；14，15—机器人供电电缆；16—机器人控制电缆；
17—焊枪进气管；18—机器人示教盒；19—冷却水流量开关；20—电源

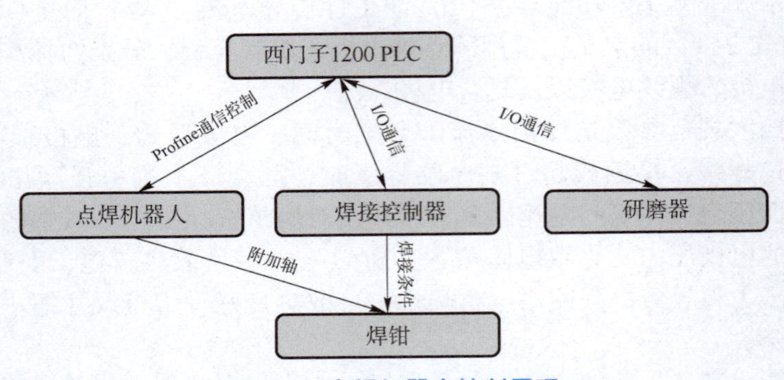

图 8-4　点焊机器人控制原理

点焊枪按用途分类可以分为 X 型和 C 型，如图 8-5 所示，按照驱动方式可以分为气动和伺服。气动焊枪通过焊枪自带气缸，压缩空气带动焊枪运动，通过传感器可以做出大开、小开、全闭合三个动作，造价较低，实用性高。伺服焊枪通过焊枪内部的伺服电动机带动焊枪运转。由人为设置的工件厚度通过机器人转变脉冲量控制电动机行程，精度高，可控制焊枪力量，适用于要求低误差的工件。

点焊指令将基于焊枪建立的工具（TOOL）坐标系，当焊枪安装在机器人上时，工具坐标系示教步骤如下：

（1）将固定极的前端作为工具坐标系的原点；

（2）使固定极的关闭方向（纵向）与工具坐标系 X、Y、Z 的其中一个方向平行。

学习笔记

（a）　　　　　　　　（b）

图 8-5　C 型和 X 型焊枪

（a）C 型焊枪；（b）X 型焊枪

3. 添加外部伺服电动机的硬件

在添加外部轴过程中，需要追加以下硬件：光纤、伺服放大器、连接电缆、伺服电动机、抱闸单元、电池单元。

光纤作为信息传输的介质，由纤芯和包层组成，如图 8-6 所示，由于光纤质地脆、易断裂，所以在使用过程中要加以注意，可以弯曲，但禁止折弯。

图 8-6　光纤

伺服放大器也叫伺服驱动器，如图 8-7 所示，用来控制和驱动电动机，功率驱动单元的整个过程可以简单的说就是 AC-DC-AC 的转换过程，同时具有过电压、过电流、过热、欠压的保护功能，从而实现高精度的定位。FANUC 伺服放大器类型如表 8-1 所示。

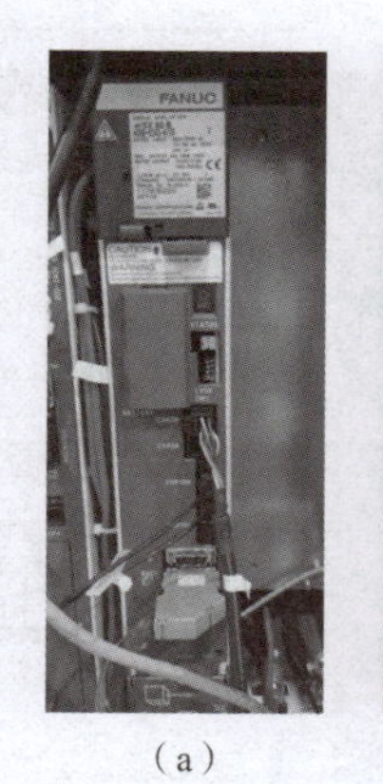

（a）　　　　　　　　（b）

图 8-7　FANUC 伺服放大器

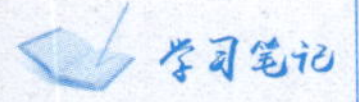

表 8-1　FANUC 伺服放大器类型

型号	类型	驱动电流
αiSV 40	单轴放大器	电动机驱动电流为 40 A
αiSV40/80	双轴放大器	第一轴驱动电流 L 为 40 A 第二轴驱动电流 M 为 80 A
αiSV 20/20/40	三轴放大器	第一轴驱动电流 L 为 20 A 第二轴驱动电流 M 为 20 A 第三轴驱动电流 N 为 40 A

连接电缆由伺服电动机电源线、编码器线和抱闸线组成，电缆的长度有 7 m、14 m、20 m、30 m 四种规格。

伺服电动机的选型需要根据用户的负载大小进行力学计算。常用的伺服电动机有 αiF 系列、αiS 系列，按轴承类型来分有斜齿、直齿和带键直齿三种类型。

抱闸是当运转时遇到急停或者断电时，外部轴需要安全保护和精确定位等，就需要给电动机一个与转动方向相反的转矩使它迅速停转，抱闸单元就是给外部电动机提供抱闸功能的一个模块。每个抱闸单元上面有两个抱闸号，每一个抱闸号有两个抱闸口，每一个抱闸口可以控制一个电动机。

电池单元是给外部轴编码器供电的一种装置，电池电压为 6 V。标准的变位机（电动机与减速机一体，机械装置里已包括该装置）不需要该装置。

任务实施

伺服焊枪轴初始化安装

主要设置伺服焊枪电动机的参数：如电动机型号、齿轮转速比、最大速度等。

步骤 1：伺服焊枪轴初始化安装，如表 8-2 所示。

表 8-2　伺服焊枪轴初始化安装

操作步骤	操作说明	示意图
1	在示教器上同时按“Prev”和“Next”键进入“CONTROLLED MENU”界面，选择数字 3，进入“控制启动”界面	CONFIGURATION MENU 1) HOT START 2) COLD START 3) CONTROLLED START 4) MAINTENANCE SELECT _3
2	在控制启动界面中，依次单击如下按键：“菜单”→“维修”进入 Robot Setup 界面，移动光标至第 2 项：“Servo Gun Axes”处，按“MANUAL”进入光缆选择界面	

续表

操作步骤	操作说明	示意图
3	输入 1（小贴士：机器人及外部轴之和小于 16 选择编号 1），按“ENTER”键确认	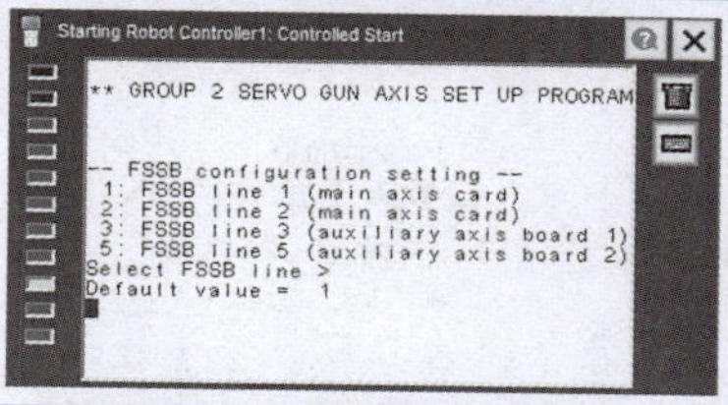 Starting Robot Controller1: Controlled Start ** GROUP 2 SERVO GUN AXIS SET UP PROGRAM -- FSSB configuration setting -- 1: FSSB line 1 (main axis card) 2: FSSB line 2 (main axis card) 3: FSSB line 3 (auxiliary axis board 1) 5: FSSB line 5 (auxiliary axis board 2) Select FSSB line > Default value = 1
4	输入 7（即伺服焊枪轴为第 7 根轴），按“ENTER”键确认	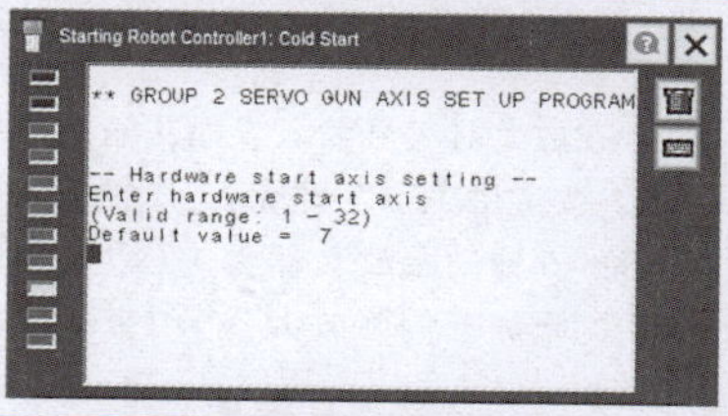 Starting Robot Controller1: Cold Start ** GROUP 2 SERVO GUN AXIS SET UP PROGRAM -- Hardware start axis setting -- Enter hardware start axis (Valid range: 1 - 32) Default value = 7
5	输入 2（添加伺服焊枪轴），按“ENTER”键确认	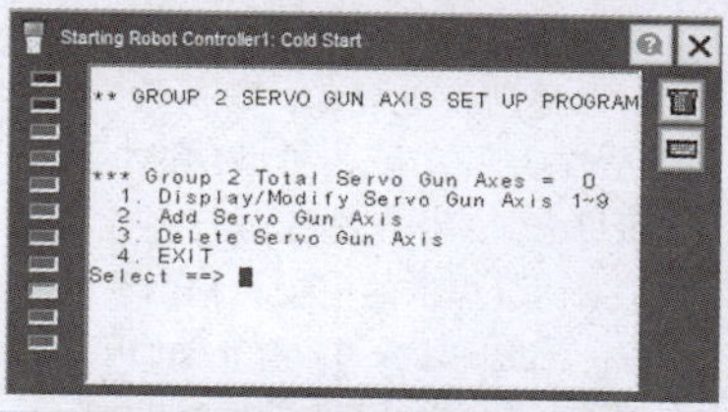 Starting Robot Controller1: Cold Start ** GROUP 2 SERVO GUN AXIS SET UP PROGRAM *** Group 2 Total Servo Gun Axes = 0 1. Display/Modify Servo Gun Axis 1~9 2. Add Servo Gun Axis 3. Delete Servo Gun Axis 4. EXIT Select ==>
6	在伺服焊枪设定方法界面中，输入 1（部分参数设定），按“ENTER”键确认	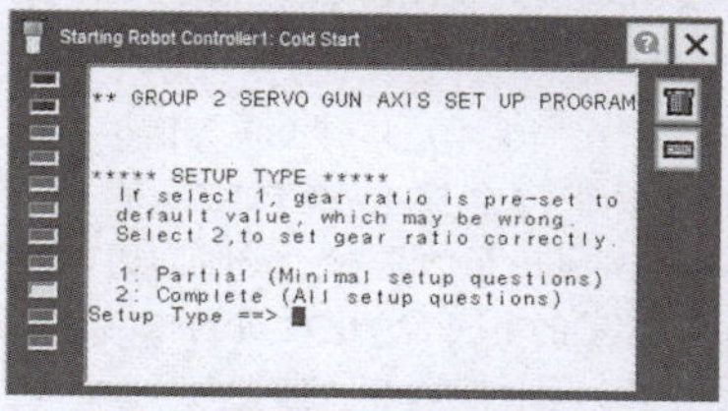 Starting Robot Controller1: Cold Start ** GROUP 2 SERVO GUN AXIS SET UP PROGRAM ***** SETUP TYPE ***** If select 1, gear ratio is pre-set to default value, which may be wrong. Select 2,to set gear ratio correctly. 1: Partial (Minimal setup questions) 2: Complete (All setup questions) Setup Type ==>
7	在电动机选择界面中，根据所使用的伺服电动机和附加轴伺服放大器的铭牌进行选择。列表中标示出作为伺服焊枪用的电动机支持的电动机 ID，从列表中选择所用电动机的编号，如果列表中没有使用的电动机编号，此处输入数字 0，按“ENTER”键确认	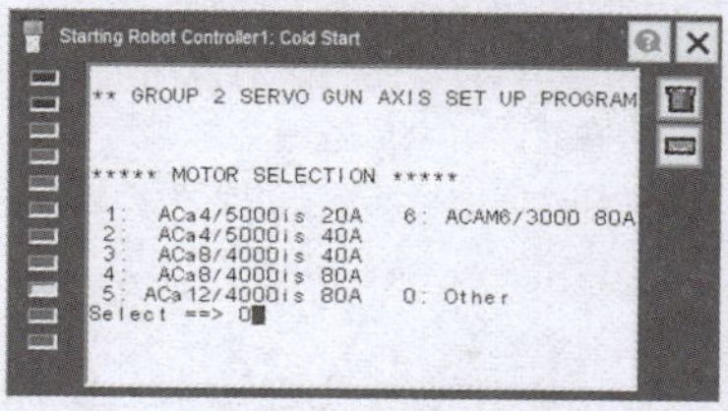 Starting Robot Controller1: Cold Start ** GROUP 2 SERVO GUN AXIS SET UP PROGRAM ***** MOTOR SELECTION ***** 1: ACa4/5000is 20A 6: ACAM6/3000 80A 2: ACa4/5000is 40A 3: ACa8/4000is 40A 4: ACa8/4000is 80A 5: ACa12/4000is 80A 0: Other Select ==> 0
8	在电动机尺寸选择界面中，输入数字 62，按“ENTER”键确认	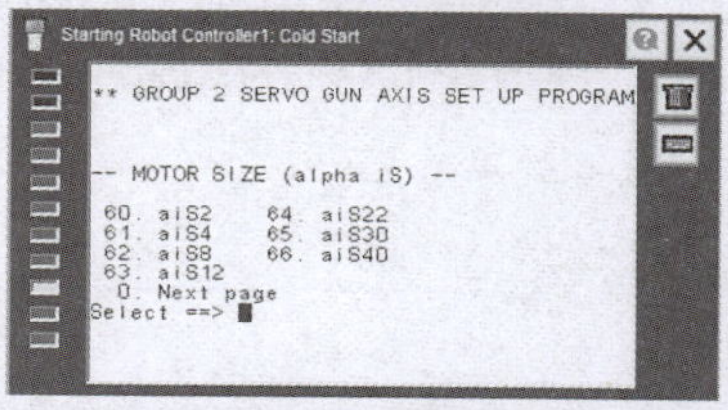 Starting Robot Controller1: Cold Start ** GROUP 2 SERVO GUN AXIS SET UP PROGRAM -- MOTOR SIZE (alpha iS) -- 60. aiS2 64. aiS22 61. aiS4 65. aiS30 62. aiS8 66. aiS40 63. aiS12 0. Next page Select ==>
9	在最大转速界面中，输入数字 11，按“ENTER”键确认	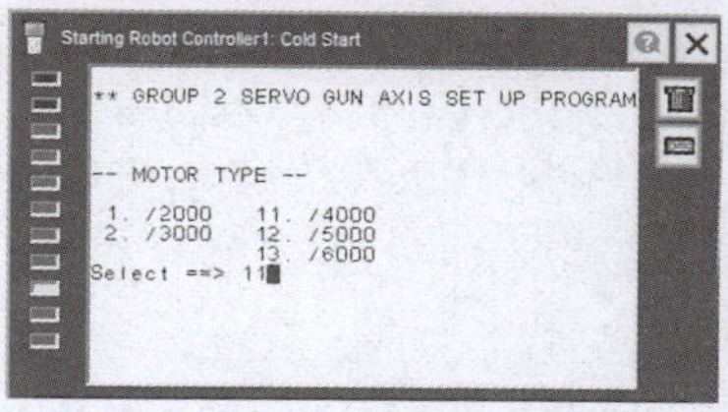 Starting Robot Controller1: Cold Start ** GROUP 2 SERVO GUN AXIS SET UP PROGRAM -- MOTOR TYPE -- 1. /2000 11. /4000 2. /3000 12. /5000 13. /6000 Select ==> 11

学习笔记

续表

操作步骤	操作说明	示意图
10	在放大器最大电流界面中，输入数字7，按“ENTER”键确认	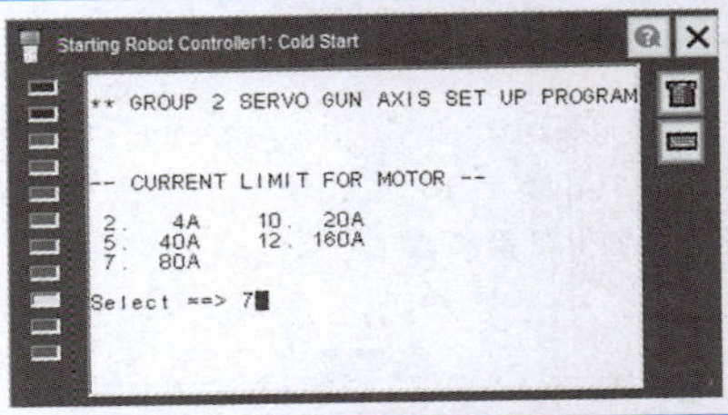
11	在放大器编号输入界面，输入数字2，按“ENTER”键确认。（机器人本身的6轴伺服放大器为1，跟其相连接的附加轴伺服放大器为2，以此类推）	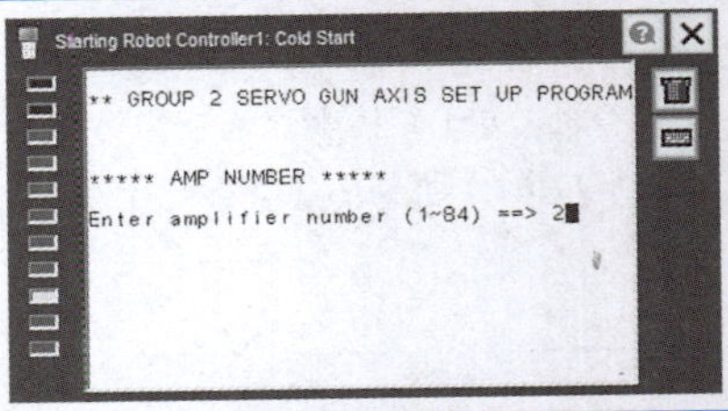
12	在抱闸设置界面，输入数字1，按“ENTER”键确认。“数字键”输入伺服焊枪轴的抱闸单元号码（此号码表示了伺服焊枪的电动机抱闸线连接位置：无抱闸输入0；与6轴伺服放大器相连选1；若用单独的抱闸单元，连接至抱闸单元的C口选2；D口选3）	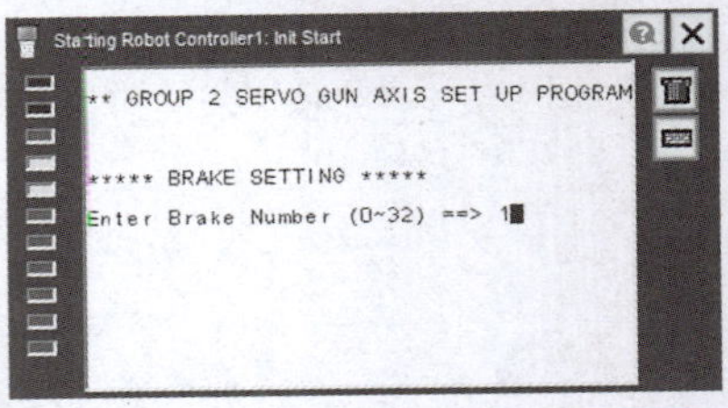
13	在伺服焊枪超时设定界面中，输入数字2，按“ENTER”键确认。（Enable指的是在一定时间内轴没有移动的情况下，电动机的抱闸自动启用，赋予动作指令时，解除抱闸，大约需要250 ms。在需要时刻支撑负载而电动机有可能发热的情况下，应设为有效。Disable指的是希望尽量缩短循环时间的情况下，设置为无效）	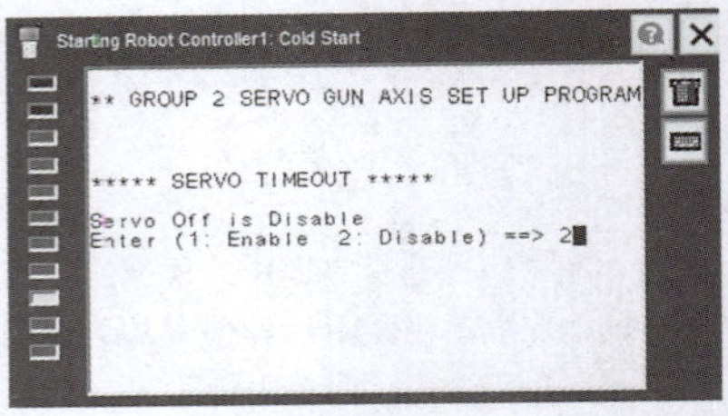
14	完成前序步骤设定后，输入数字4，按“ENTER”键确认，退出初始化设定（若设置错误了，可选择1进行修改）	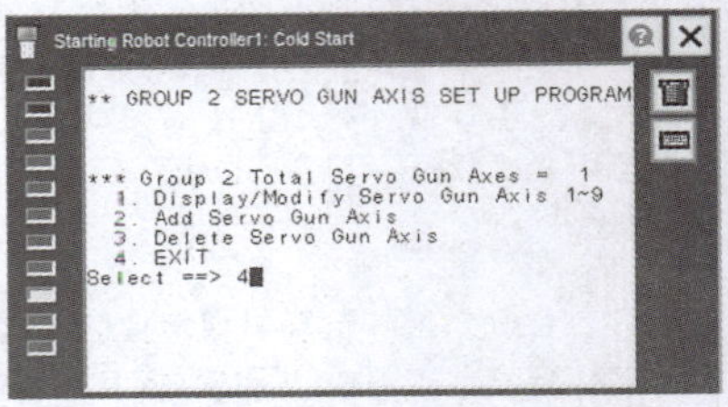
15	接下来进行装置类型设置，依次单击如下按键：“菜单”→“0下页”→“4伺服焊枪设置”→“ENTER”	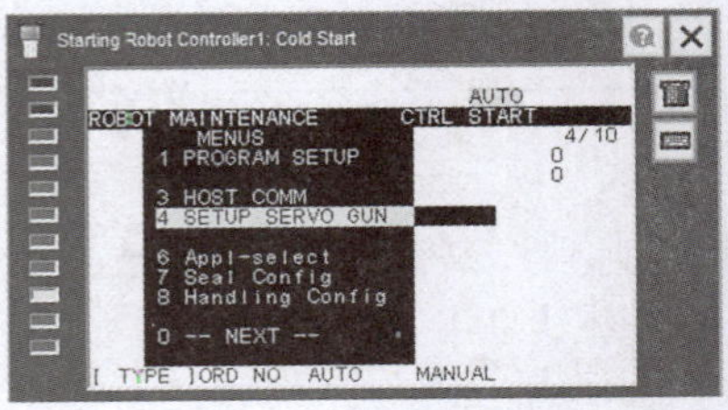

续表

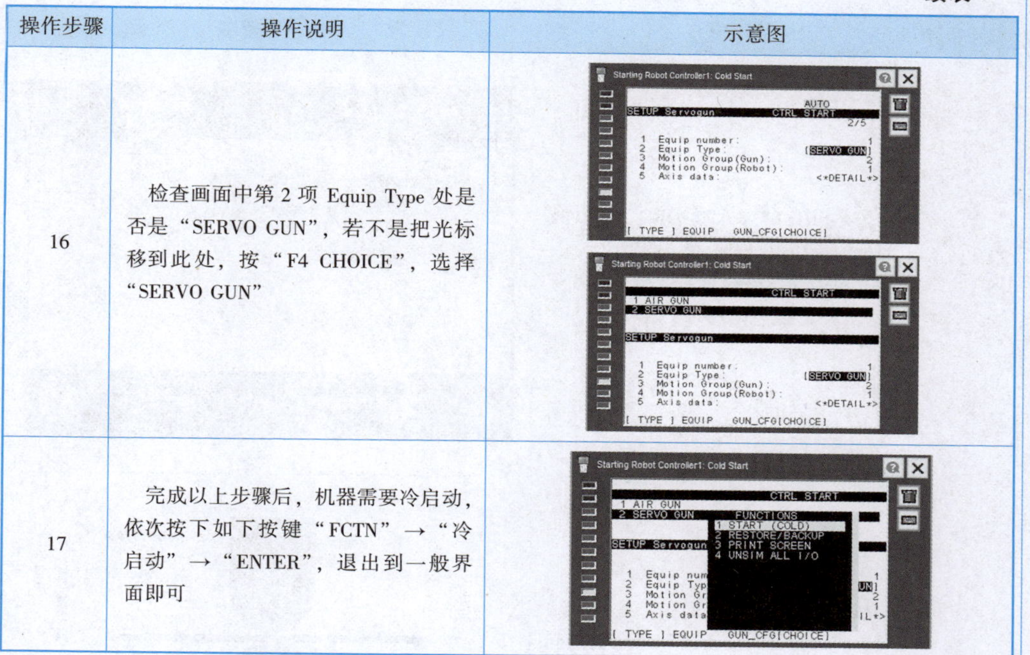

操作步骤	操作说明	示意图
16	检查画面中第 2 项 Equip Type 处是否是“SERVO GUN”，若不是把光标移到此处，按“F4 CHOICE”，选择“SERVO GUN”	
17	完成以上步骤后，机器需要冷启动，依次按下如下按键“FCTN”→“冷启动”→“ENTER”，退出到一般界面即可	

小贴士

在伺服焊枪轴添加完成后，会出现 SRVO-063、SRVO-075 报警，由于伺服焊枪轴需要与控制器进行脉冲匹配，所以需要对这两个报警进行消除。消除报警分为两个步骤：

(1) 消除 SRVO-063 报警进入“菜单”→“下页”→“系统”→“焊枪标定”界面，按 F3（BZAL）脉冲编码复位。复位完成后重启机器，SRVO-063 报警即可解除。

(2) 在 SRVO-063 报警消除后，焊枪开关行程内点动伺服焊枪轴，之后按 reset 键即可消除该报警。

焊枪零位设置

步骤 2：焊枪零位设置，如表 8-3 所示。

表 8-3　焊枪零位设置

操作步骤	操作说明	示意图
1	在示教器界面中，依次按下“菜单”→“下页”→“系统”→“焊枪标定”进入“零点位置标定”界面	

续表

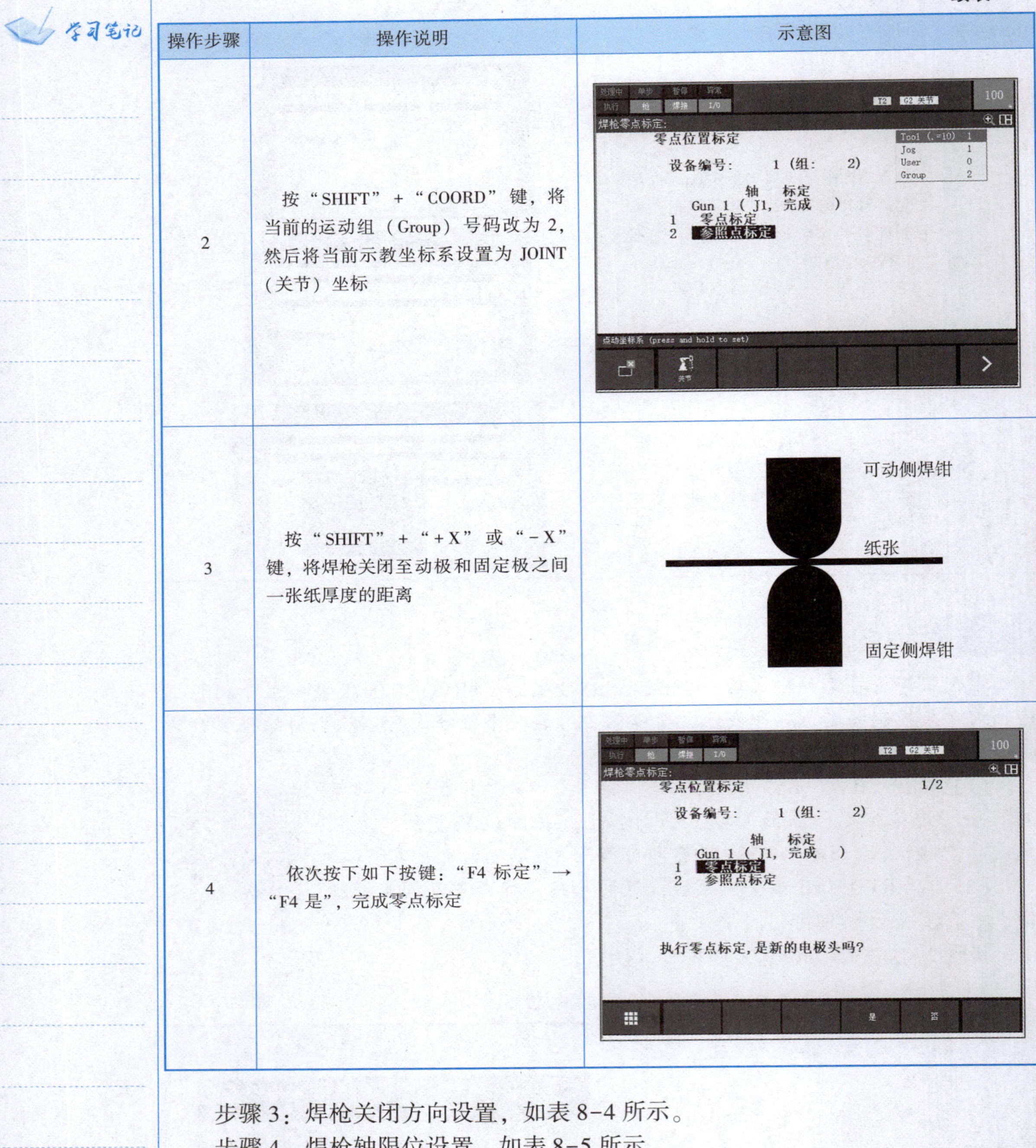

操作步骤	操作说明	示意图
2	按“SHIFT”+“COORD”键，将当前的运动组（Group）号码改为2，然后将当前示教坐标系设置为JOINT（关节）坐标	
3	按“SHIFT”+“+X”或“-X”键，将焊枪关闭至动极和固定极之间一张纸厚度的距离	
4	依次按下如下按键：“F4 标定”→“F4 是”，完成零点标定	

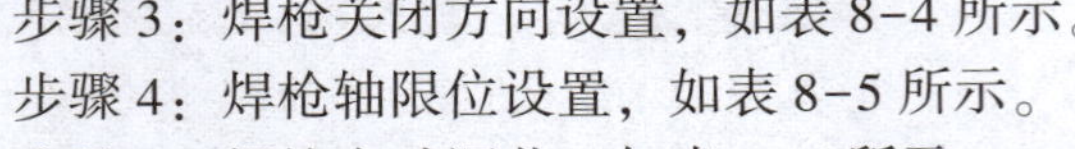

步骤3：焊枪关闭方向设置，如表8-4所示。

步骤4：焊枪轴限位设置，如表8-5所示。

步骤5：焊枪自动调节，如表8-6所示。

焊枪关闭方向设置

焊枪轴限位设置

焊枪自动调节

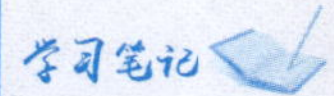

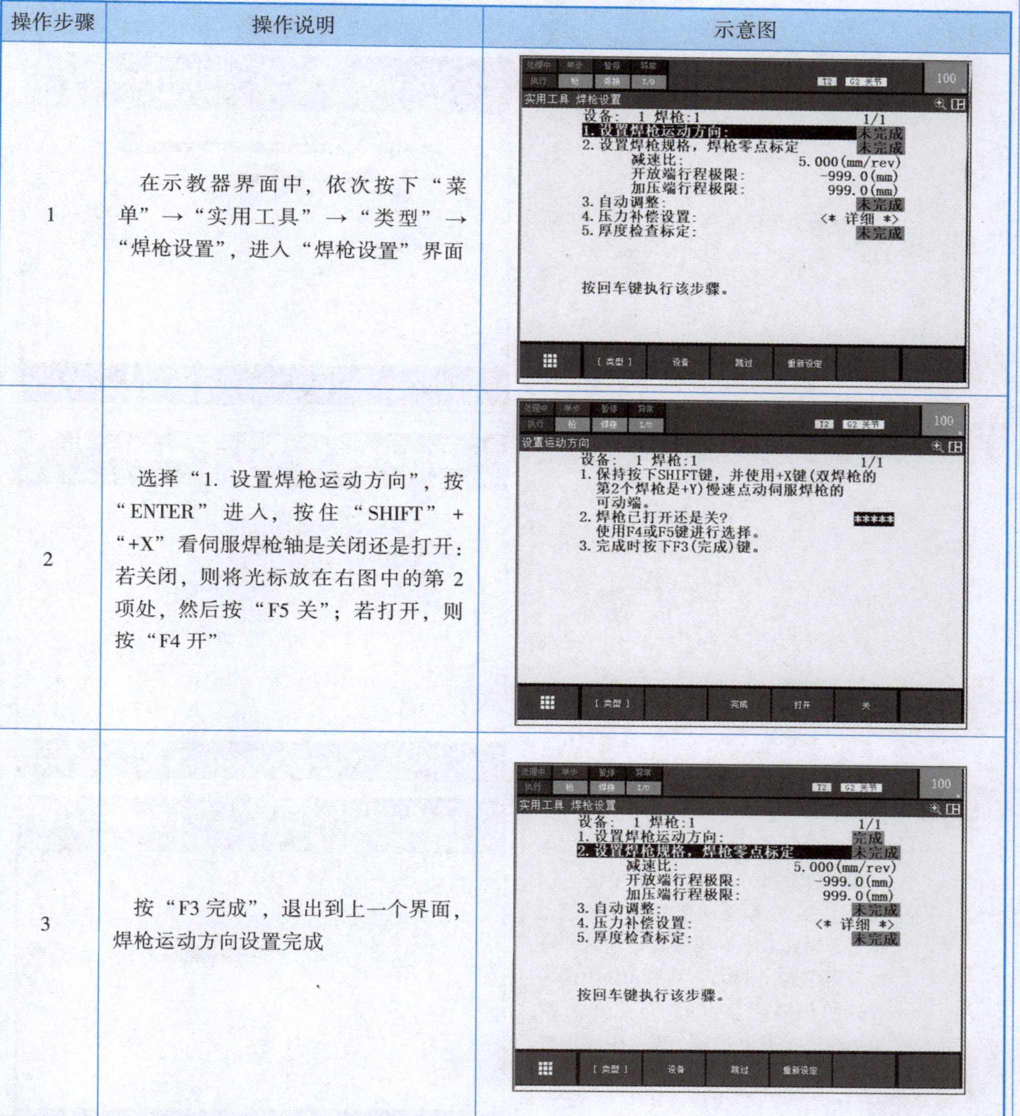

表 8-4　焊枪关闭方向设置

操作步骤	操作说明	示意图
1	在示教器界面中，依次按下“菜单”→“实用工具”→“类型”→“焊枪设置”，进入“焊枪设置”界面	处理中 单步 暂停 异常 执行 枪 焊接 I/O T2 G2 关节 100 实用工具 焊枪设置 设备: 1 焊枪:1 1/1 1. 设置焊枪运动方向: 未完成 2. 设置焊枪规格，焊枪零点标定 未完成 减速比: 5.000(mm/rev) 开放端行程极限: -999.0(mm) 加压端行程极限: 999.0(mm) 3. 自动调整: 未完成 4. 压力补偿设置: <* 详细 *> 5. 厚度检查标定: 未完成 按回车键执行该步骤。 [类型] 设备 跳过 重新设定
2	选择“1. 设置焊枪运动方向”，按“ENTER”进入，按住“SHIFT”+“+X”看伺服焊枪轴是关闭还是打开：若关闭，则将光标放在右图中的第 2 项处，然后按“F5 关”；若打开，则按“F4 开”	处理中 单步 暂停 异常 执行 枪 焊接 I/O T2 G2 关节 100 设置运动方向 设备: 1 焊枪:1 1/1 1. 保持按下SHIFT键，并使用+X键(双焊枪的第2个焊枪是+Y)慢速点动伺服焊枪的可动端。 2. 焊枪已打开还是关? ***** 使用F4或F5键进行选择。 3. 完成时按下F3(完成)键。 [类型] 完成 打开 关
3	按“F3 完成”，退出到上一个界面，焊枪运动方向设置完成	处理中 单步 暂停 异常 执行 枪 焊接 I/O T2 G2 关节 100 实用工具 焊枪设置 设备: 1 焊枪:1 1/1 1. 设置焊枪运动方向: 完成 2. 设置焊枪规格，焊枪零点标定 未完成 减速比: 5.000(mm/rev) 开放端行程极限: -999.0(mm) 加压端行程极限: 999.0(mm) 3. 自动调整: 未完成 4. 压力补偿设置: <* 详细 *> 5. 厚度检查标定: 未完成 按回车键执行该步骤。 [类型] 设备 跳过 重新设定

表 8-5　焊枪轴限位设置

操作步骤	操作说明	示意图
1	在示教器界面中，依次按下“菜单”→“实用工具”→“类型”→“焊枪设置”，进入“焊枪设置”界面，光标选择“设置焊枪规格”，按“ENTER”键，选择“是”，然后再按“ENTER”键	处理中 单步 暂停 异常 执行 枪 焊接 I/O T2 G2 关节 100 实用工具 焊枪设置 设备: 1 焊枪:1 1/1 1. 设置焊枪运动方向: 完成 2. 设置 未完成 是否知道焊枪电极头的位移? (mm/rev) 99.0(mm) 99.0(mm) 3. 自动 未完成 4. 压力 详细 *> 5. 厚度 未完成 [是] 否 按回车键执行该步骤。 [类型] 设备 跳过 重新设定

学习笔记

续表

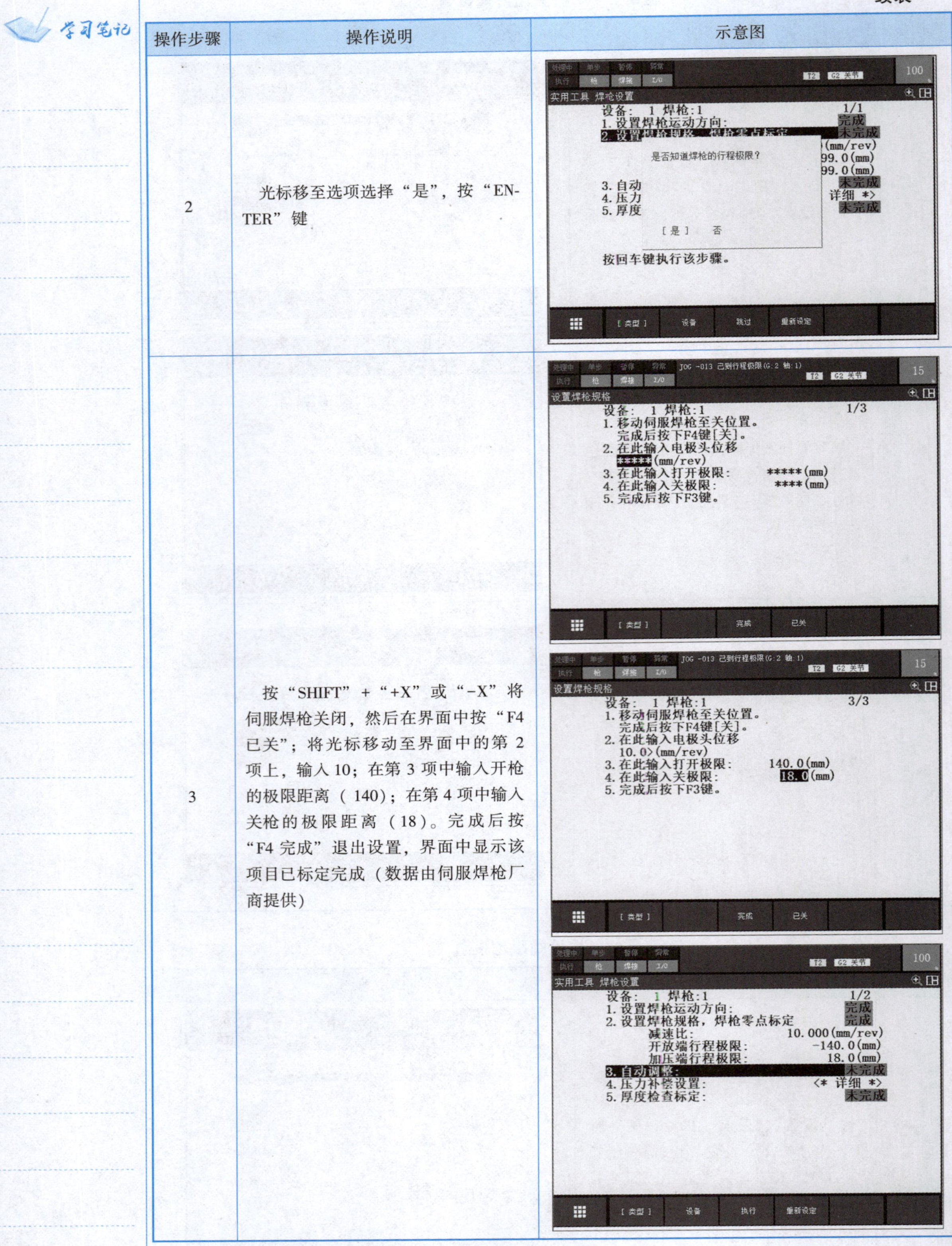

操作步骤	操作说明	示意图
2	光标移至选项选择“是”，按“ENTER”键	
3	按“SHIFT”+“+X”或“-X”将伺服焊枪关闭，然后在界面中按“F4 已关”；将光标移动至界面中的第 2 项上，输入 10；在第 3 项中输入开枪的极限距离（140）；在第 4 项中输入关枪的极限距离（18）。完成后按“F4 完成”退出设置，界面中显示该项目已标定完成（数据由伺服焊枪厂商提供）	

学习笔记

表 8-6　焊枪自动调节

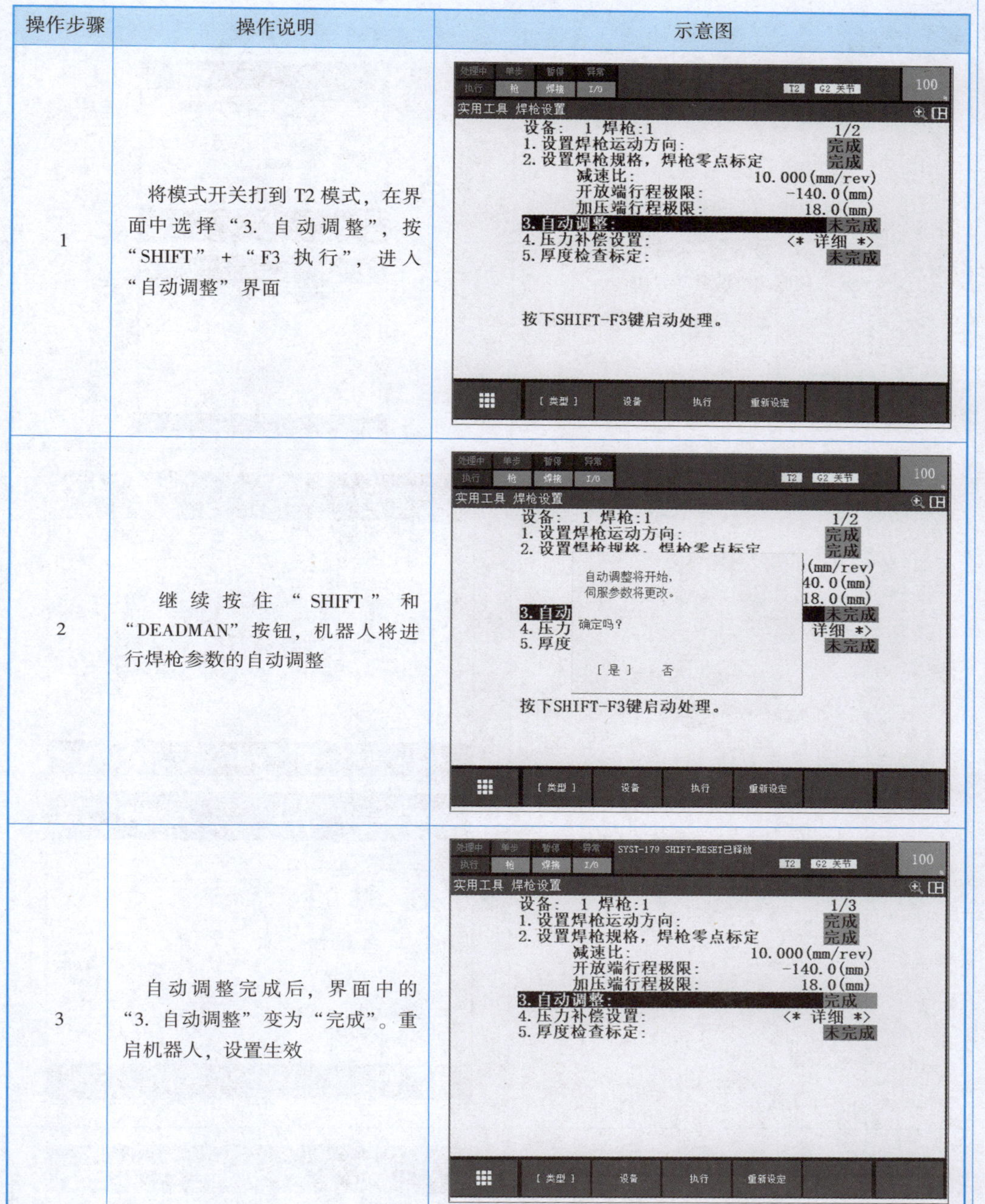

操作步骤	操作说明	示意图
1	将模式开关打到 T2 模式，在界面中选择“3. 自动调整”，按“SHIFT”+“F3 执行”，进入“自动调整”界面	
2	继续按住“SHIFT”和“DEADMAN”按钮，机器人将进行焊枪参数的自动调整	
3	自动调整完成后，界面中的“3. 自动调整”变为“完成”。重启机器人，设置生效	

步骤 6：压力标定，如表 8-7 所示。

注意：

（1）完成此步骤需要两人配合，一人将已经正确校正好的压力计放在焊枪固定极上，另外一人通过 TP 操作打点。

（2）机器人的模式开关应该置于 T2 模式，并且示教速度为 100%。

压力标定

表 8-7　压力标定

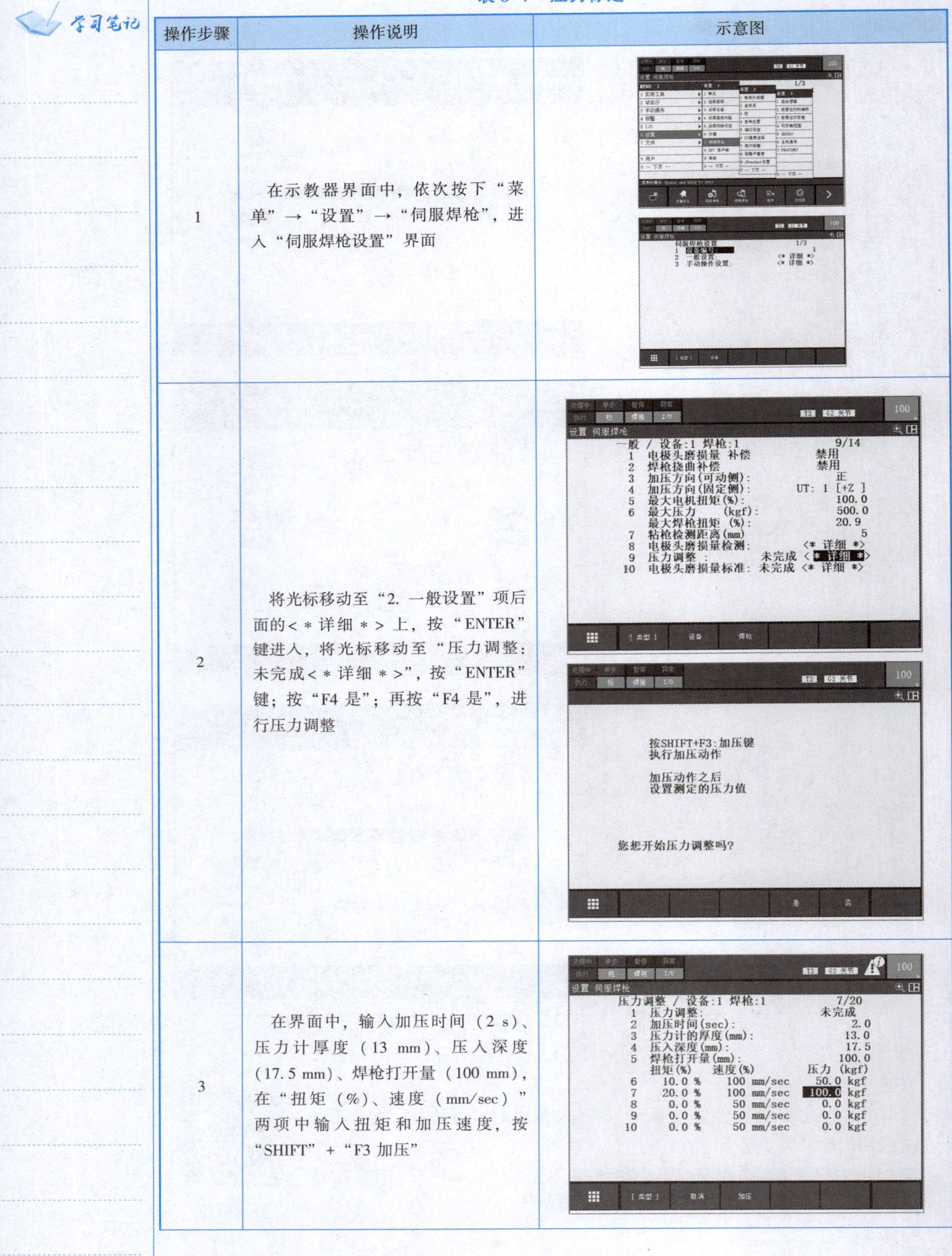

操作步骤	操作说明	示意图
1	在示教器界面中，依次按下“菜单”→“设置”→“伺服焊枪”，进入“伺服焊枪设置”界面	
2	将光标移动至“2. 一般设置”项后面的< * 详细 * >上，按“ENTER”键进入，将光标移动至“压力调整：未完成< * 详细 * >”，按“ENTER”键；按“F4 是”；再按“F4 是”，进行压力调整	
3	在界面中，输入加压时间（2 s）、压力计厚度（13 mm）、压入深度（17.5 mm）、焊枪打开量（100 mm），在“扭矩（%）、速度（mm/sec）”两项中输入扭矩和加压速度，按“SHIFT”+“F3 加压”	

续表

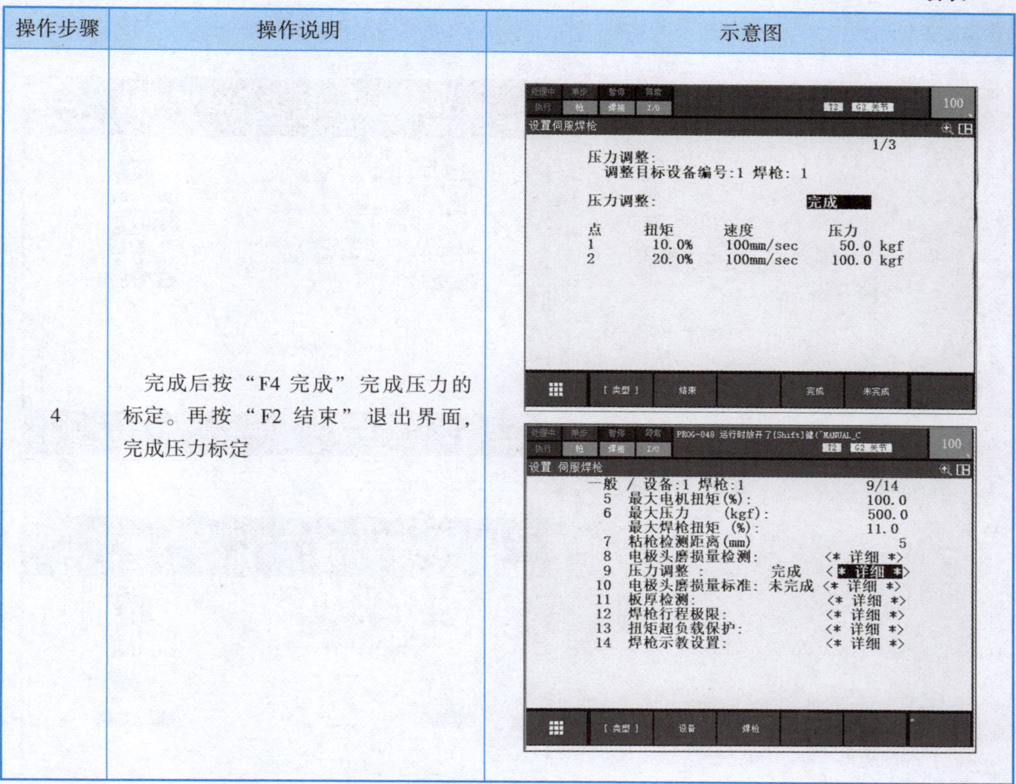

操作步骤	操作说明	示意图
4	完成后按“F4 完成”完成压力的标定。再按“F2 结束”退出界面，完成压力标定	

小贴士

加压完毕，从压力计上读取测得的压力值，输入到相应的压力(kgf)项上。最多可取 10 个点的压力值，最少可取 2 个。其中，1 kgf=9.8 N。

工件厚度标定

步骤 7：工件厚度标定，如表 8-8 所示。

注意：工件厚度的标定必须在完成压力标定后才能做。

表 8-8 工件厚度标定

操作步骤	操作说明	示意图
1	在示教器界面中，依次按下“菜单”→“设置”→“伺服焊枪”，进入“焊枪设置”界面，将光标移至厚度检查标定，将模式开关置为 T2，按住“DEADMAN”，再按下“SHIFT”+“F3 执行”进行厚度标定	实用工具 焊枪设置 设备: 1 焊枪:1 3/3 1. 设置焊枪运动方向: 完成 2. 设置焊枪规格，焊枪零点标定 完成 减速比: 10.000(mm/rev) 开放端行程极限: -140.0(mm) 加压端行程极限: 18.0(mm) 3. 自动调整: 完成 4. 压力补偿设置: <* 详细 *> 5. 厚度检查标定: 未完成 按下SHIFT-F3键启动处理。 [类型] 设备 执行 重新设定

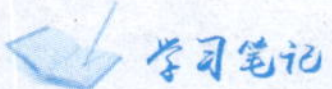

续表

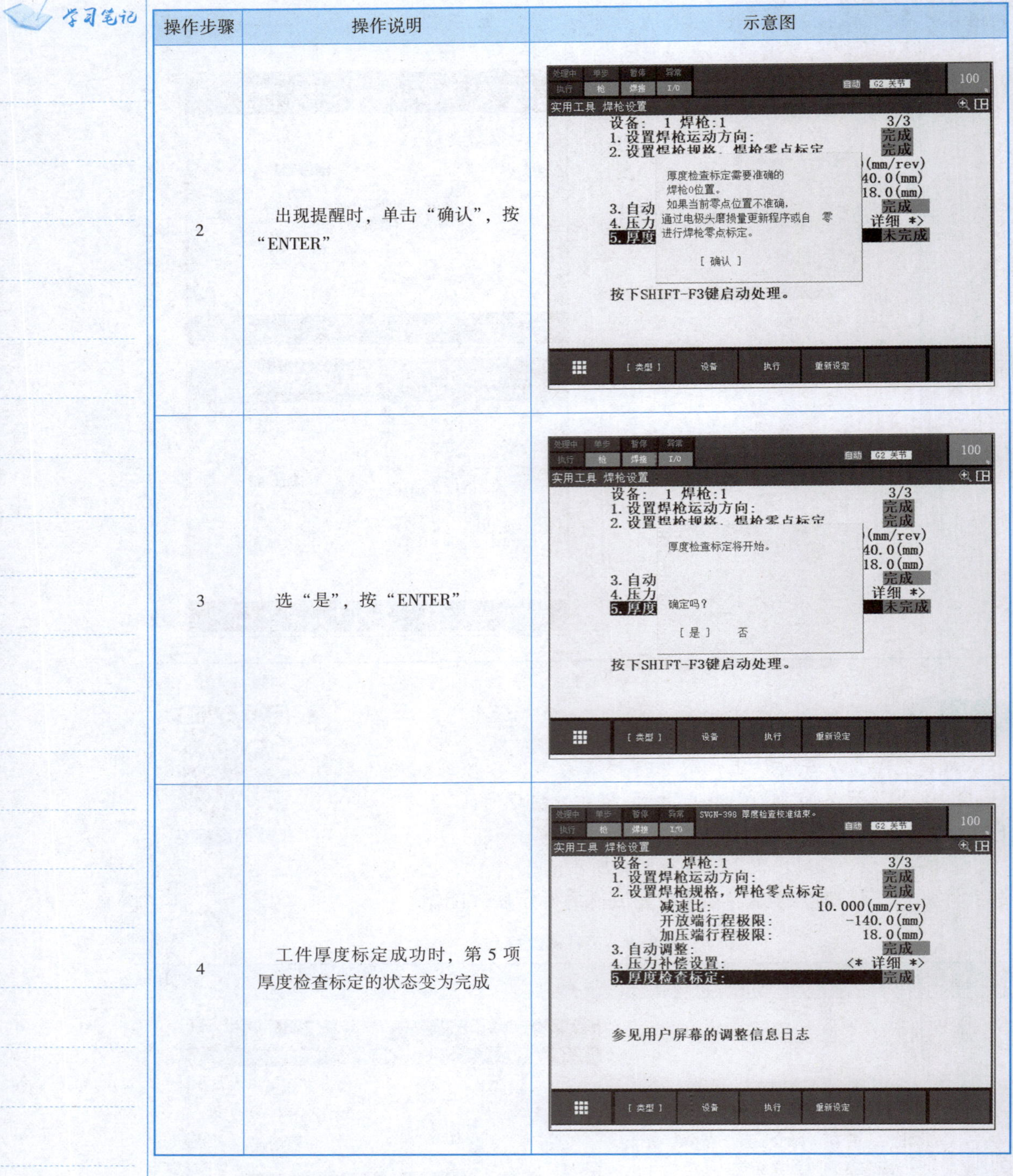

操作步骤	操作说明	示意图
2	出现提醒时，单击“确认”，按“ENTER”	
3	选“是”，按“ENTER”	
4	工件厚度标定成功时，第 5 项厚度检查标定的状态变为完成	

任务评价

点焊设备安装与初始化设置任务评分，如表 8-9 所示。

表 8-9　任务评价

学习笔记

序号	考核要点	项目（配分：100 分）	教师评分
1	职业素养	示教器放置规定位置（4 分）	
		着装规范整洁，佩戴安全帽（4 分）	
		操作规范，爱护设备（2 分）	
2	伺服焊枪轴初始化安装	初始化步骤正确，报警正确消除（20 分）	
3	焊枪零位设置	焊枪零位设置正确（10 分）	
4	焊枪关闭方向设置	完成焊枪关闭方向设置（10 分）	
5	焊枪轴限位设置	完成焊枪轴限位设置（10 分）	
6	焊枪自动调节	完成焊枪自动调节（10 分）	
7	压力标定	完成压力标定（20 分）	
8	工件厚度标定	完成工件厚度标定（10 分）	
得分			

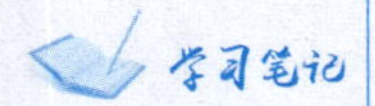

任务 8.2 点焊 I/O 信号配置

【任务描述】

焊机与 FANUC 机器人使用 PROFINET 进行通信，将 UI（外围设备系统输入信号）、UO（外围设备系统输出信号）及点焊接口 I/O 配置。

【学前准备】

（1）准备 FANUC 工业机器人说明书。

（2）了解工业机器人安全操作事项。

【学习目标】

（1）可复述点焊的 I/O 分类及功能。

（2）学会 FANUC 工业机器人点焊 I/O 配置。

预备知识

点焊机信号用于机器人与焊机之间的通信。使用何种焊接信号与所用的点焊机种类有关。焊机接口输入信号说明如表 8-10 所示。焊机接口输出信号说明如表 8-11 所示。

表 8-10　焊机接口输入信号说明

输入信号	说明
焊接处理中	该信号表示焊接顺序正在执行
焊接完成	该信号表示焊接顺序已完成
焊机控制器焊接状态	用来确认焊机的状态（焊接有效或无效）。 ON＝焊机处于焊接有效状态；OFF＝机器人将焊机识别为处在焊接无效状态
重要警报	检测到重大的报警或错误。生产中接收到该信号时，显示错误消息
次要警报	检测出轻度的报警或错误。生产中接收到该信号时，显示错误消息
接触器打开	表示一次电源分离接触器被关闭
电极头更换请求	在焊接的最后机器人将初始化位置于 OFF 之前，从焊机读出该信号。 ON＝机器人将该信号作为单元接口 I/O 画面的电极头更换请求信号传递给 PLC，由 PLC 来确定是否执行其后的周期。在电极头更换宏或程序内，需要将该输出置于 OFF
电极头更换警告	机器人从焊机读出该信号，并将其作为单元接口 I/O 画面的电极头更换警告信号传递给 PLC。在电极头更换宏或程序内，需要将此信号置于 OFF
电极头修磨请求	机器人从焊机读出该信号，并将其作为单元接口 I/O 画面的电极头修整请求信号传递给 PLC。该信号接通时，可由 PLC 来确定何时向机器人发出执行电极头修整样式的指令。在电极头修整宏内，需要将该输出置于 OFF
熔敷检查	机器人从焊机读出该信号，并将电极头熔敷信息通知控制装置。在自熔敷检测距离到开启之间该信号必须处于 OFF 状态

学习笔记

表 8-11 焊机接口输出信号说明

输出信号	说明
焊接设定（组输出）	向焊机发送所选的焊接条件的组信号
焊接奇偶性校验位	焊接条件输出的行数为偶数时，该信号始终为 ON
设定确认	在焊接条件输出后立即输出此信号，通知焊机焊接条件的读出为 OK
焊接开始	向焊机发出焊接开始的指令
焊机焊接有效	该信号用来将焊机设定为焊接有效或焊接无效。机器人的焊接方式为焊接有效的情况下，该信号接通，向焊机发出焊接有效指令。机器人的焊接方式为无效时，该信号断开，对焊机发出焊接无效指令
复位步增器	通知焊机将步进电动机计数值重新设定为 0。该信号在焊接电极头的更换或修整后使用
复位焊机	这是通过机器人复位焊接错误的信号，在 0.5 s 间输出脉冲信号。 焊接前焊机发生错误的情况下，系统自动输出焊机复位用脉冲信号，尝试复位错误。无法复位错误的情况下，发送“Reset Welder Timeout”（焊机复位超时）错误。重试或者跳过的情况下，在执行焊接前，输出焊机复位脉冲信号（有的焊机尚未支持该功能）
接触器	这是关闭一次电源的分离接触器，以便向焊枪供应电流的输出信号。该信号在接触器关闭时被设定为 ON。输出条件随接触器控制类型不同而不同
电极头更换完成	根据电极头更换程序或电极头更换后的宏，向焊机发送该信号
接触器保护有效	该信号在控制器接通时相对焊机而接通，成为焊机可以使用接触器保护功能的状态
熔敷检测时间	通知焊机进行熔敷检测，使焊枪在点焊后开启到熔敷检测距离时，熔敷检测时机信号接通。不管有无熔敷，都将接通该输出信号

根据工作站控制需求，列出任务中将用到的机器人系统信号，如表 8-12、表 8-13 所示。

表 8-12 机器人输入信号（8 字节 I/O）

序号	机器人内部序号	名称	Name	地址分配	PLC 地址
1	UI[1]	瞬时停止信号	IMSTP	102#，1#，1#	Q10.0
2	UI[2]	暂停信号	HOLD	102#，1#，2#	Q10.1
3	UI[3]	安全门信号	SFSPD	102#，1#，3#	Q10.2
4	UI[4]	循环停止信号	CYCLE STOP	102#，1#，4#	Q10.3
5	UI[5]	报警复位信号	FAULT RESET	102#，1#，5#	Q10.4
6	UI[6]	外部启动信号	START	102#，1#，6#	Q10.5
7	UI[7]	回 HOME 信号	HOME	102#，1#，7#	Q10.6
8	UI[8]	动作允许信号	ENABLE	102#，1#，8#	Q10.7
9	UI[9]	程序号-BIT1	PNS1	102#，1#，9#	Q11.0
10	UI[10]	程序号-BIT2	PNS2	102#，1#，10#	Q11.1
11	UI[11]	程序号-BIT3	PNS3	102#，1#，11#	Q11.2

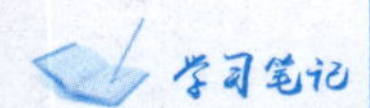

续表

序号	机器人内部序号	名称	Name	地址分配	PLC 地址
12	UI[12]	程序号-BIT4	PNS4	102#，1#，12#	Q11.3
13	UI[13]	程序号-BIT5	PNS5	102#，1#，13#	Q11.4
14	UI[14]	程序号-BIT6	PNS6	102#，1#，14#	Q11.5
15	UI[15]	程序号-BIT7	PNS7	102#，1#，15#	Q11.6
16	UI[16]	程序号-BIT8	PNS8	102#，1#，16#	Q11.7
17	UI[17]	程序选通信号	PNSTRBOBE	102#，1#，17#	Q12.0
18	UI[18]	自动运转启动信号	PROD_START	102#，1#，18#	Q12.1
19	DI[387]	焊接完成		102#，1#，19#	Q12.2
20~64	DI[388]~DI[432]	备用		102#，1#，20#~64#	Q12.3~Q17.7

表 8-13　机器人输出信号（8 字节 I/O）

通信模块输入序号	机器人内部序号	名称	Name	地址分配	PLC 地址
1	UO[1]	可接收输入信号	CMDENBL	102#，1#，1#	I10.0
2	UO[2]	系统准备就绪信号	SYSRDY	102#，1#，2#	I10.1
3	UO[3]	程序执行信号	PROGRUN	102#，1#，3#	I10.2
4	UO[4]	程序暂停信号	PAUSED	102#，1#，4#	I10.3
5	UO[5]	程序保持信号	HELD	102#，1#，5#	I10.4
6	UO[6]	异常输出信号	FAULT	102#，1#，6#	I10.5
7	UO[7]	（原点）基准点信号	ATPERCH	102#，1#，7#	I10.6
8	UO[8]	示教器操作有效	TPENBL	102#，1#，8#	I10.7
9	UO[9]	电池异常信号	BATALM	102#，1#，9#	I11.0
10	UO[10]	处理器中信号 BUSY	BUSY	102#，1#，10#	I11.1
11	UO[11]	程序号 BIT-1	SN01	102#，1#，11#	I11.2
12	UO[12]	程序号 BIT-2	SN02	102#，1#，12#	I11.3
13	UO[13]	程序号 BIT-4	SN03	102#，1#，13#	I11.4
14	UO[14]	程序号 BIT-8	SN04	102#，1#，14#	I11.5
15	UO[15]	程序号 BIT-16	SN05	102#，1#，15#	I11.6
16	UO[16]	程序号 BIT-32	SN06	102#，1#，16#	I11.7
17	UO[17]	程序号 BIT-64	SN07	102#，1#，17#	I12.0
18	UO[18]	程序号 BIT-128	SN08	102#，1#，18#	I12.1
19	UO[19]	信号数确认信号	SNACK	102#，1#，19#	I12.2
20	UO[20]	RESERVE 信号	RESERVED	102#，1#，20#	I12.3
21	DO[389]	开始研磨		102#，1#，21#	I12.4
22	DO[390]	焊接有效		102#，1#，22#	I12.5
23~30	DO[391]~DO[398]	SW1		102#，1#，23#~30#	I12.6~I13.5
31	DO[399]	设定确认		102#，1#，31#	I13.6
32~64	DO[388]~DO[432]	备用		102#，1#，24#~64#	I13.7~I17.7

任务实施

步骤 1：I/O 信号的设置，如表 8-14 所示。

表 8-14　I/O 信号的设置

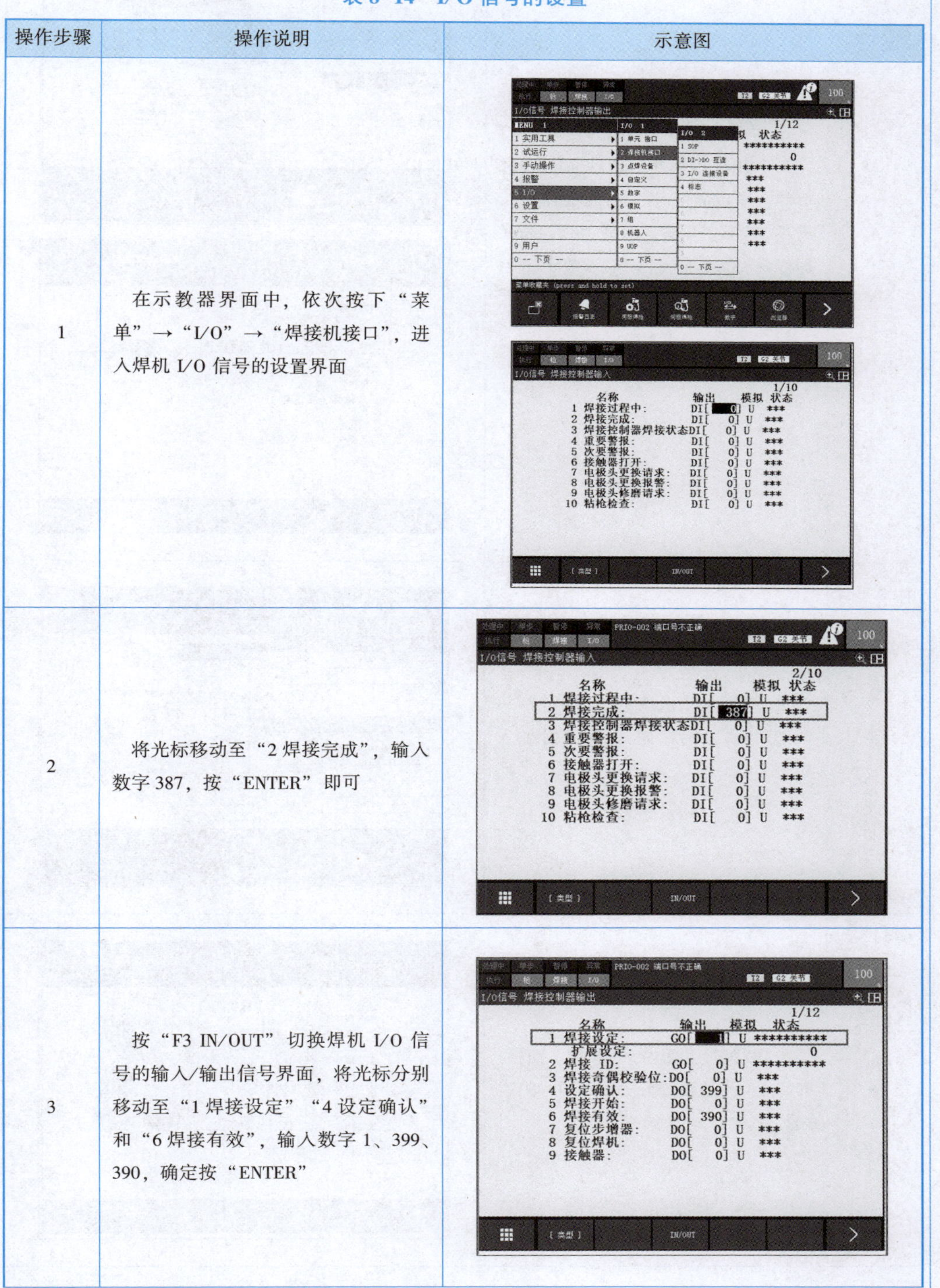

操作步骤	操作说明	示意图
1	在示教器界面中，依次按下“菜单”→“I/O”→“焊接机接口”，进入焊机 I/O 信号的设置界面	
2	将光标移动至“2 焊接完成”，输入数字 387，按“ENTER”即可	
3	按“F3 IN/OUT”切换焊机 I/O 信号的输入/输出信号界面，将光标分别移动至“1 焊接设定”“4 设定确认”和“6 焊接有效”，输入数字 1、399、390，确定按“ENTER”	

续表

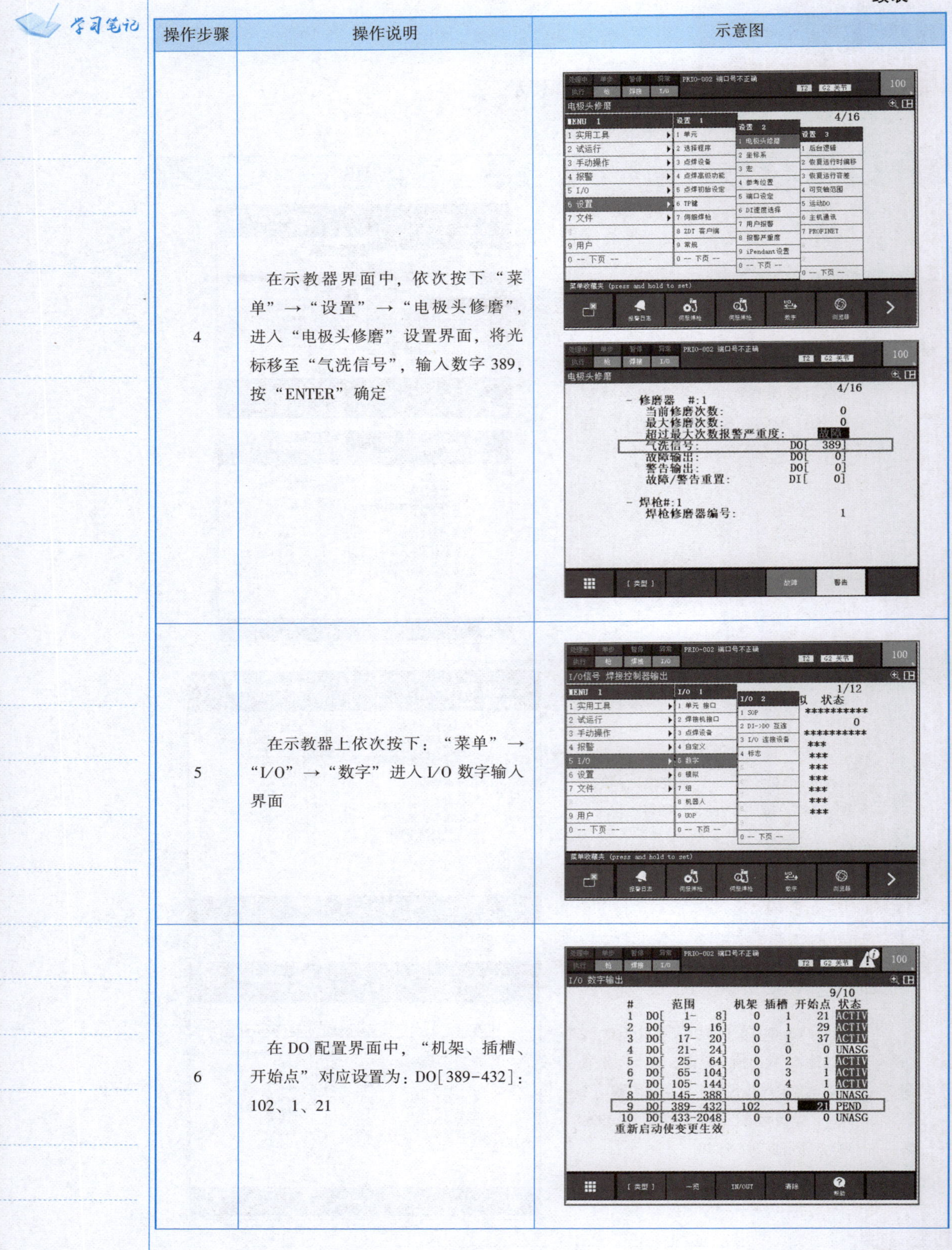

操作步骤	操作说明	示意图
4	在示教器界面中，依次按下“菜单”→“设置”→“电极头修磨”，进入“电极头修磨”设置界面，将光标移至“气洗信号”，输入数字389，按“ENTER”确定	
5	在示教器上依次按下：“菜单”→“I/O”→“数字”进入I/O数字输入界面	
6	在DO配置界面中，“机架、插槽、开始点”对应设置为：DO[389-432]：102、1、21	

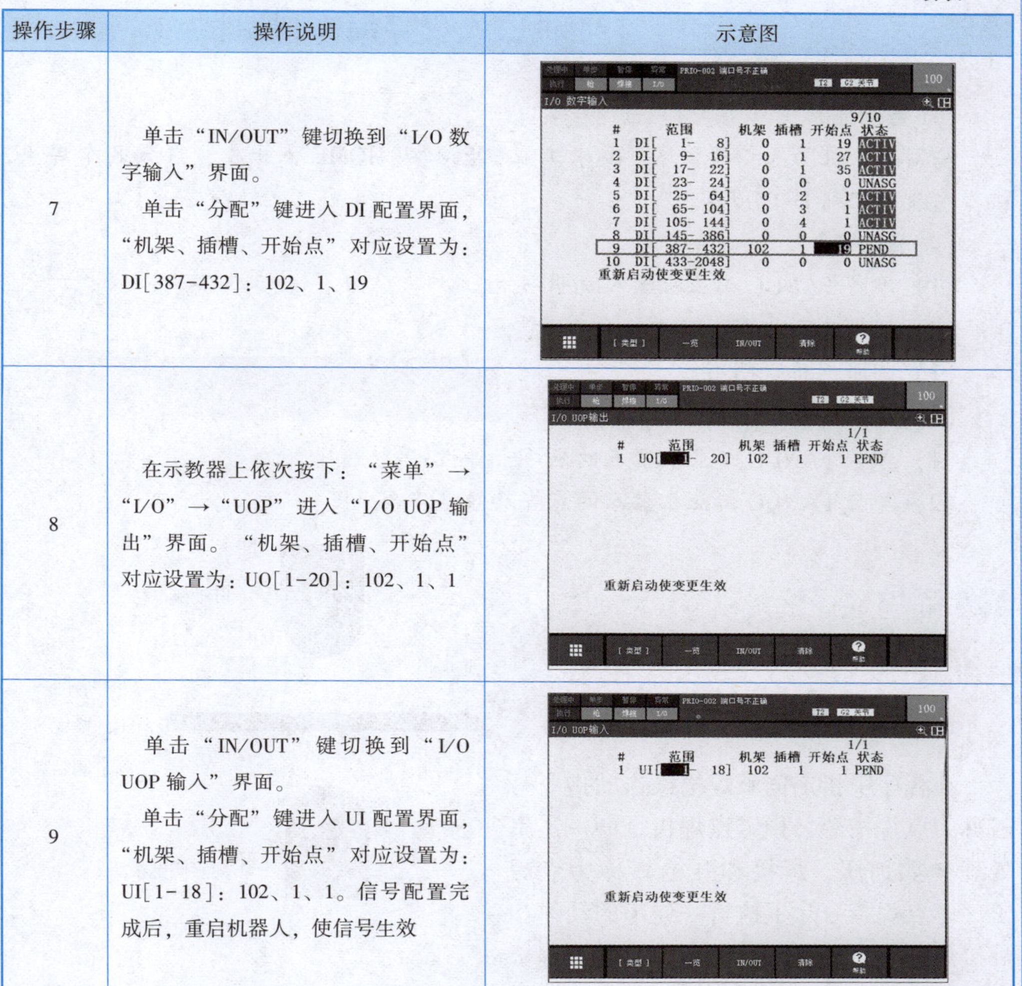

操作步骤	操作说明	示意图
7	单击“IN/OUT”键切换到“I/O 数字输入”界面。 单击“分配”键进入 DI 配置界面，“机架、插槽、开始点”对应设置为：DI[387-432]：102、1、19	
8	在示教器上依次按下：“菜单”→“I/O”→“UOP”进入“I/O UOP 输出”界面。“机架、插槽、开始点”对应设置为：UO[1-20]：102、1、1	
9	单击“IN/OUT”键切换到“I/O UOP 输入”界面。 单击“分配”键进入 UI 配置界面，“机架、插槽、开始点”对应设置为：UI[1-18]：102、1、1。信号配置完成后，重启机器人，使信号生效	

任务评价

点焊 I/O 信号配置任务评分，如表 8-15 所示。

表 8-15　任务评价

序号	考核要点	项目（配分：100 分）	教师评分
1	职业素养	示教器放置规定位置（2 分）	
		着装规范整洁，佩戴安全帽（3 分）	
		操作规范，爱护设备（5 分）	
2	信号规划	信号规划正确（20 分）	
3	点焊 I/O 信号配置	信号配置正确（60 分）	
4	信号验证	正确验证信号（10 分）	
得分			

学习笔记

任务 8.3 工业机器人程序编写与调试

【任务描述】

编写工业机器人点焊程序，要求工业机器人从 HOME 点出发，焊接 8 个焊点，机器人最终回到 HOME 点。

【学前准备】

（1）准备 FANUC 工业机器人说明书。

（2）了解工业机器人安全操作事项。

（3）伺服焊枪说明书。

【学习目标】

（1）学会 FANUC 工业机器人的点焊条件设定。

（2）学会 FANUC 工业机器人的点焊及修磨指令。

预备知识

焊枪打开示意图如图 8-8 所示。

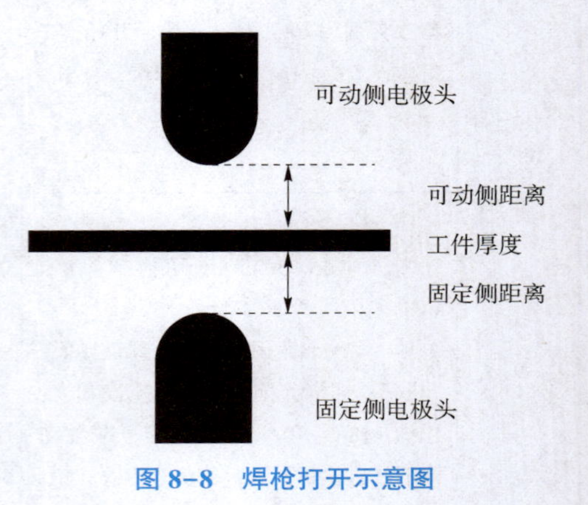

图 8-8 焊枪打开示意图

1. FANUC 点焊指令

在程序中指定伺服焊枪操作的指令一般称为点焊指令，指定点焊指令的一连串处理（如加压、焊接和开枪）称为点焊工序。点焊指令除了执行一连串的动作和焊接处理外，还执行焊嘴磨损补偿、焊枪挠曲补偿等过程。

SPOT[SD=m,P=n,t=i,S=j,ED=k]

其中：

SD（开始位置电极头距离）：在机器人移动到点焊示教点的过程中，电极头打开指定的开启量；m：电极头距离条件编号（1~99）。

P（加压条件）：按所指定的加压条件加压，n：加压条件编号（1~99）。

t（厚度）：按所指定的厚度进行加压；i：厚度（0.0~999.9）。

S（焊接条件）：通过控制装置向焊机发送所指定的焊接条件；j：焊接条件编号（0~255）。

ED（结束位置电极头距离）：接收到焊接完成信号时，焊枪就开启指定量；k：电极头距离条件编号（1~99）。

2. FANUC 研磨指令

基本格式：

TIPDRESS[SD=m,P=n,t=i,TD=j,ED=k]

m：电极头距离条件（1~99）；

n：加压条件编号（1~99）；

i：修磨器的厚度（mm）（0.0~999.9）；

j：电极头修磨条件（0~2）。

k：电极头距离条件编号（1~99）。

3. 示教位置

在示教点焊指令时，以固定侧电极头接触到面板的位置为示教位置。

示教步骤如下：

（1）在 G1 模式下，通过 TP 上的点动键将固定侧电极头移动到接触面板的位置。

（2）可动侧电极头可在任何位置。然而，优选一定的开启量，以后在单步模式下执行程序时，可动侧电极头会回到这个开启量的位置。

（3）按"SHIFT"+"F2 SPOT"（点焊）记录。

工业机器人运动焊接路径如图 8-9 所示。

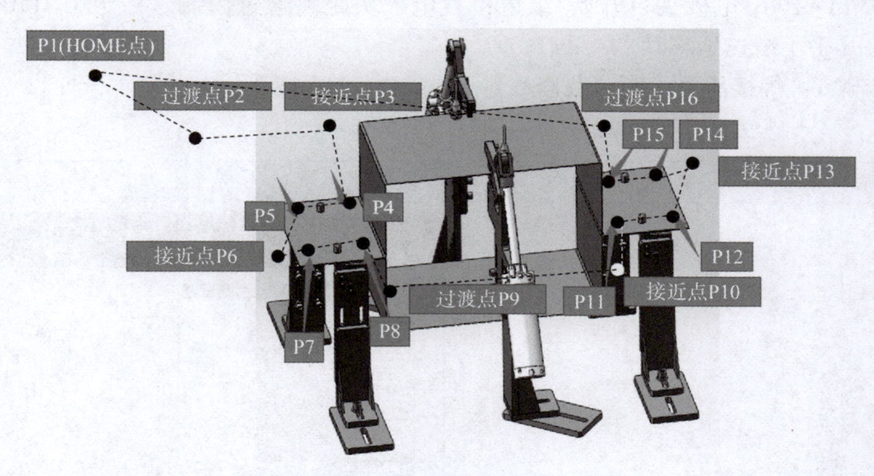

图 8-9　工业机器人运动焊接路径

机器人焊接任务点位规划如表 8-16 所示。

表 8-16　机器人焊接任务点位规划

示教点	备注	示教点	备注
P[1]	机器人起始点（HOME 点）	P[9]	第 1 焊点（P4）过渡点
P[2]	第 1 焊点（P4）接近点	P[10]	第 1 焊点
P[3]	第 2 焊点	P[11]	第 3 焊点（P7）接近点
P[4]	第 3 焊点	P[12]	第 4 焊点
P[5]	第 4 焊点退出点	P[13]	第 5 焊点（P11）接近点
P[6]	第 5 焊点	P[14]	第 6 焊点
P[7]	第 6 焊点（P14）接近点	P[15]	第 7 焊点
P[8]	第 8 焊点	P[16]	第 8 焊点退出点

学习笔记

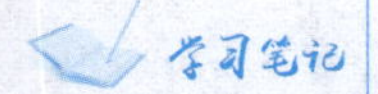

任务实施

基于不同终止类型的焊枪关闭和开启路径：执行点焊指令时，两电极头同时移动到工件面上所指定的焊接位置。不同终止类型焊枪路径如图 8-10 所示。

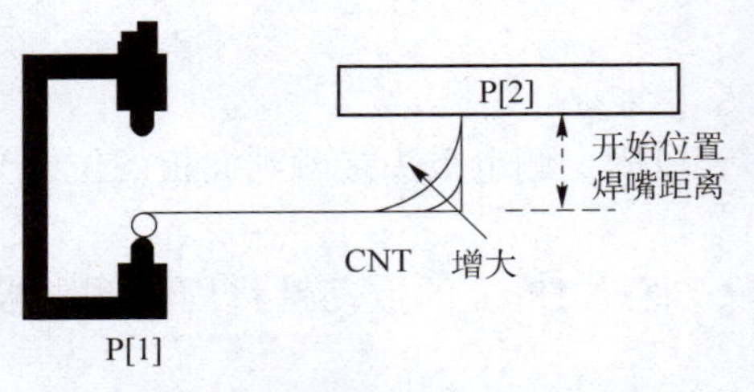

图 8-10　不同终止类型焊枪路径

电极头的路径随开始/结束位置电极头距离与终止类型的变化而变化，如下：

FINE/CNT0：电极头在开始/结束位置电极头距离瞬间停止。

CNT1～100：电极头自开始/结束位置电极头距离通过内侧。指定 CNT100 时，电极头几乎不减速地移动。

步骤 1：焊接压力、距离及修磨器设置，如表 8-17 所示。

表 8-17　焊接压力、距离及修磨器设置

操作步骤	操作说明	示意图
1	按“DATA”键显示数据，按“F1 类型”显示画面切换菜单，选择“距离”，按“ENTER”键出现电极头距离条件一览界面	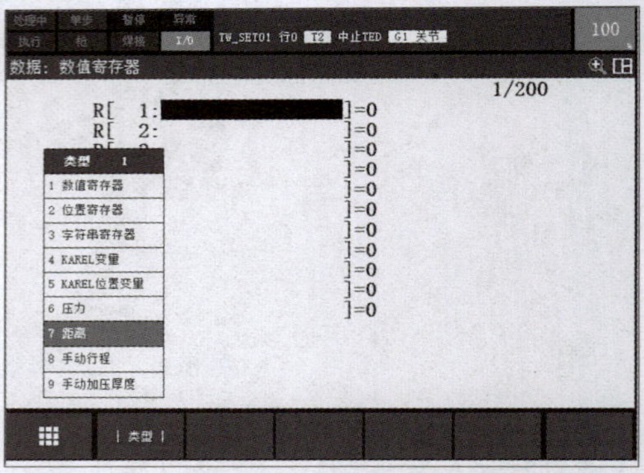 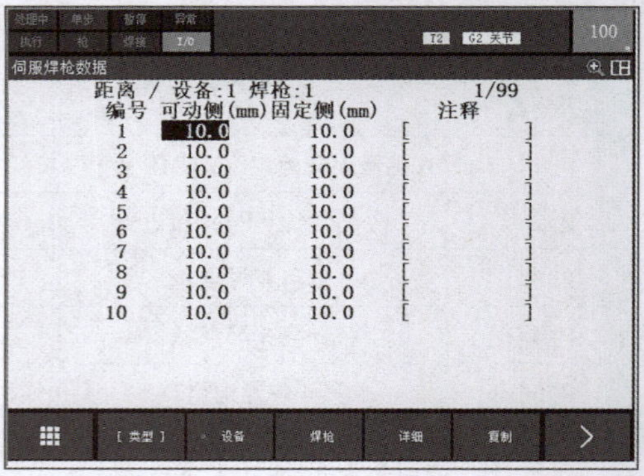

续表

学习笔记

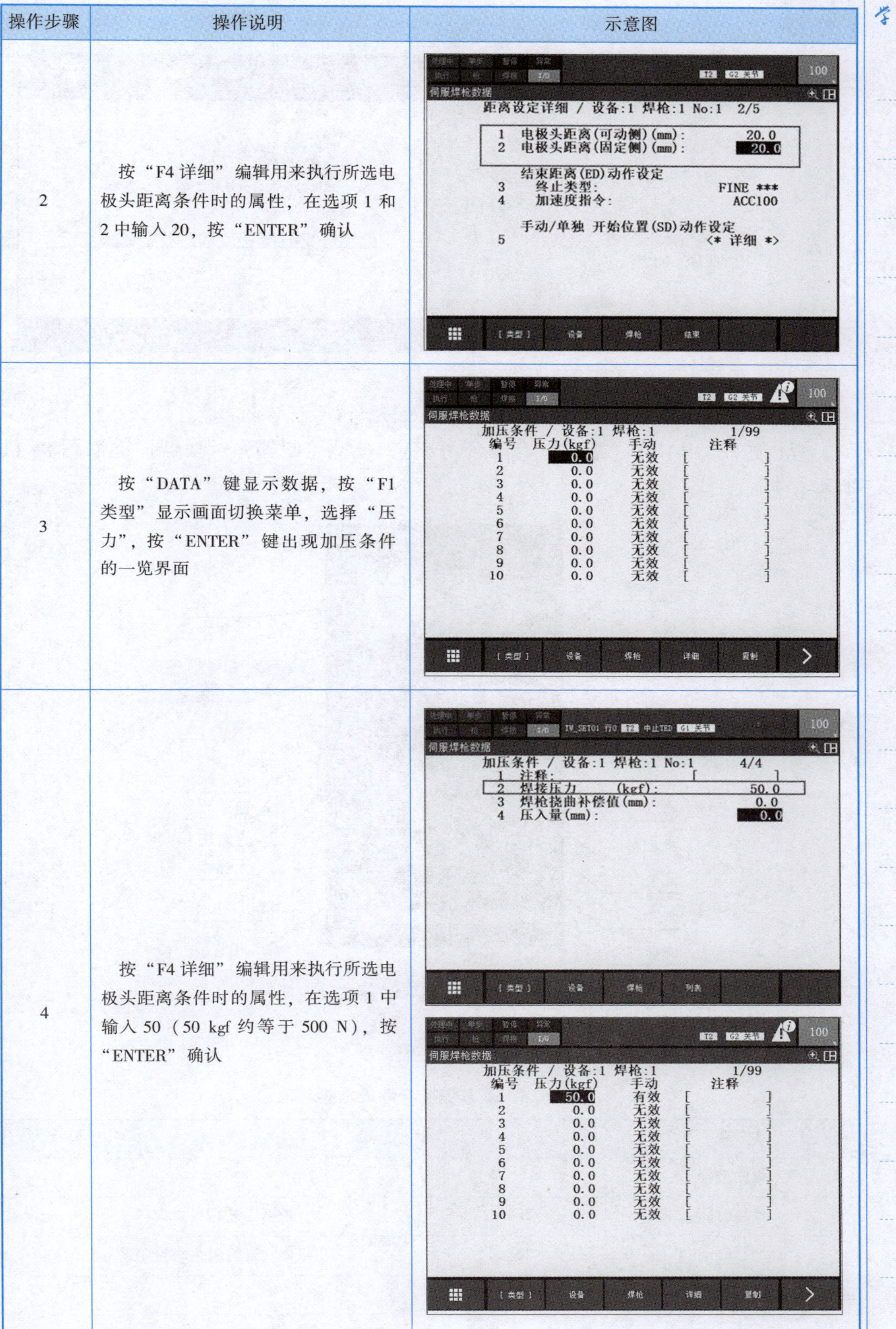

操作步骤	操作说明	示意图
2	按“F4 详细”编辑用来执行所选电极头距离条件时的属性，在选项 1 和 2 中输入 20，按“ENTER”确认	
3	按“DATA”键显示数据，按“F1 类型”显示画面切换菜单，选择“压力”，按“ENTER”键出现加压条件的一览界面	
4	按“F4 详细”编辑用来执行所选电极头距离条件时的属性，在选项 1 中输入 50（50 kgf 约等于 500 N），按“ENTER”确认	

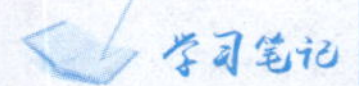

续表

操作步骤	操作说明	示意图
5	在示教器界面中，依次按下“菜单”→“设置”→“电极头修磨”，进入“电极头修磨”界面，将光标移至“修磨时间”输入数字 5 000，按“ENTER”确定	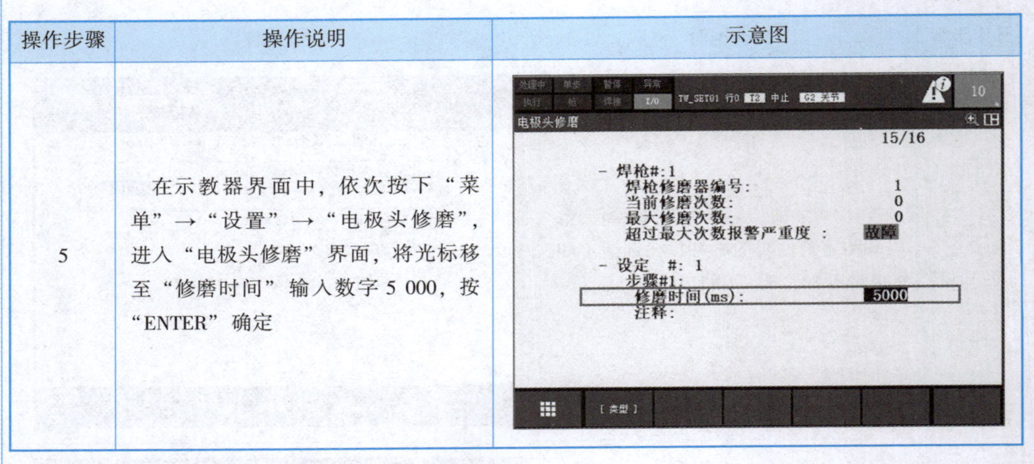

步骤 2：根据焊接参数完成小原焊机焊接条件设定。

焊机采用 OBARA（小原）有限公司 SIV31C 型控制器，示教器按键如图 8-11 所示。

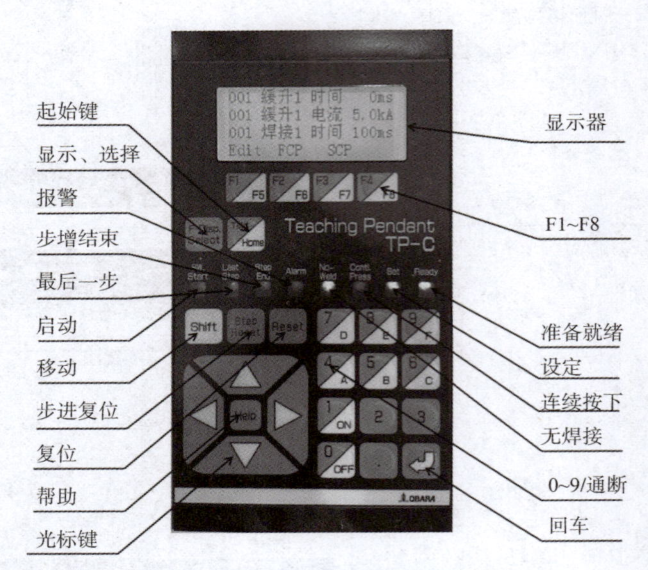

图 8-11　小原焊机示教器按键说明

基本焊接条件设定参考值如表 8-18 所示。

表 8-18　基本焊接条件设定参考值

参数	设定值	备注
焊枪选择	1	
预压时间	0	根据工艺需要设定
加压时间	20	根据气缸行程大小设定
电流缓升时间 1	0	

续表

参数	设定值	备注
缓升电流 1	5.0	
焊接 1 时间	20	
冷却 1 时间	0	
焊接电流 1	6	
电流缓降时间 1	0	
缓降电流 1	5	
冷却时间 1	0	
电流缓升时间 2	0	
缓升电流 2	5.0	
焊接 2 时间	0	2 以上的焊接时间都要设置为 0；否则容易焊穿工件
冷却 2 时间	0	
焊接电流 2	6	
电流缓降时间 2	0	
缓降电流 2	5	
冷却时间 2	0	
保持时间	20	
变压器匝数比	55	根据变压器的型号设定
二次侧系数	100%	
通流比	99	一般不改变
CF 错误计数	99	根据需要设定
最大压力	4 000 N	
压力系数	100	
加压时间 1	400	
加压时间 2	400	
加压时间 3	400	
设定压力 1	50 N	
设定压力 2	50 N	
设定压力 3	50 N	
频率	1 000 Hz	
电流下限	90	
电流上限	110	
保持结束延时时间	20	
峰值电流限值	100	

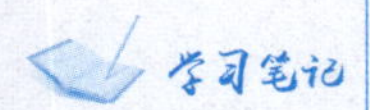

小原焊机焊接条件设定如表 8-19 所示。

表 8-19　小原焊机焊接条件设定

操作步骤	操作说明	示意图
1	按“F4”键 2 次使设定灯亮，按“起始”键进入初始状态。按“F2”键，选择控制箱数据设定，屏幕 1-255 中输入“1”	
2	按“光标”键选择要编辑的数据，按“F1”键进入编辑状态	
3	根据参数表输入数据，按“Shift”+“F8”可以返回，完成焊接条件录入	

步骤 3：新建 PNS0001 程序，编写工业机器人搬运程序。

参考程序：PNS0001

```
OVERRIDE=40%
J P1[1:HOME] 100% FINE                          运动到 HOME 点
J  P[2]  10%   CNT100                           运动到第 1 个焊点附近的安全点
L  P[3] 300mm/sec   CNT100                      运动到第 1 个焊点接近点
DO[390]=ON                                      焊机使能打开
L  P[4] 300mm/sec   CNT50                       焊接第 1 个焊点
: SPOT[SD=1,p=1,t=4.0,S=1,ED=1]
L  P[5] 300mm/sec   CNT50                       焊接第 2 个焊点
```

```
: SPOT[SD=1,p=1,t=4.0,S=1,ED=1]
L   P[6] 300mm/sec   CNT100                    运动到接近点
L   P[7] 300mm/sec   CNT50                     焊接第 3 个焊点
: SPOT[SD=1,p=1,t=4.0,S=1,ED=1]
L   P[8] 300mm/sec   CNT50                     焊接第 4 个焊点
: SPOT[SD=1,p=1,t=4.0,S=1,ED=1]
L   P[9] 300mm/sec   CNT100                    运动到接近点
L   P[10] 300mm/sec   CNT100                   运动到接近点
L   P[11] 300mm/sec   CNT50                    焊接第 5 个焊点
: SPOT[SD=1,p=1,t=4.0,S=1,ED=1]
L   P[12] 300mm/sec   CNT50                    焊接第 6 个焊点
: SPOT[SD=1,p=1,t=4.0,S=1,ED=1]
L   P[13] 300mm/sec   CNT100                   运动到接近点
L   P[14] 300mm/sec   CNT50                    焊接第 7 个焊点
: SPOT[SD=1,p=1,t=4.0,S=1,ED=1]
L   P[15] 300mm/sec   CNT50                    焊接第 8 个焊点
: SPOT[SD=1,p=1,t=4.0,S=1,ED=1]
DO[390]=OFF                                    关闭焊机使能

L   P[16] 300mm/sec   CNT100                   从焊点处退出


J PR[1:HOME] 100% FINE                         返回 HOME 点

CALL TIPDRESS                                  调用电极头修磨子程序
FOR R[1]=0 TO 2
OVERRIDE=100%
CALL WR UPD01                                  调用电极头磨损量更新子程序
ENDFOR
OVERRIDE=20%
[END]
```

电极头修磨子程序：TIPDRESS

```
OVERRIDE=40%
J PR[1:HOME] 100% FINE                         运动到 HOME 点
L   P[2]    10%    CNT100                      电极头修磨点接近点
L   P[3] 300mm/sec   CNT100
: TIPDRESS[SD=1,p=2,t=16.0,TD=1,ED=1]          电极头修磨点
L   P[2]    10%    CNT100
J PR[1:HOME] 100% FINE                         运动到 HOME 点
[END]
```

对已编写好的机器人程序完成 PNS 自动运行设置操作评分，如表 8-20 所示。

学习笔记

表 8-20　任务评价

序号	考核要点	项目（配分：100 分）	教师评分
1	职业素养	工位保持清洁，物品整齐（2 分）	
		着装规范整洁，佩戴安全帽（3 分）	
		操作规范，爱护设备（5 分）	
2	焊接条件配置	焊接压力配置正确（5 分）	
		焊接距离配置正确（5 分）	
		修磨器配置正确（5 分）	
		小原焊机焊接条件配置正确（10 分）	
3	机器人点焊程序编写	机器人 PNS 正确配置（20 分）	
		机器人运行轨迹正确，无碰撞（30 分）	
		完成任务后机器人回工作原点（10 分）	
		机器人程序编写符合规范要求（5 分）	
得分			

学习笔记

任务 8.4 PLC 程序编写与调试

【任务描述】

在完成机器人编程后，为实现机器人工作站运行过程机器人与点焊机信号实时监控与输入，根据控制要求对 PLC 进行 I/O 分配，编写 PLC 控制程序，然后进行机器人装配工作站人机界面设计，最后通过人机界面、PLC 以及机器人程序完成工业机器人装配工作站整体调试。

【学前准备】

(1) 准备小原 SIV31C 焊机、修磨器、FANUC 工业机器人系统信号说明文档。

(2) 准备 PLC 信号分配表。

【学习目标】

(1) 能根据信号分配表配置机器人与 PLC 通信信号地址。

(2) 能根据工作站功能需求编写 PLC 程序。

(3) 设计 MCGS 界面。

预备知识

点焊工作站 PLC 信号分配如表 8-21 所示。

表 8-21 点焊工作站 PLC 信号分配

信号名称	位地址	信号名称	位地址
焊机急停	I0. 0	复位	M100. 1
焊机故障	I0. 1	停止	M100. 2
焊接完成	I0. 2	重启	M100. 3
焊机使能输出	Q0. 0	焊机急停	M100. 4
焊机故障复位	Q0. 1	焊机复位	M100. 5
焊机 SW1	Q0. 2	机器人运行中	I10. 2
研磨启动	Q0. 3	机器人报警	I10. 5
焊机急停	Q0. 4	机器人低电量	I11. 0
启动	M100. 0		

人机界面控件对应的 PLC 变量地址如表 8-22 所示。

表 8-22 人机界面控件对应的 PLC 变量地址

元件类别	名称	地址	备注
位状态开关	启动	M100. 0	
	复位	M100. 1	
	停止	M100. 2	
	重启	M100. 3	
	焊机急停	M100. 4	
	焊机复位	M100. 5	

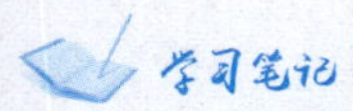

续表

元件类别	名称	地址	备注
位状态显示灯	机器人报警	I10.5	UO6
	机器人低电量	I11.0	UO9
	机器人运行中	I10.2	UO3
	焊机故障	I0.1	
	焊接完成	I0.2	

步骤1：人机界面设计与PLC编程，如表8-23所示。

表8-23　人机界面设计与PLC编程

操作步骤	操作说明	示意图
1	打开MCGS组态环境软件后，根据任务要求完成人机界面绘制及组态	
2	编写HMI启动按钮逻辑功能，通过HMI启动按键实现对机器人点焊程序(PNS0001)执行“启动”操作	
3	编写HMI启动按钮逻辑功能，通过HMI复位按键实现对机器人报警复位及强制停止机器人程序；停止按键实现程序暂停，重启按键实现机器人暂停后继续执行程序	

续表

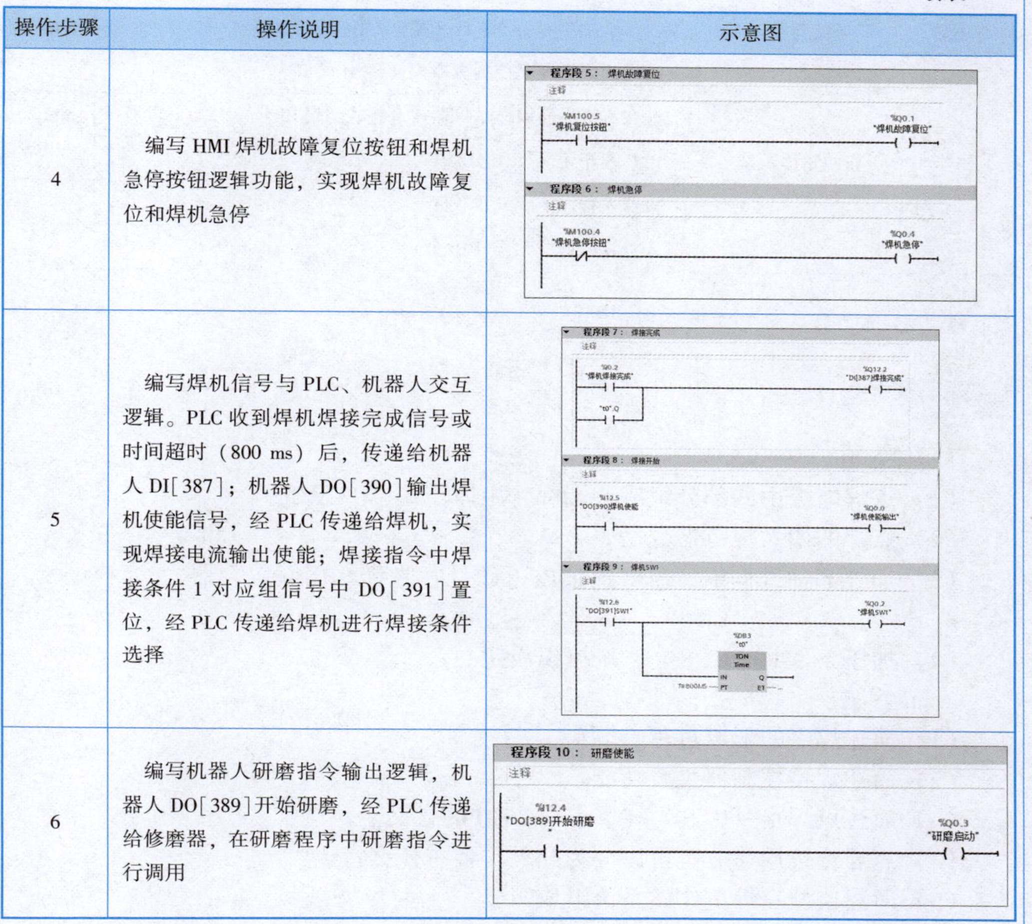

操作步骤	操作说明	示意图
4	编写 HMI 焊机故障复位按钮和焊机急停按钮逻辑功能，实现焊机故障复位和焊机急停	
5	编写焊机信号与 PLC、机器人交互逻辑。PLC 收到焊机焊接完成信号或时间超时（800 ms）后，传递给机器人 DI[387]；机器人 DO[390]输出焊机使能信号，经 PLC 传递给焊机，实现焊接电流输出使能；焊接指令中焊接条件 1 对应组信号中 DO[391]置位，经 PLC 传递给焊机进行焊接条件选择	
6	编写机器人研磨指令输出逻辑，机器人 DO[389]开始研磨，经 PLC 传递给修磨器，在研磨程序中研磨指令进行调用	

任务评价

根据机器人工作站人机界面设计以及整体调试任务评分，如表 8-24 所示。

表 8-24　任务评价

序号	考核要点	项目（配分：100 分）	教师评分
1	职业素养	工位保持清洁，物品整齐（4 分）	
		着装规范整洁，佩戴安全帽（4 分）	
		操作规范，爱护设备（2 分）	
2	人机界面设计与调试	正确添加 PLC（5 分）	
		正确设置人机界面 IP 地址（5 分）	
		正确添加变量（10 分）	
		能正确下载程序至人机界面（5 分）	
		能与 PLC 正常通信（5 分）	
		界面设计符合工作站控制要求（10 分）	

学习笔记

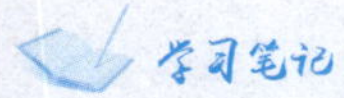

续表

序号	考核要点	项目（配分：100 分）	教师评分
3	工作站整体调试	能通过人机界面控制机器人（10 分）	
		能在人机界面中显示机器人系统状态（10 分）	
		PLC 程序无误（10 分）	
		机器人程序无误（10 分）	
		人机界面程序无误（10 分）	
得分			

问题探究

1. 填空题

（1）点焊电极由四部分组成：端部、主体、________和________。

（2）点焊的四大规范参数是________、________、________和________。

（3）加外部轴过程中，需要追加以下硬件：光纤、伺服放大器、__________、__________、__________和__________。

（4）加压条件共有________个可以设定。

2. 简答题

（1）简述焊点的形成过程。

（2）简述焊接控制器主要功能。

（3）简述点焊指令中 SD、P、t、S、ED 的含义。

（4）点焊枪按用途分类可以分为几种，各有什么特点？

（5）简述典型点焊工作站系统组成。

3. 拓展任务

焊机信号使用 CRMA15/16 板接入工业机器人，完成点焊任务。

学习笔记

项目九　工业机器人焊装线系统组建

项目学习导航

学习目标	**知识目标：** 1. 学会汽车零部件焊接生产线工艺分析。 2. 学会焊接生产线工艺布局设计。 3. 学会生产线设备网络组建。 4. 学会焊装线与 PLC 的虚拟连接调试。 **技能目标：** 1. 能针对简单汽车零件点焊工艺进行布局设计。 2. 能完成常用焊接生产线典型设备网络组态。 3. 能完成焊接生产线机器人焊接程序编程。 4. 能结合离线仿真软件完成焊接生产线 PLC 程序调试。 **素养目标：** 养成严谨守时的工作作风
知识重点	1. 焊装线的设备配置及网络组建。 2. 焊接生产线 PLC 程序模块
知识难点	1. 熟悉焊装线 PLC 控制系统程序。 2. 焊装线机器人程序与 PLC 虚拟联调
建议学时	20 学时
实训任务	任务 9.1　工业机器人焊装线方案设计 任务 9.2　工业机器人焊装线电气系统集成 任务 9.3　工业机器人焊装线机器人程序与 PLC 虚拟联调

项目导入

某汽车生产制造商计划用机器人生产线焊接汽车左后纵梁总成，生产节拍是102JHP，上料方式采用人工上料。图 9-1 所示为某汽车左后纵梁总成，分别由后门槛连接板总成、纵梁前段、加强板撑板总成、左前横梁总成、内加强板总成、后段分总成等 13 个零件焊接组成，要求根据零件焊接工艺完成焊接生产线布局设计、电气系统设计、设备网络组态和虚拟调试任务。

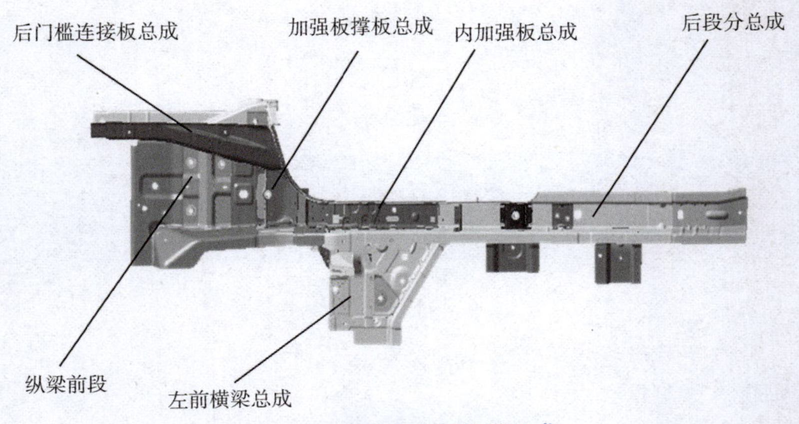

图 9-1　某汽车左后纵梁总成

学习笔记

任务9.1　工业机器人焊装线方案设计

【任务描述】

根据汽车后纵梁零件的焊接工艺要求，利用ROBOGUIDE软件完成焊装线布局图设计。

工业机器人焊装线方案设计

【学前准备】

(1) 了解汽车零部件焊装线开发流程。

(2) 了解汽车后纵梁焊装线的工艺分析。

(3) 掌握后纵梁焊装线的布局设计。

【学习目标】

(1) 了解机器人点焊工艺应用及配套外围设备。

(2) 能根据焊装线2D布局图完成虚拟线体机器人、焊枪、抓手搭建。

预备知识 

1. 汽车零部件焊装线开发流程

焊装线开发是根据客户技术要求，其中包括线体生产节拍、场地布局、线体电气标准等，通过导入焊装线开发任务书，根据客户给定产品模型、焊点信息、焊接工序等产品信息，由机械工程师和电气工程师初步确定线体机器人型号、焊枪类型、上下料方式、工位焊点数量、抓件方式、夹具结构等基本线体信息，并制定焊装线体2D布局图，由仿真工程师根据布局方案进行工艺及布局优化，确定焊枪型号、机器人底座高度、抓手结构，经过线体零部件制造，现场设备安装与生产线体PLC控制系统、机器人程序调试，最终完成生产线试产。图9-2所示为焊装线开发流程。

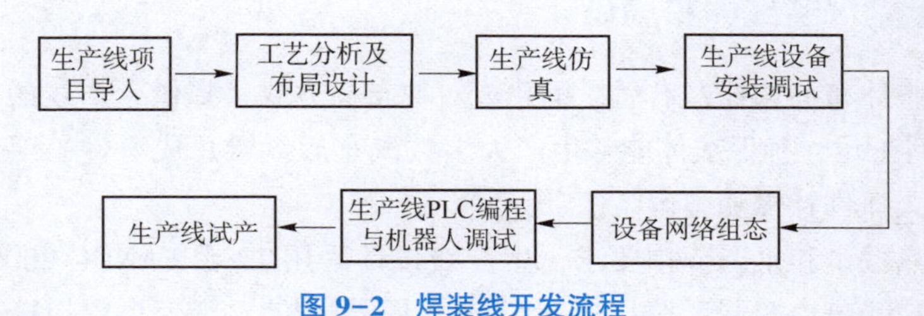

图9-2　焊装线开发流程

2. 汽车后纵梁焊装线的工艺分析

通过分析左后纵梁总成焊接工艺要求，以每台机器人最多能焊接20个左右焊点为生产节拍计算，确保机器人焊接效率与人机协助之间的平衡，最终形成如表9-1所示焊装线工艺流程。

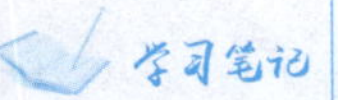

表 9-1　焊装线工艺流程

工序	简图	机器人工位	说明	焊点数量
OP10	BM3-2801750 左后纵梁总成三 BM3-2801633 BM3-2801895 BM3-2801970 BM3-2801617 BM3-2801696	ROB01	机器人焊接	24
OP20	BM3-2801730 左后纵梁总成二 BM3-2801750 BM3-2801673 BM3-2801655 BM3-2801490 BM3-2801897 BM3-2801565	ROB04/ROB05	机器人焊接	50
OP30	BM3-2801615 左后纵梁总成一 BM3-2801730 BM3-2801637 BM3-2801650	ROB08	机器人焊接	26
OP40	BM3-2801610 左后纵梁总成 BM3-2801615 BM3-2801920	ROB11/ROB12	机器人焊接	55

3. 后纵梁焊装线的布局设计

焊装线整体布局选择左右后纵梁总成对称布局方式，提供生产线的柔性，采用 8 个人工上料工位，确保线体能够生产大多数汽车后纵梁总成零件，工位间物料搬运通过机器人抓件补焊和搬运。

根据焊点数量和生产节拍要求，生产线设计采用 12 台 FANUC 2000ic/210F 型号机器人，1 套 PLC 控制系统、14 套移动式伺服焊枪、14 套小原焊接控制器、12 套修磨器，8 套固定式伺服焊枪、6 套机器人抓手、8 套工位夹具、4 套 HMI 触摸屏等设备。现场总线采用 PROFINET 通信方式，由 PLC 作主站，机器人为从站，焊机和阀岛分别由机器人控制。生产工艺流程是通过 1 套西门子 PLC 319 控制系统控制机器人相应的焊接程序，焊接工位机器人焊接完成之后，由抓手机器人自动将工件抓起，在固定式焊枪上继续进行二次补焊。补焊完成之后抓件机器人将补焊完成的工件放在下一个工位上，通过人工上件→机器人焊接→机器人抓件补焊→人工上件→机器人焊接等循环方式完成后纵梁总成零件 4 个工序焊接任务。图 9-3 所示为后纵梁焊装线的布局图。

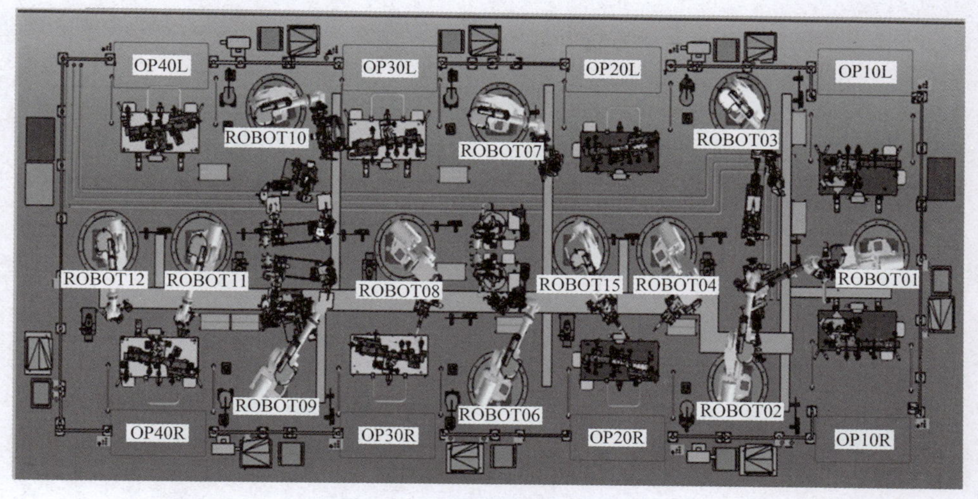

图 9-3　后纵梁焊装线的布局图

任务实施

步骤 1：创建伺服焊枪点焊应用机器人系统，如表 9-2 所示。

表 9-2　创建伺服焊枪点焊应用机器人系统

操作步骤	操作说明	示意图
1	单击“File”（文件）→“New Cell”（新建仿真项目）	HandlingPRO File Edit View Cell Robot Teach Test-Run Project Tools Win New Cell Open Cell Restore Cell Save Point New Cell Save Cell "HandlingPRO4" Save Cell "HandlingPRO4" As Backup Cell "HandlingPRO4" Package Cell Explore Folder View File Recent Files Export
2	Process Selecttion 选择“HandingPRO”基本搬运模块，单击“Next”	Workcell Creation Wizard Wizard Navigator 1: Process Selection 2: Workcell Name 3: Robot Creation Method 4: Robot Software Version 5: Robot Application/Tool 6: Group 1 Robot Model 7: Additional Motion Groups 8: Robot Options 9: Summary Step 1 - Process Selection Select the process this workcell will perform Available Processes　Description 4DEdit　Basic 4D Teach Pendant Graphics Work Cell HandlingPRO　Basic Material Handling Cell OlpcPRO　Basic Robot Work Cell PalletPRO　Palletizing Cell WeldPRO　Arc Welding Cell This is the list of all PRO processes available on this wizard. The process you choose will determine what robots and options are available in later FANUC Cancel　<Back　Next>　Finish　Help

学习笔记

续表

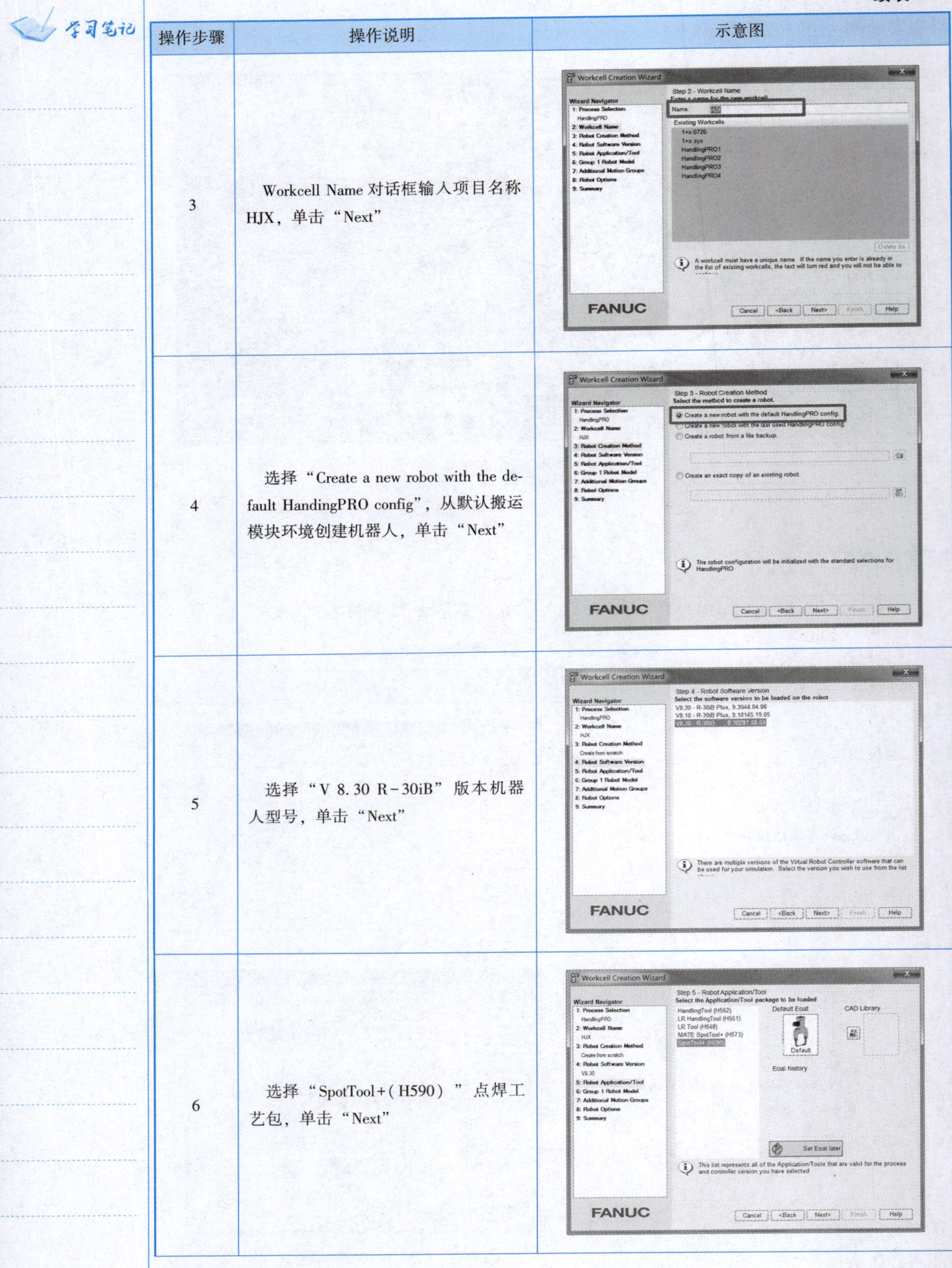

操作步骤	操作说明	示意图
3	Workcell Name 对话框输入项目名称 HJX，单击“Next”	
4	选择“Create a new robot with the default HandingPRO config”，从默认搬运模块环境创建机器人，单击“Next”	
5	选择“V 8.30 R-30iB”版本机器人型号，单击“Next”	
6	选择“SpotTool+(H590)”点焊工艺包，单击“Next”	

续表

学习笔记

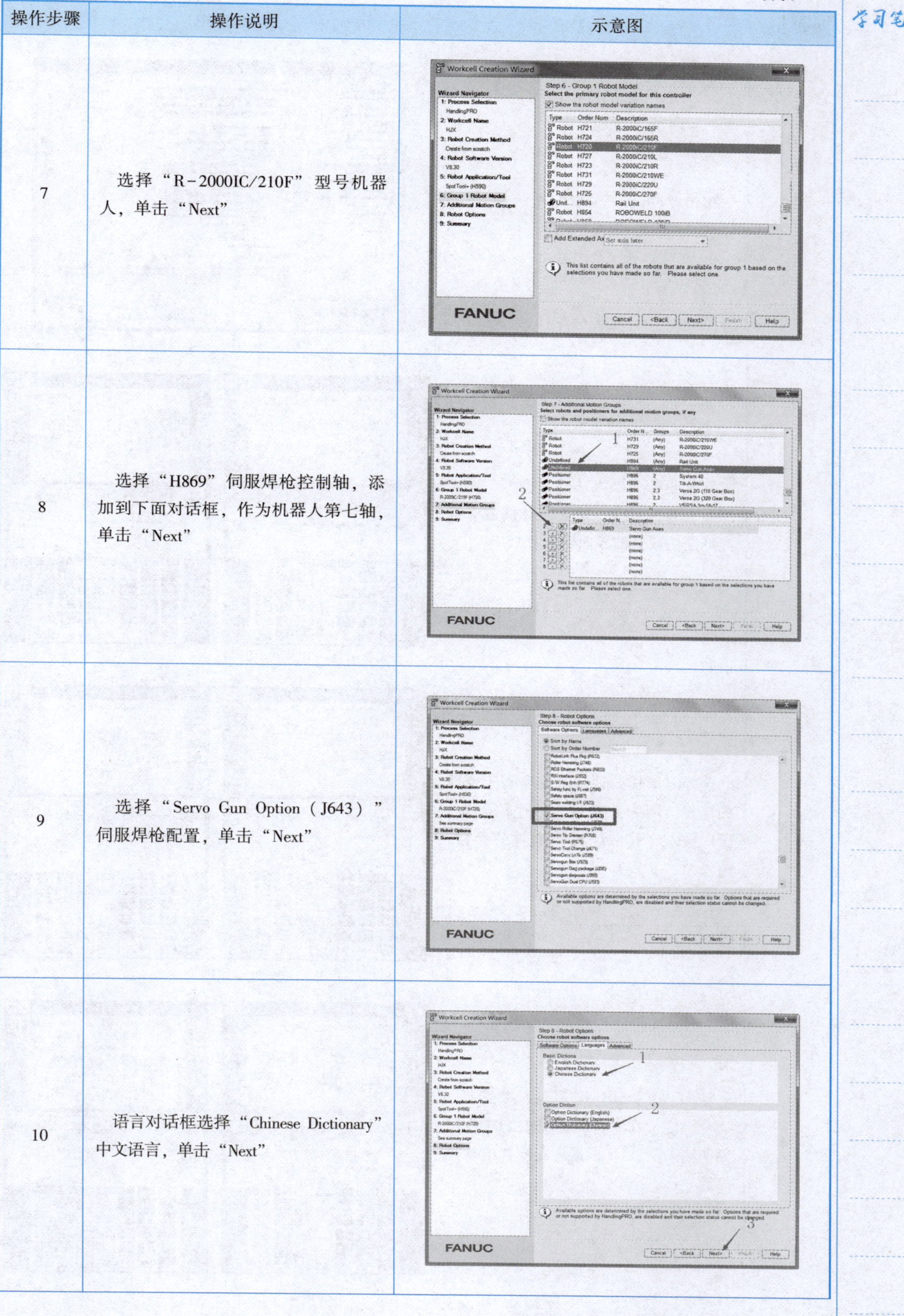

操作步骤	操作说明	示意图
7	选择“R-2000IC/210F”型号机器人，单击“Next”	
8	选择“H869”伺服焊枪控制轴，添加到下面对话框，作为机器人第七轴，单击“Next”	
9	选择“Servo Gun Option（J643）”伺服焊枪配置，单击“Next”	
10	语言对话框选择“Chinese Dictionary”中文语言，单击“Next”	

学习笔记

续表

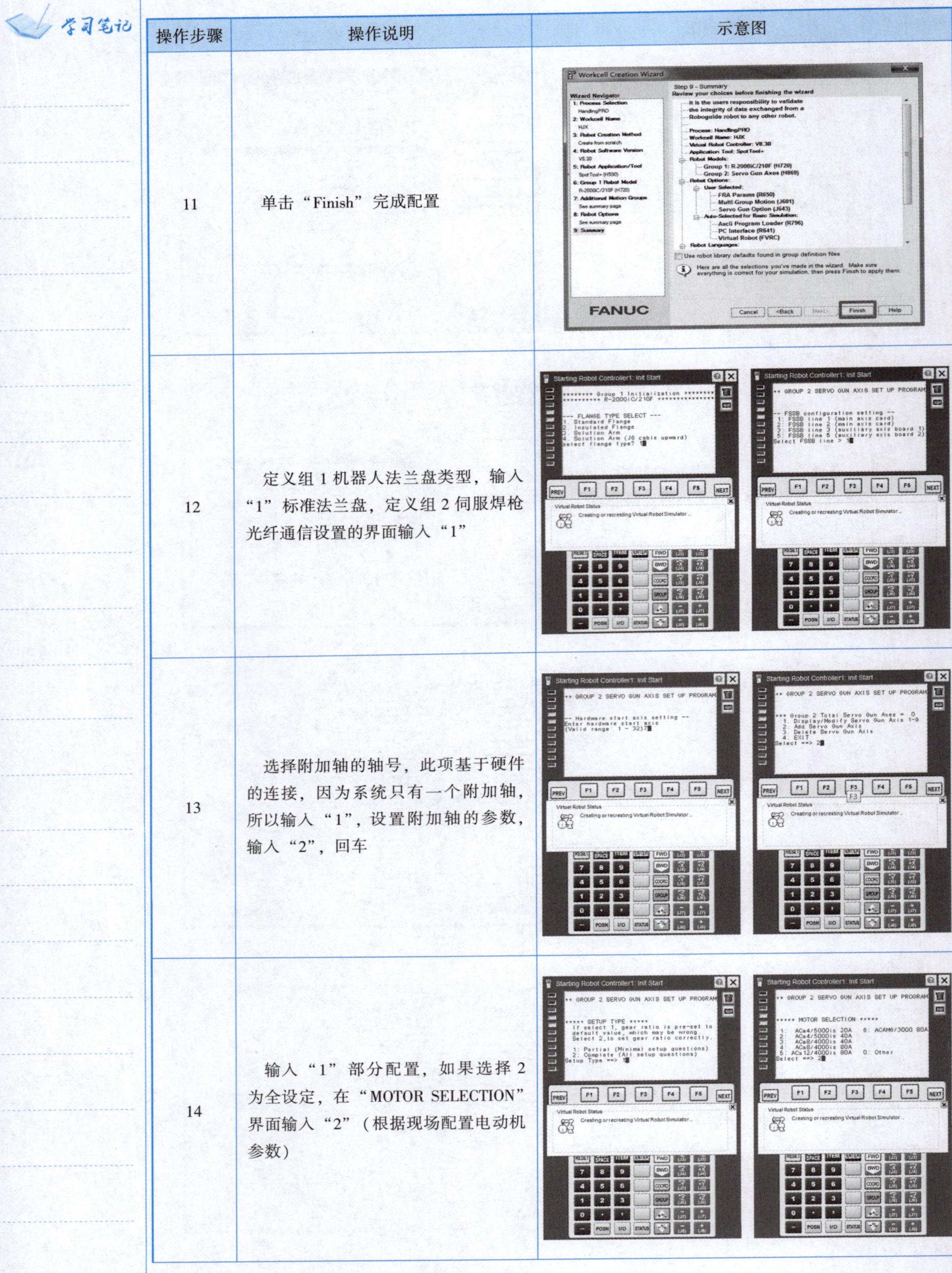

操作步骤	操作说明	示意图
11	单击“Finish”完成配置	
12	定义组1机器人法兰盘类型，输入“1”标准法兰盘，定义组2伺服焊枪光纤通信设置的界面输入“1”	
13	选择附加轴的轴号，此项基于硬件的连接，因为系统只有一个附加轴，所以输入“1”，设置附加轴的参数，输入“2”，回车	
14	输入“1”部分配置，如果选择2为全设定，在“MOTOR SELECTION”界面输入“2”（根据现场配置电动机参数）	

续表

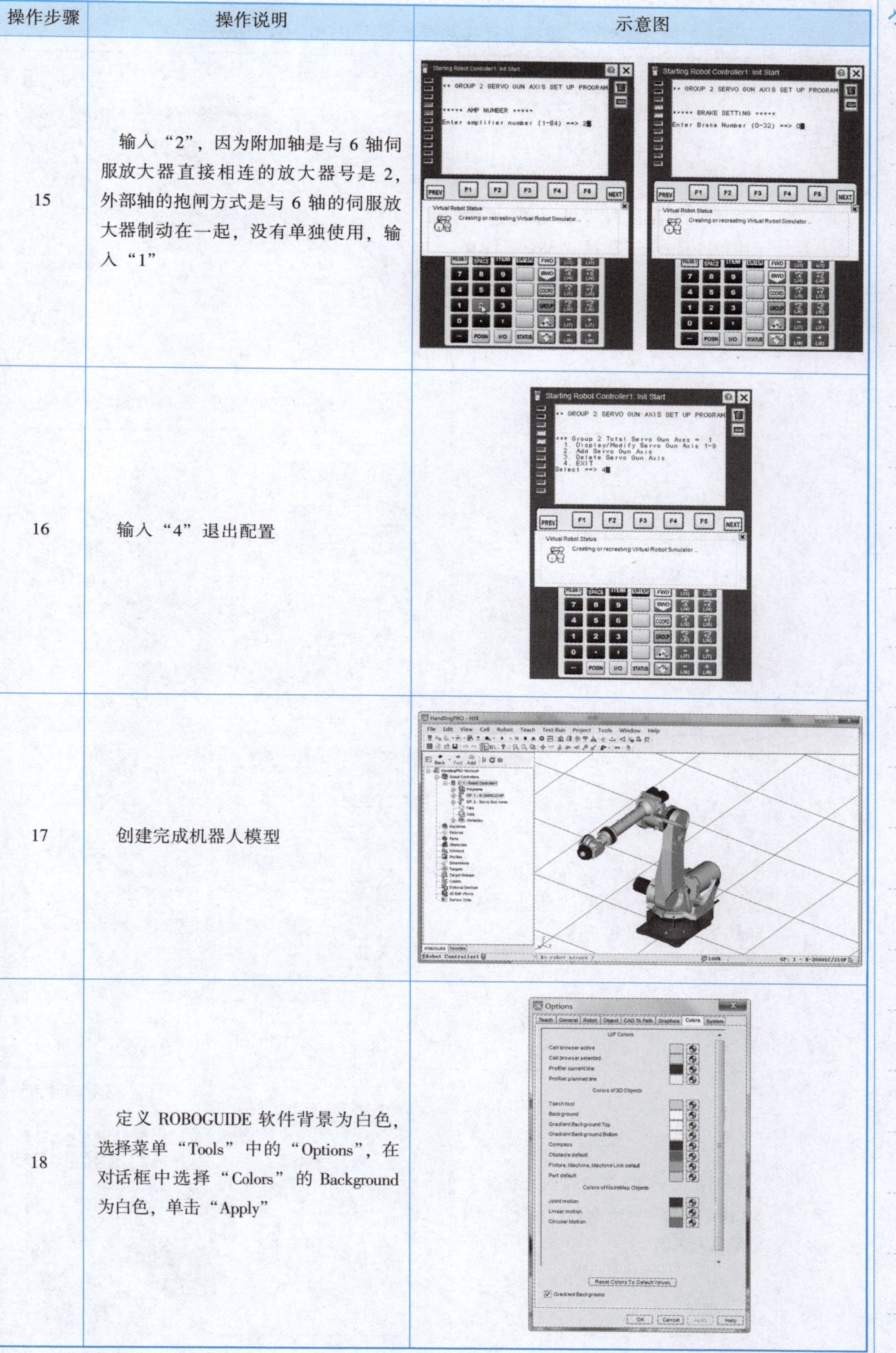

操作步骤	操作说明	示意图
15	输入“2”，因为附加轴是与 6 轴伺服放大器直接相连的放大器号是 2，外部轴的抱闸方式是与 6 轴的伺服放大器制动在一起，没有单独使用，输入“1”	
16	输入“4”退出配置	
17	创建完成机器人模型	
18	定义 ROBOGUIDE 软件背景为白色，选择菜单“Tools”中的“Options”，在对话框中选择“Colors”的 Background 为白色，单击“Apply”	

学习笔记

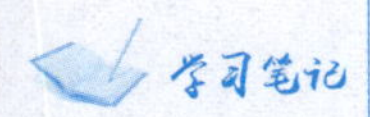

步骤 2：根据设计布局图纸导入 ROBOGUIDE，如表 9-3 所示。

表 9-3　根据设计布局图纸导入 ROBOGUIDE

操作步骤	操作说明	示意图
1	选择“Fixtures”单击右键选择“Add Fixture”，选择“Single CAD File”添加生产线 2D 布局图纸 layout. CSB	 文件：总布局图\ layout. CSB
2	调整布局图位置坐标为： $X=-9\ 957$； $Y=-12\ 524$； $Z=0$	
3	选择“Fixtures”，单击右键选择“Add Fixture”，选择“Single CAD File”添加机器人 R1 底座 dz. jt	 文件：data_ OP10L\ 机器人底座\ dz. jt
4	调整机器人 R1 底座位置坐标为：$X=-6\ 718$，$Y=-16\ 166.7$，$Z=0$，颜色修改为灰色	

续表

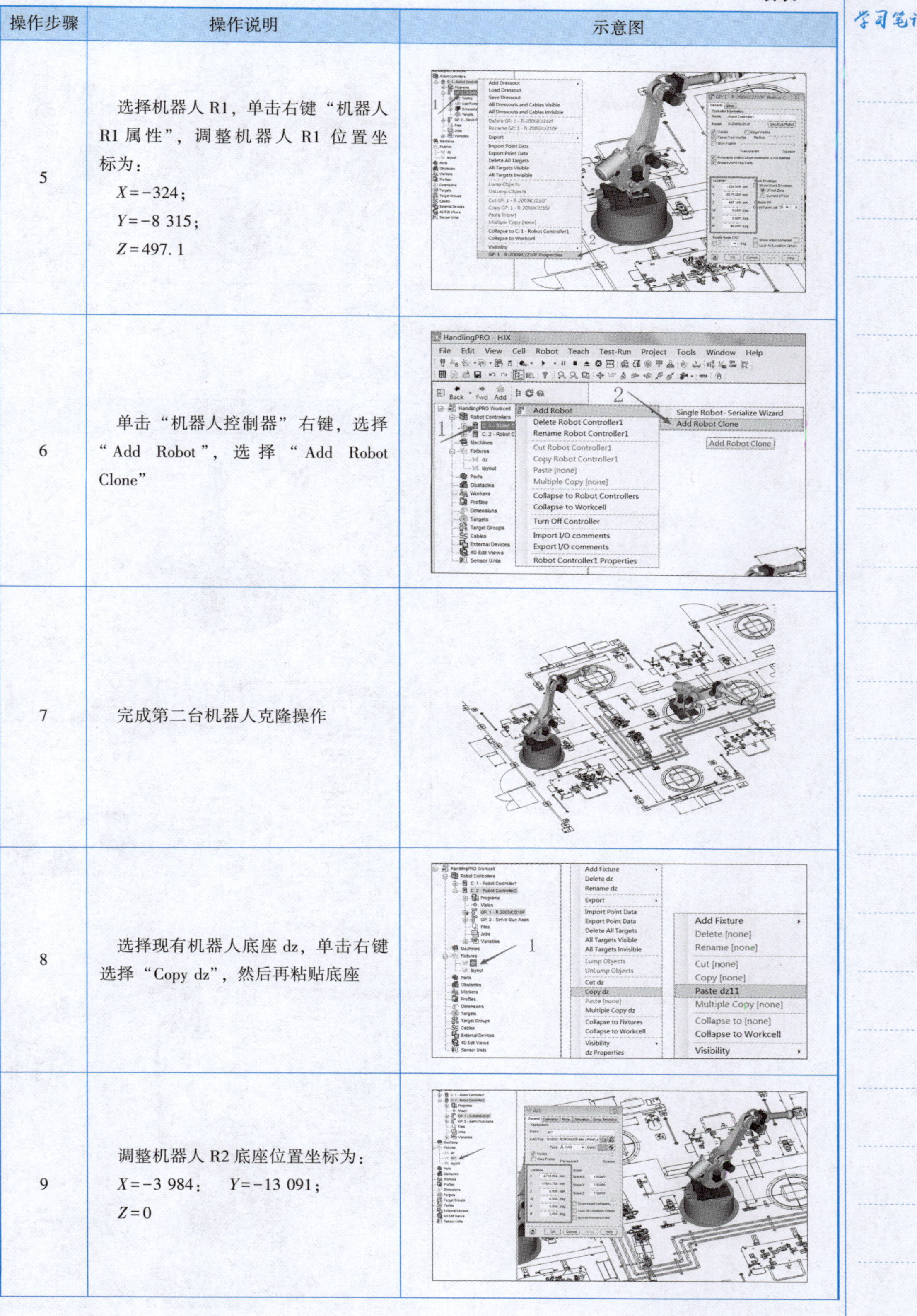

操作步骤	操作说明	示意图
5	选择机器人 R1，单击右键“机器人 R1 属性”，调整机器人 R1 位置坐标为： $X=-324$； $Y=-8\ 315$； $Z=497.1$	
6	单击“机器人控制器”右键，选择“Add Robot”，选择“Add Robot Clone”	
7	完成第二台机器人克隆操作	
8	选择现有机器人底座 dz，单击右键选择“Copy dz”，然后再粘贴底座	
9	调整机器人 R2 底座位置坐标为： $X=-3\ 984$；　$Y=-13\ 091$； $Z=0$	

学习笔记

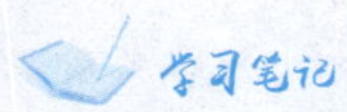

续表

操作步骤	操作说明	示意图
10	利用同样方法创建其他机器人	

步骤 3：安装机器人焊枪，如表 9-4 所示。

表 9-4　安装机器人焊枪

操作步骤	操作说明	示意图
1	关节坐标方式示教机器人调整 6 个关节姿态，如图所示（J5=-90，其他轴为零）	
2	选择机器人 R1 的 UT：1（Eoat），单击右键选择“Add Link”，选择“CAD File”添加固定焊枪部分	Add Link Add Nozzle Group Add Vision Sensor Unit Clear Eoat1 Values Rename Eoat1 Tooling Library Load Tooling "Eoat1" Save Tooling "Eoat1" Export Cut [none] Copy Eoat1 Properties Paste [none] Multiple Copy [none] Collapse to Tooling Collapse to Workcell Visibility Eoat1 Properties CAD Library CAD File Definition File Add Links from an Assembly File Box Cylinder Sphere 文件：data_ OP10L \ 焊枪图纸 \ 固定电极部分 \ GUN 1636_ fix. 3dxml
3	调整固定焊枪部分位置坐标为： $W=0$； $P=180$； $R=-90$	

续表

学习笔记

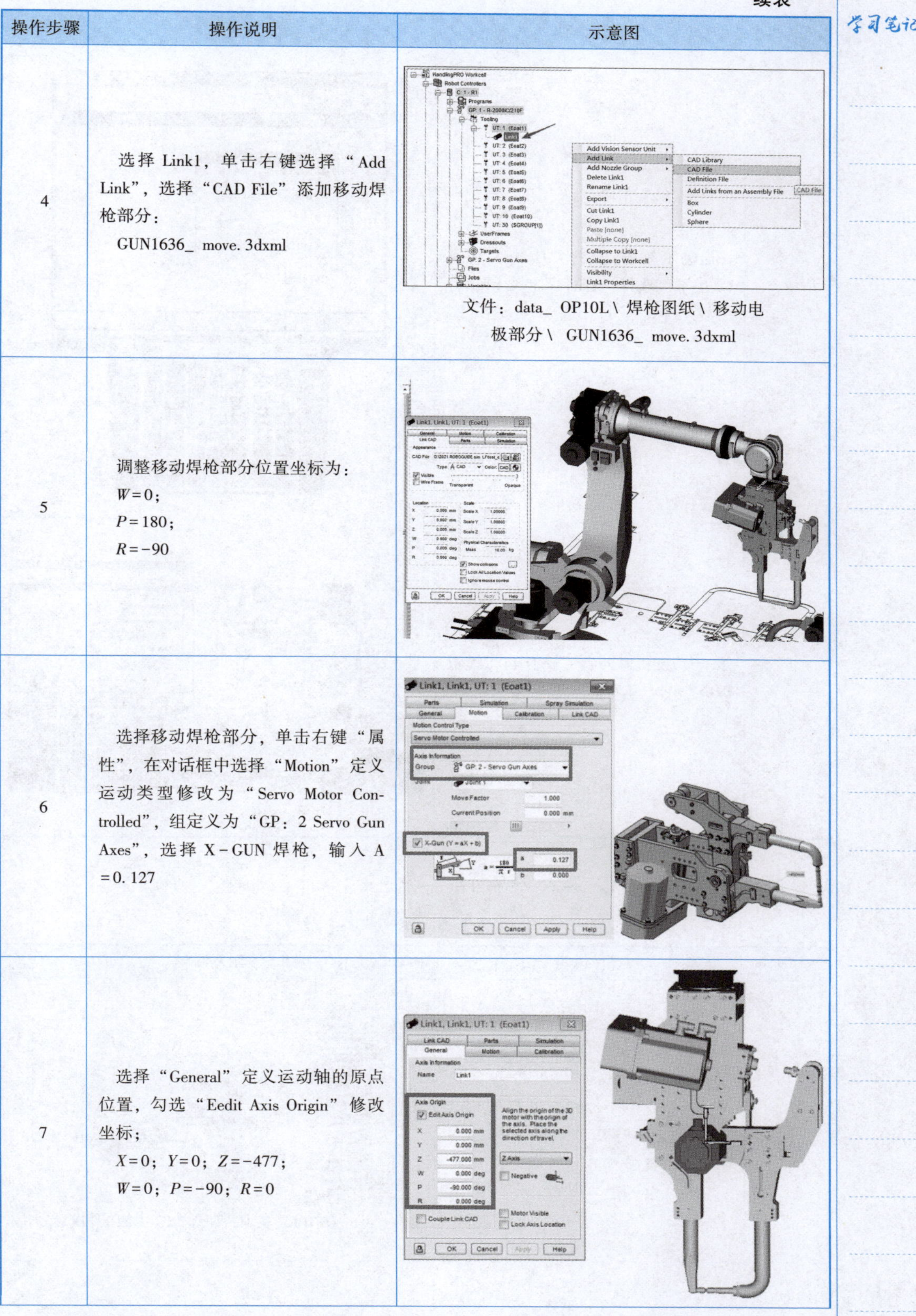

操作步骤	操作说明	示意图
4	选择 Link1，单击右键选择“Add Link”，选择“CAD File”添加移动焊枪部分： GUN1636_ move. 3dxml	文件：data_ OP10L \ 焊枪图纸 \ 移动电极部分 \ GUN1636_ move. 3dxml
5	调整移动焊枪部分位置坐标为： $W=0$； $P=180$； $R=-90$	
6	选择移动焊枪部分，单击右键“属性”，在对话框中选择“Motion”定义运动类型修改为“Servo Motor Controlled”，组定义为“GP：2 Servo Gun Axes”，选择 X-GUN 焊枪，输入 A =0. 127	
7	选择“General”定义运动轴的原点位置，勾选“Eedit Axis Origin”修改坐标； $X=0$；$Y=0$；$Z=-477$； $W=0$；$P=-90$；$R=0$	

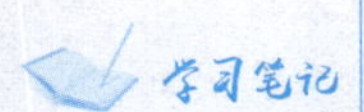

续表

操作步骤	操作说明	示意图
8	启动示教器，选择“Group”切换G2关节，选择“Data”定义PR2为关节方式	HJX - R1 I/O T2 10% 数据：位置寄存器 2/100 PR[1:]=* PR[2:]=* PR[3:]=* PR[4:]=* PR[5:]=* PR[6:]=* PR[7:]=* PR[8:]=* PR[9:]=* PR[10:]=* PR[11:]=* 按下ENTER键 [类型] 移动 记录 位置 清除 PREV SHIFT MENU SELECT EDIT DATA FCTN SHIFT NEXT STEP HOLD RESET BACK SPACE ITEM ENTER FWD
9	示教G2机器人的关节J1可以模拟焊枪打开	10% 关节 工具：1 J1: -92.433 (J7) GUN:1 -92.433

步骤4：定义夹具，如表9-5所示。

表9-5　定义夹具

操作步骤	操作说明	示意图
1	选择“Machines”，单击右键选择，“Add Machines”，选择“CAD File”添加OP10L工位的夹具JIG-OP10-FIX1. 3dxml	Back Fwd Add HandlingPRO Workcell Robot Controllers Machines Fixtures Parts op10_cp Obstacles Workers Profiles Dimensions Targets Target Groups Cables Fixed Nozzles External Devices 4D Edit Views Sensor Units Add Machine Delete [none] Rename [none] Cut [none] Copy [none] Paste [none] Multiple Copy [none] Collapse to [none] Collapse to Workcell Visibility CAD Library Definition File CAD File Build a Machine an m an Assembly File Box Cylinder Sphere Container 文件：data_OP10L\ 夹具图纸\ JIG-OP10-FIX1. 3dxml

续表

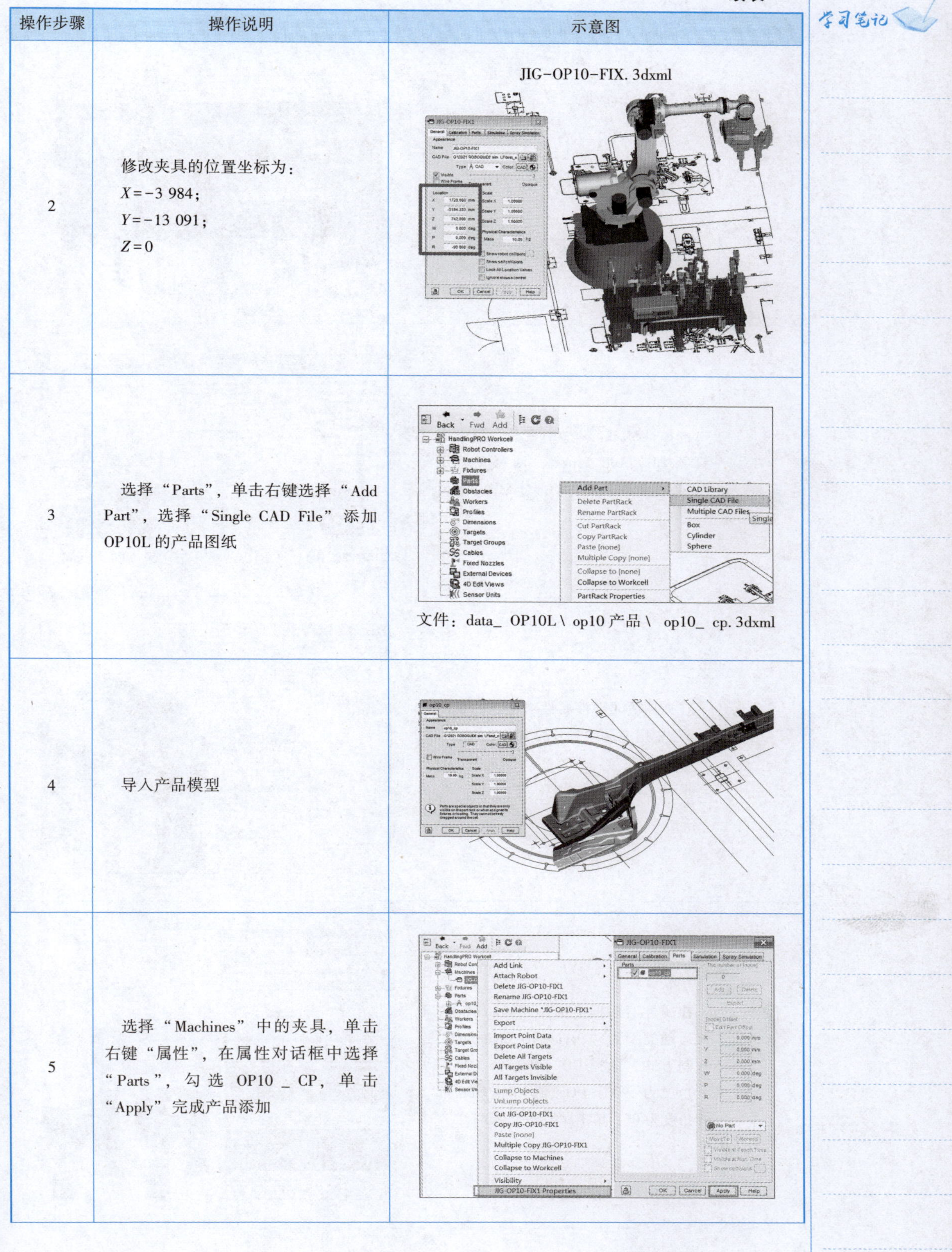

操作步骤	操作说明	示意图
2	修改夹具的位置坐标为： $X=-3\ 984$； $Y=-13\ 091$； $Z=0$	JIG-OP10-FIX. 3dxml
3	选择“Parts”，单击右键选择“Add Part”，选择“Single CAD File”添加OP10L的产品图纸	文件：data_ OP10L \ op10 产品 \ op10_ cp. 3dxml
4	导入产品模型	
5	选择“Machines”中的夹具，单击右键“属性”，在属性对话框中选择“Parts”，勾选OP10 _ CP，单击“Apply”完成产品添加	

学习笔记

学习笔记

操作步骤	操作说明	示意图
6	添加完成产品与夹具图形	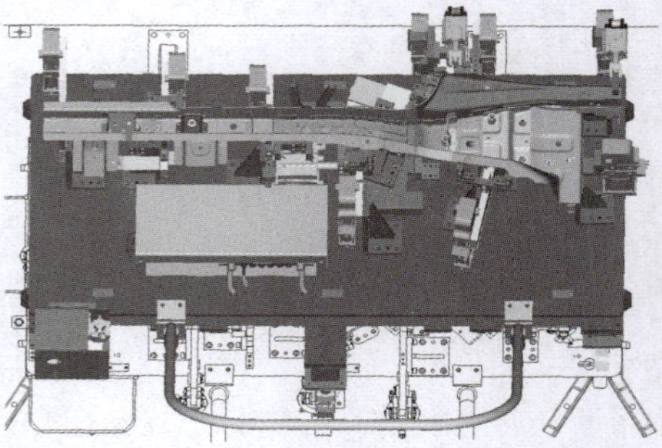
7	选择"Machines"中夹具，单击右键添加"Add Link"，选择"CAD File"添加夹具的活动部分 SP1. 3dxml	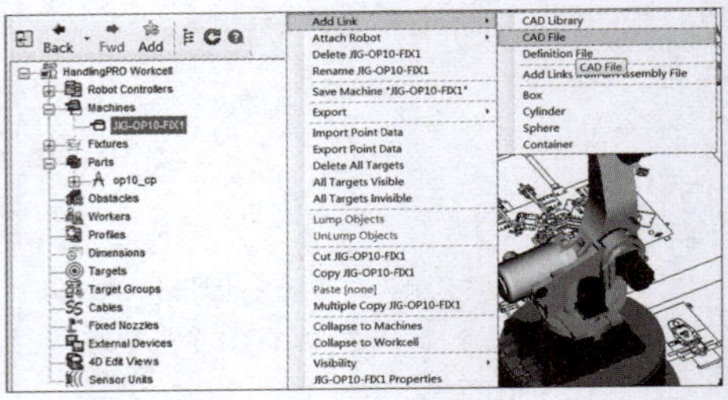 文件：data_ OP10L\ 夹具图纸\ SP1. 3dxml
8	在夹具活动部件属性对话框"General"中定义运动关节的原点坐标 $X=3\ 402$；$Y=-766$；$Z=311.9$；$W=0$；$P=-90$；$R=0$	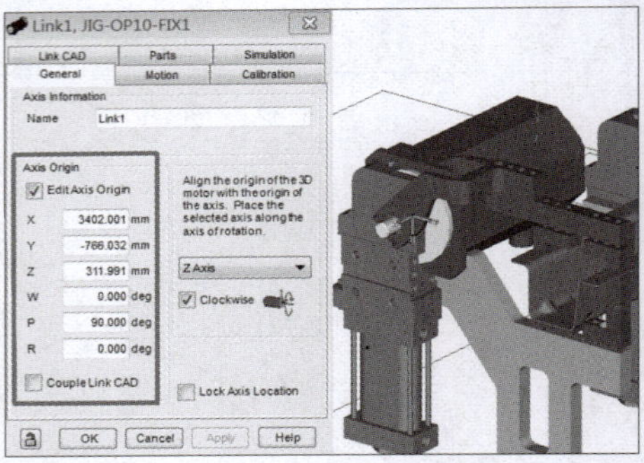
9	在属性对话框中选择"Motion"定义运动类型为"Device IO Controlled"控制方式，选择 DO（109）= ON 打开角度为-90°，DO（109）= OFF 打开角度为0°，单击"Test"测试	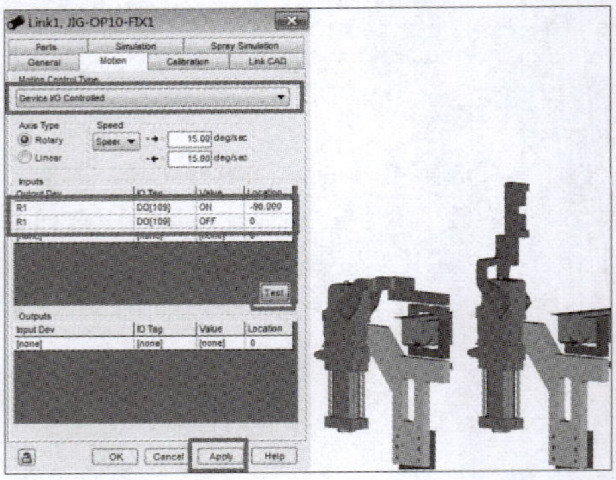

续表

操作步骤	操作说明	示意图
10	同样方法添加其他夹紧运动单元	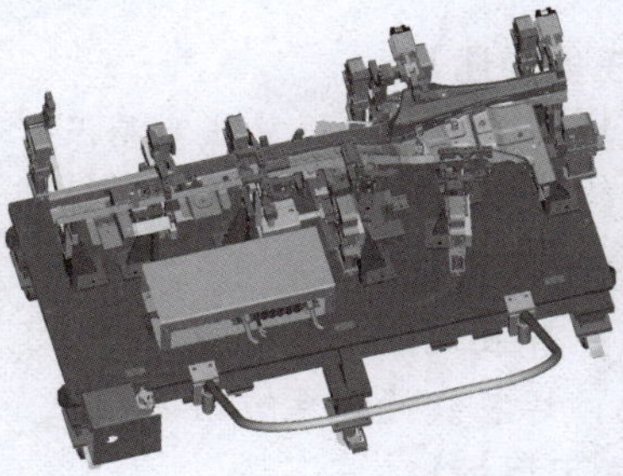

步骤 5：安装抓手，如表 9-6 所示。

表 9-6 安装抓手

操作步骤	操作说明	示意图
1	参考安装机器人焊枪的步骤安装机器人 R3 的抓手	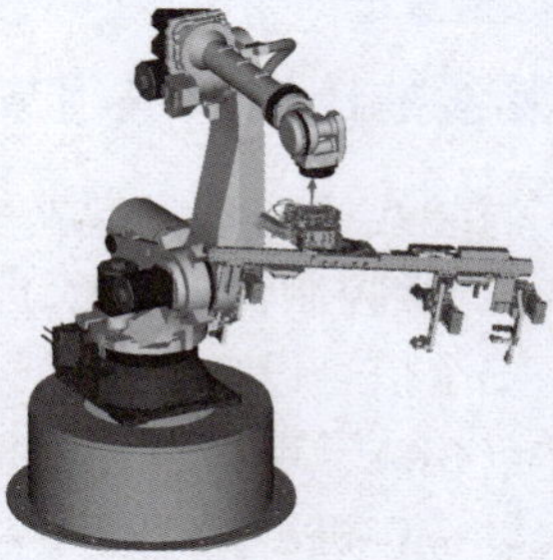 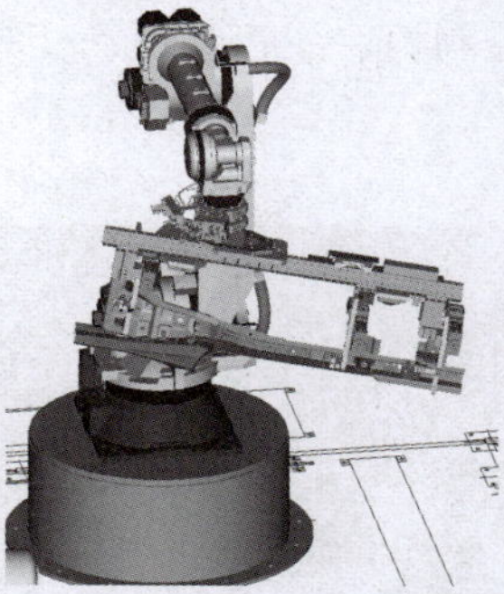

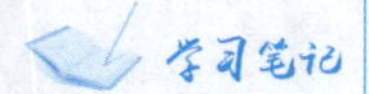

任务9.2　工业机器人焊装线电气系统集成

【任务描述】

根据汽车零部件焊装线布局及工艺要求，结合生产线控制系统的电气设备，完成焊装线控制系统网络组建，并编写相应的PLC控制程序。

【学前准备】

(1) 焊装线控制系统组成。

(2) 焊装线控制系统网络框架。

【学习目标】

(1) 掌握焊装线控制系统组成。

(2) 掌握焊装线网络组建。

预备知识

1. 焊装线的控制系统组成

机器人焊装线控制系统组成一般包括主控柜（MCP）、机器人380 V动力配电柜（PDP）、焊接控制器（WTC）、修磨器（TD）、工位操作盒（BS）、安全门控制箱（GB）、安全信号设备接线箱（JB）、现场普通I/O箱（I/O）、采集传感器信号或控制阀体（BK）、现场急停盒（E-Stop）等电气设备。图9-4所示为焊装线的控制系统电气设备；机器人380 V动力配电柜（PDP）提供所有的控制动力电源，包括机器人控制柜、主控制柜、变频器控制柜、电动机、修磨机等。

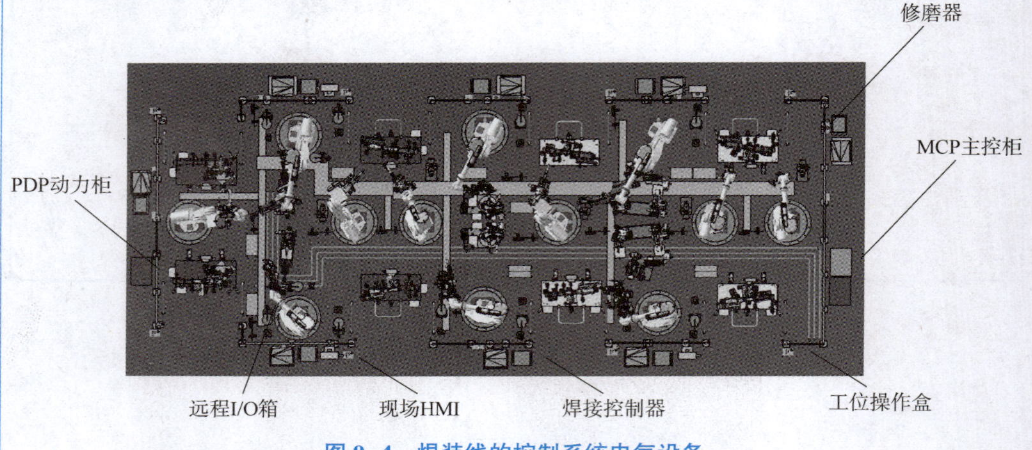

图9-4　焊装线的控制系统电气设备

PDP动力柜电缆走线图如图9-5所示，MCP控制柜电缆走线图如图9-6所示。

MCP控制柜作为整个控制区域的核心，柜内设置PLC、I/O、交换机、继电器及相关控制元器件。MCP通过柜内变压器转化为24 VDC电源，提供给HMI、I/O、设备总线、继电器等元器件。现场设备操作采用HMI站的形式。

学习笔记

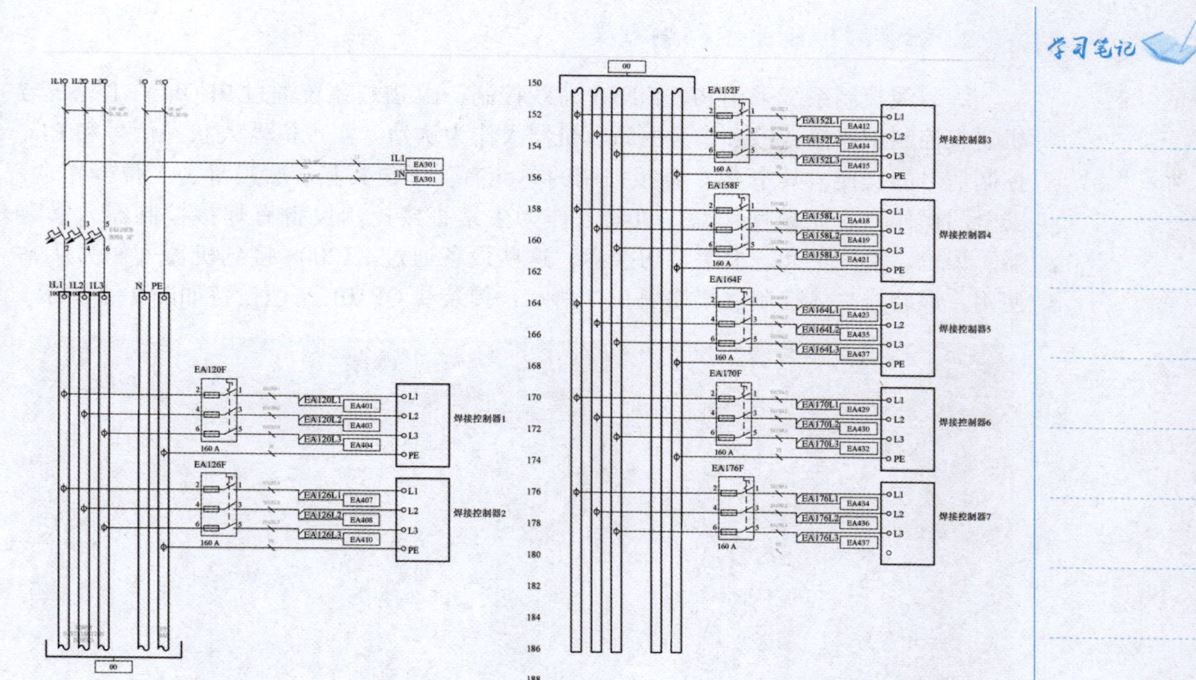

图 9-5　PDP 动力柜电缆走线图

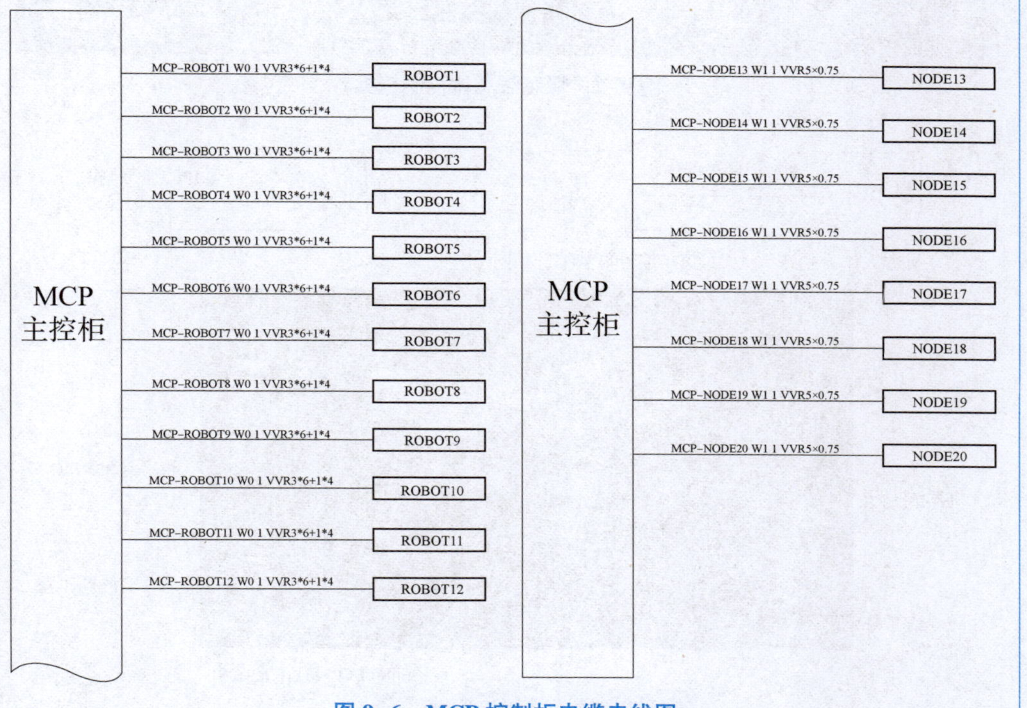

图 9-6　MCP 控制柜电缆走线图

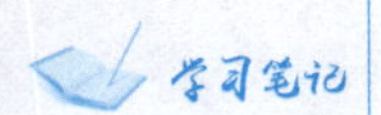

2. 焊装线控制系统网络框架

焊装线控制系统采用PROFINET总线控制，由PLC系统通过PROFINET总线与机器人控制柜连接，PLC作为主站，机器人作为从站，实现机器人状态信号和PLC控制信号的交换，其中PLC直接控制的单元有：工位夹具、触摸屏、工位操作盒、安全门操作盒、光栅操作盒。机器人作为主站直接控制设备有焊接控制器、修磨器、焊枪、水气单元、抓手、切换盘，这些设备通过ET200S接到机器人作为从站使用。焊装线总体控制框架如图9-7所示，焊装线OP10L工位设备如图9-8所示。

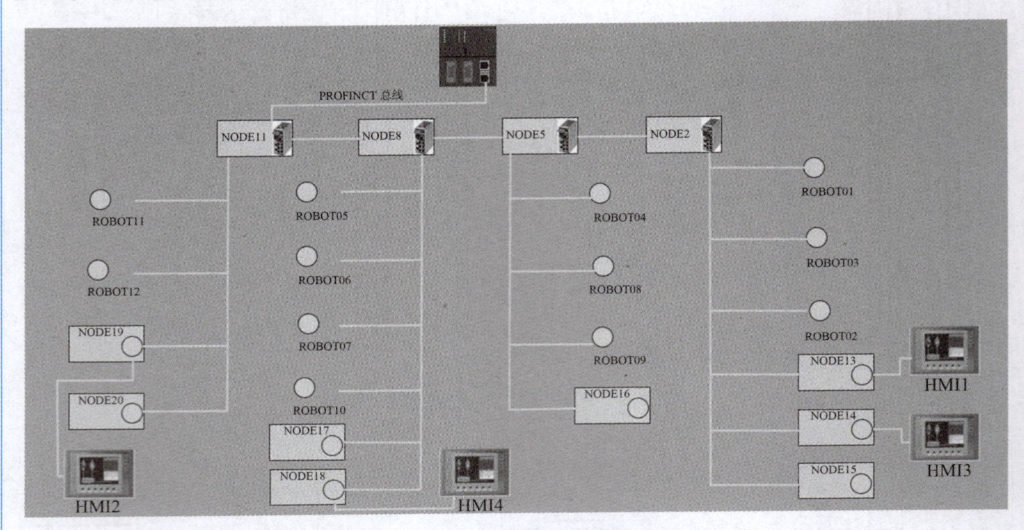

图 9-7　焊装线总体控制框架

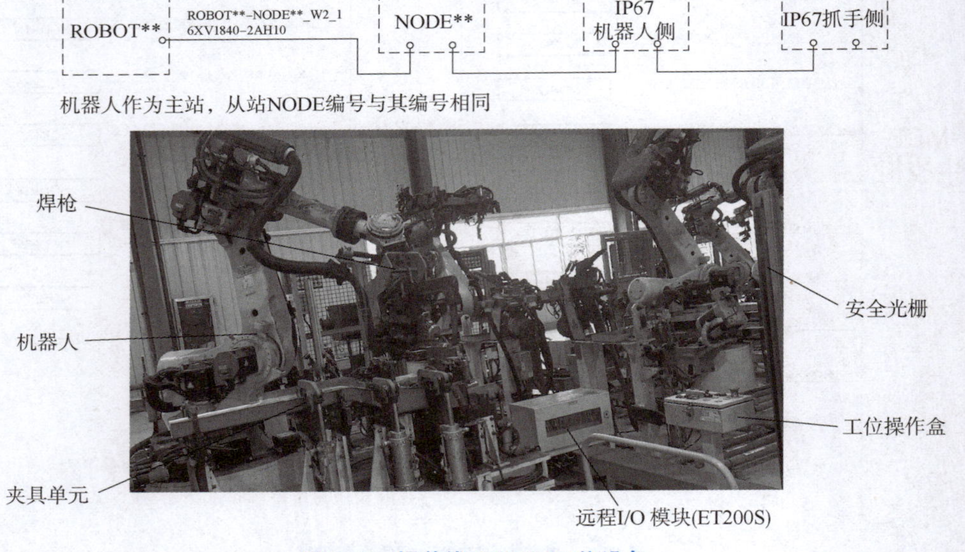

图 9-8　焊装线 OP10L 工位设备

学习笔记

操作说明如图 9-9 所示。

人工位操作盒操作说明：

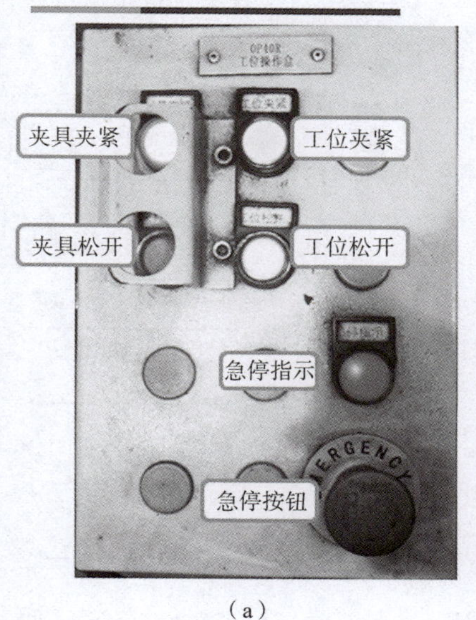

（a）

工位光栅复位盒操作说明：

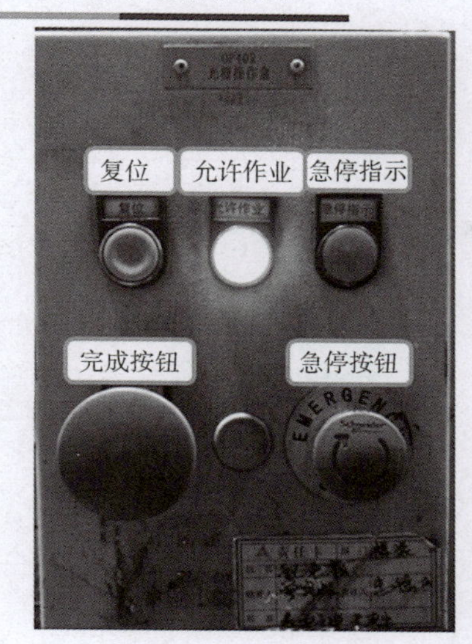

（b）

图 9-9　操作说明

（a）工位操作盒；（b）工位光栅复位盒

3. NODE1（ET200）模块盒

NODE1 电缆走线图如图 9-10 所示，ROBOT01 焊枪走线图如图 9-11 所示。

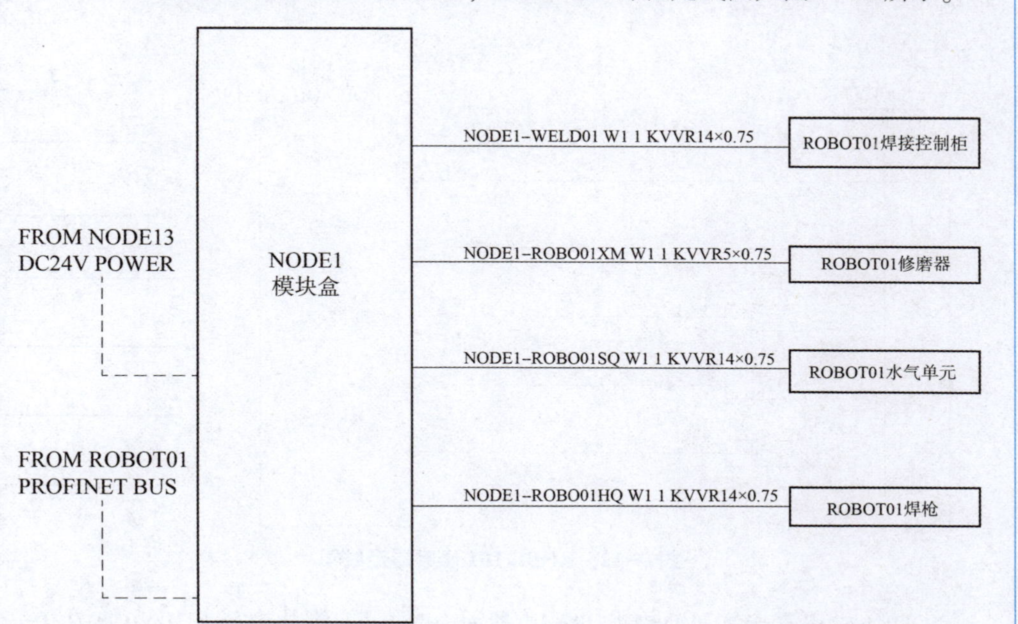

图 9-10　NODE1 电缆走线图

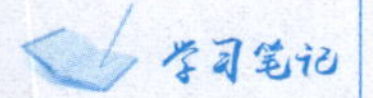

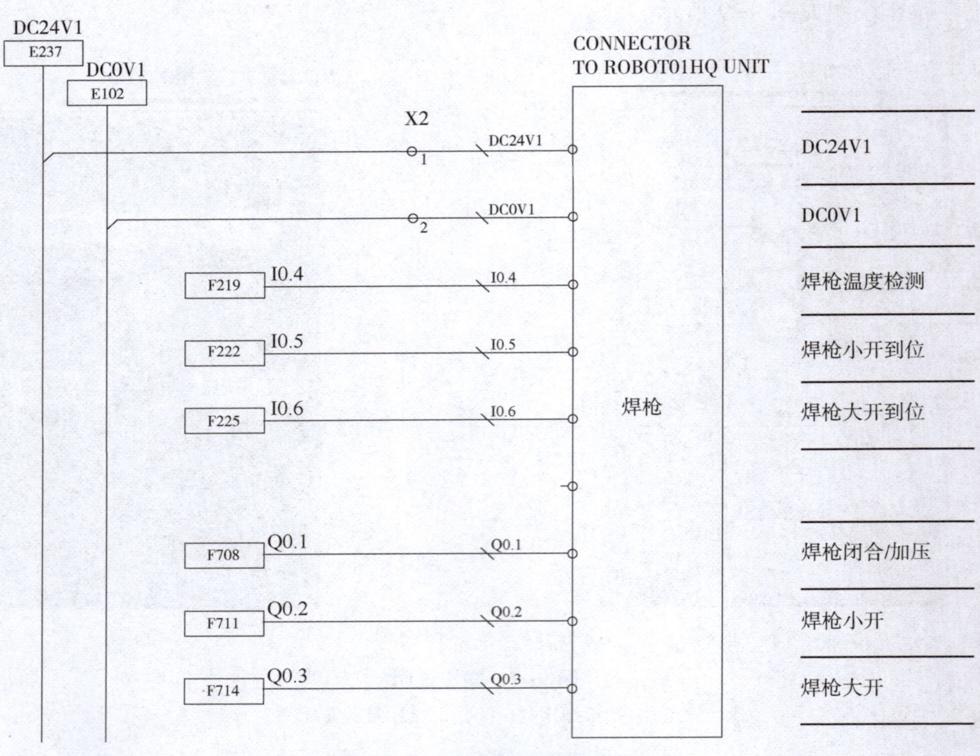

图 9-11 ROBOT01 焊枪走线图

ROBOT01 修磨器走线图如图 9-12 所示，ROBOT01 焊接控制器走线图如图 9-13 所示。

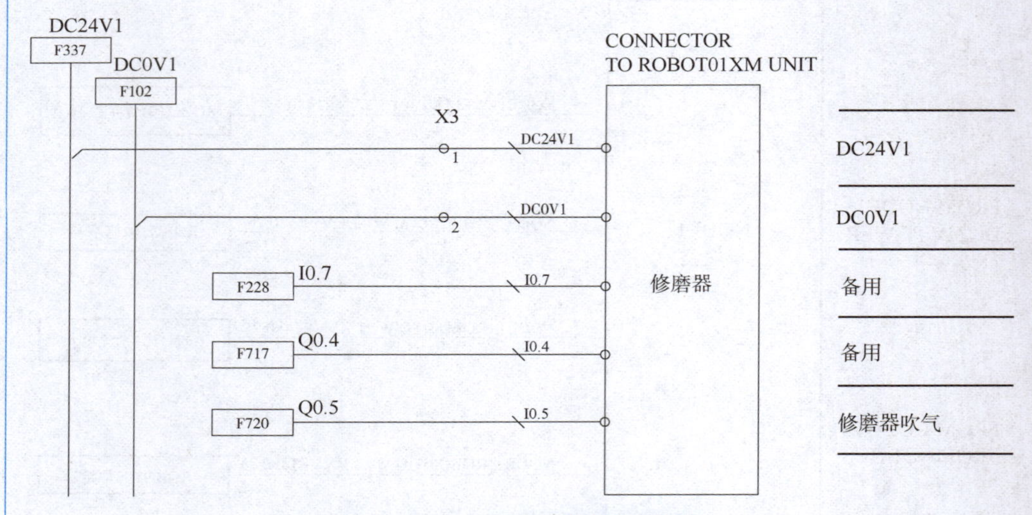

图 9-12 ROBOT01 修磨器走线图

NODE1 模块盒输入 I/O 如图 9-14 所示，NODE1 模块盒输出 I/O 如图 9-15 所示。

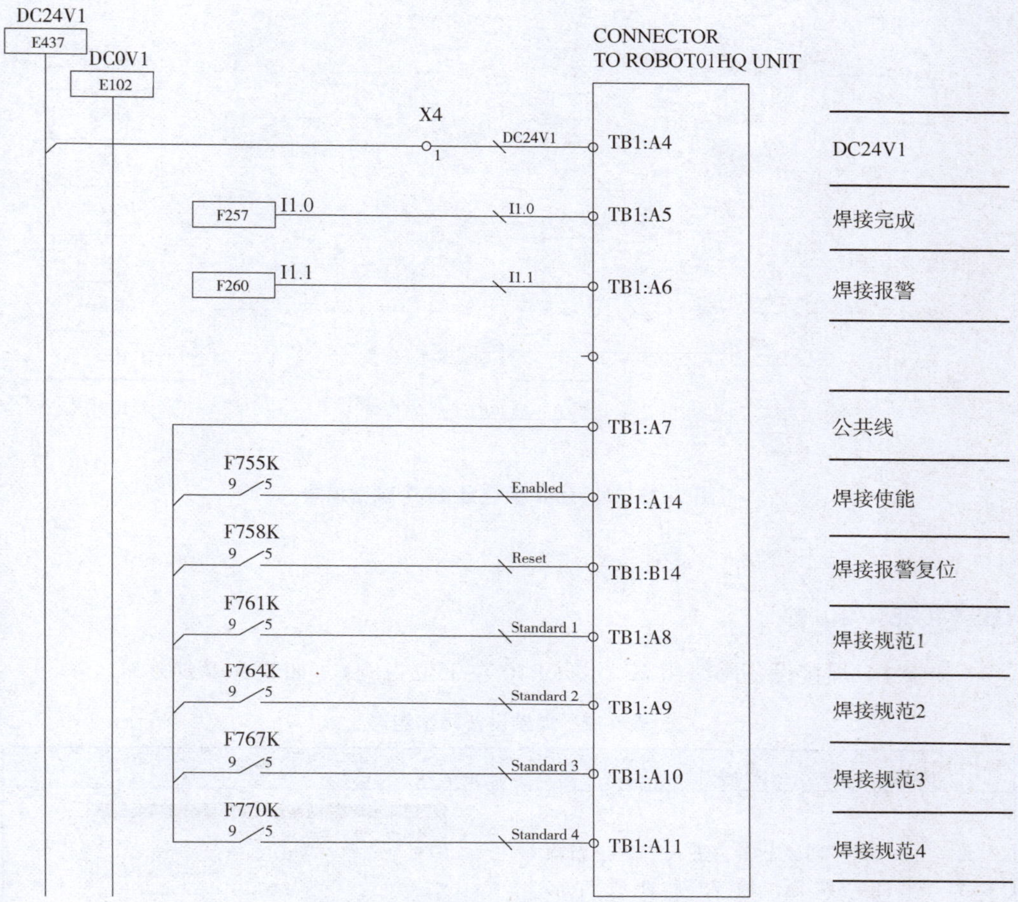

图 9-13　ROBOT01 焊接控制器走线图

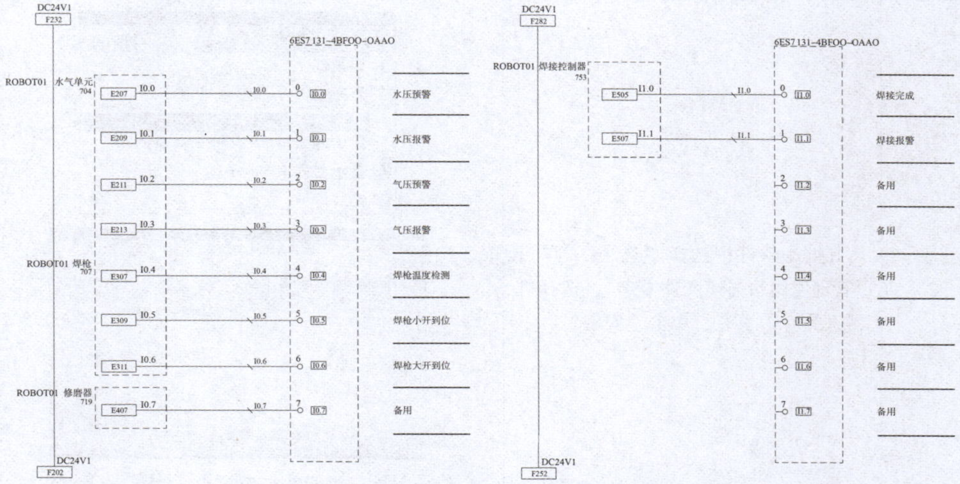

图 9-14　NODE1 模块盒 16 个输入信号

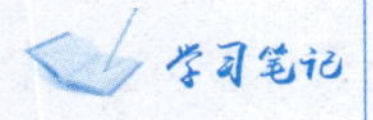

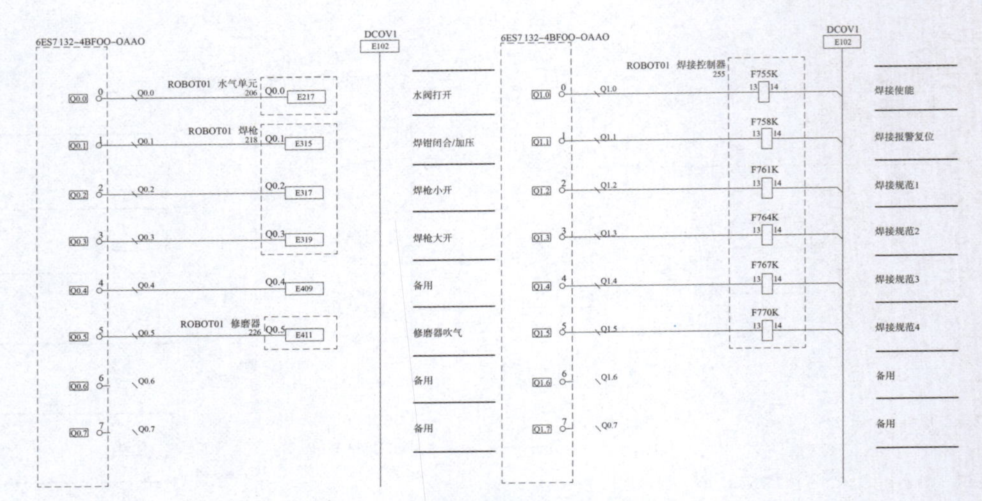

图 9-15　NODE1 模块盒 16 个输出信号

任务实施

步骤 1：焊接设备网络组态（以 OP10 左工位为例），如表 9-7 所示。

表 9-7　焊接设备网络组态

操作步骤	操作说明	示意图
1	打开博途软件，进入“创建新项目”界面，输入新的项目名称：PLC319	创建新项目 项目名称：PLC319 路径：G:\2021 ROBOGUIDE sim LF\SXSG PLC 版本：V15.1 作者：Administrator 注释： 创建　取消
2	在博途软件中选择“选项”，单击“管理通用站描述文件 GSD”，选择机器人的 GSD 文件，单击“安装”	选项(N)　工具(T)　窗口(W)　帮助(H) 设置(S) 支持包(P) 管理通用站描述文件(GSD)(D) 启动 Automation License Manager(A) 显示参考文本(W) 全局库(G) 管理通用站描述文件 已安装的 G...　项目中的 G... 源路径：G:\2021 ROBOGUIDE sim LF\GSD\FANUC GSD 导入路径的内容 文件　版本　语言　状态 GSDML-V2.3-Fanuc-A05B2600R834V830.xml　V2.3　英语　尚未安装 删除　安装　取消 机器人 GSD 文件： GSDML-01B7-0003-R30IB GSDML-V2.3-Fanuc-A05B2600R834V830-20140601

续表

操作步骤	操作说明	示意图
3	在博途软件中选择“选项”，单击“管理通用站描述文件 GSD”，选择 ET200S 的 GSD 文件安装	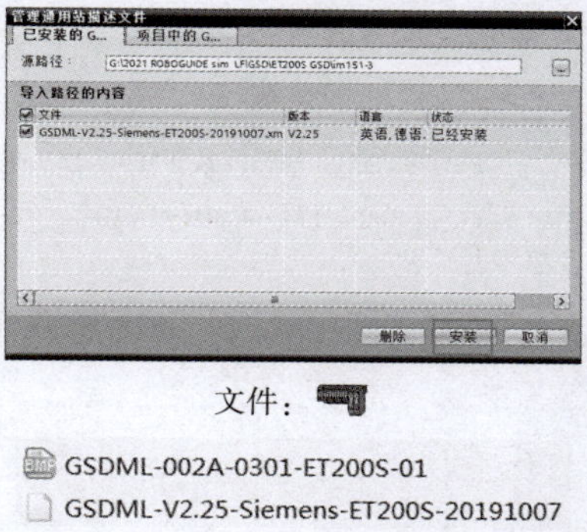 管理通用站描述文件 已安装的 G... 项目中的 G... 源路径： G:\2021 ROBOGUIDE sim LF\GSD\ET200S GSD\im151-3 导入路径的内容 文件 版本 语言 状态 GSDML-V2.25-Siemens-ET200S-20191007.xm V2.25 英语,德语.. 已经安装 删除 安装 取消 文件： GSDML-002A-0301-ET200S-01 GSDML-V2.25-Siemens-ET200S-20191007
4	添加 PLC 319 CPU 319F-3 PN/DP，订货号：6ES7 318-3FL01-0AB0	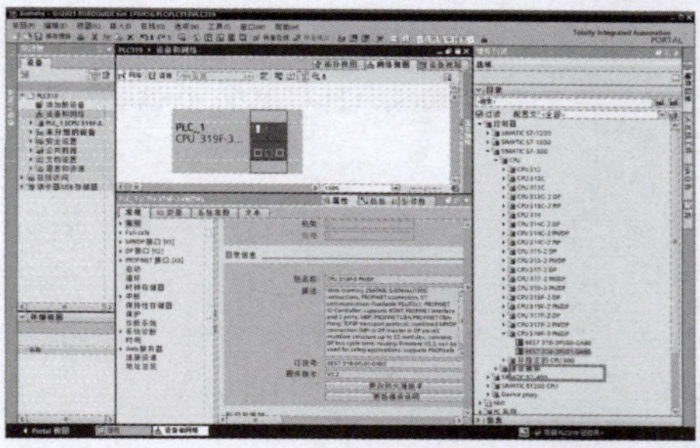
5	添加 PLC 的电源模块 PS 307 5A，订货号：6ES7 307-1EA01-0AA0，插槽号默认为 1	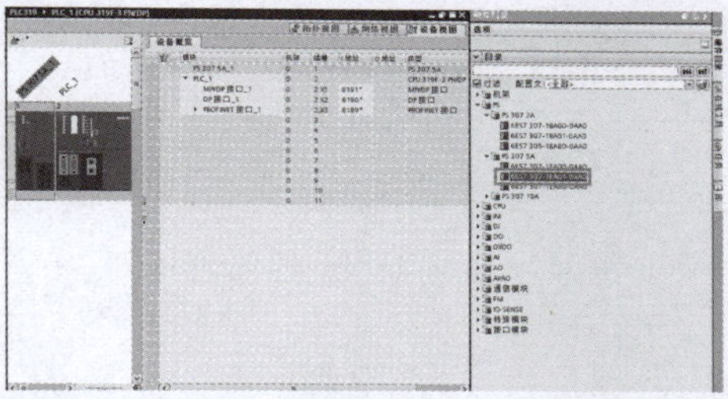
6	添加 PLC1500 的 DO 模块 DO 16×24VDC/0.5A，订货号：6ES7 322-1BH01-0AA0，插槽号默认为 4	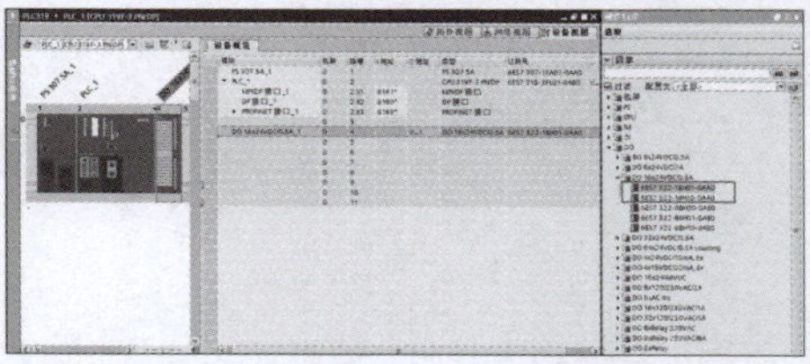
7	添加 ET200S（NODE1）模块 IM 151-3 PN HF，订货号：6ES7 151-3BA23-0AB0	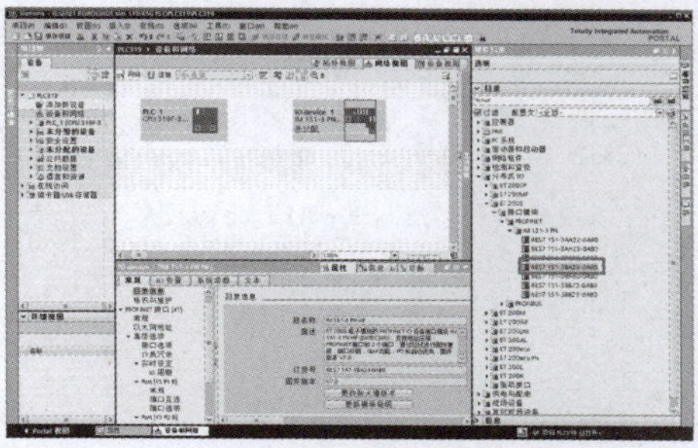

学习笔记

续表

操作步骤	操作说明	示意图
8	添加 ET200S 电源模块 PM-E 24VDC，订货号：6ES7 138-4CA01-0AA0	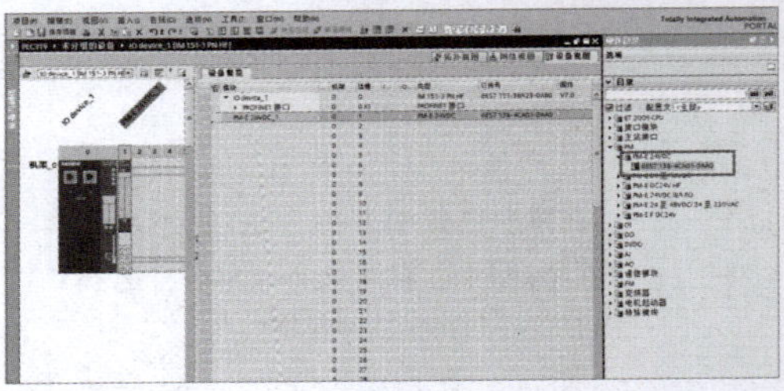
9	添加 ET200S DI 模块 8DI×24VDC，订货号：6ES7 131-4BF00-0AA0	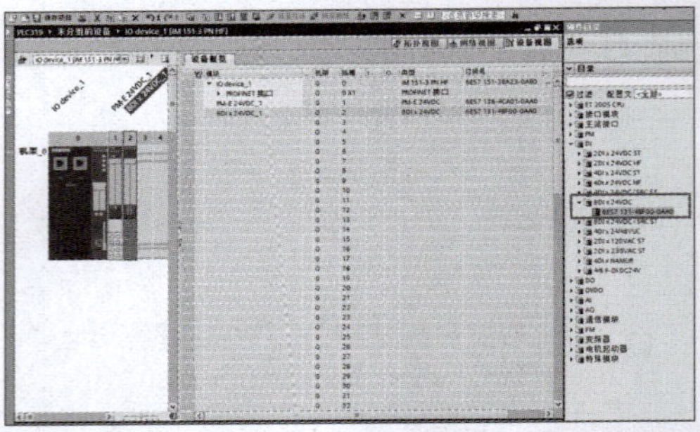
10	添加 ET200S DO 模块 8DO×24VDC/0.5A，订货号：6ES7 132-4BF00-0AA0	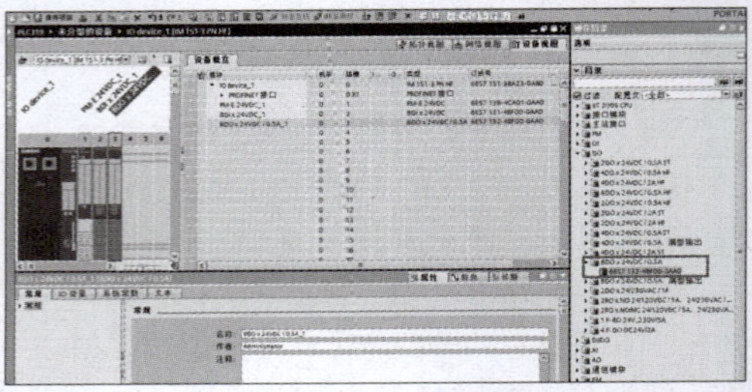
11	添加 ET200S DI 模块 4/8 F-DI DC24V，订货号：4/8 F-DI DC24V	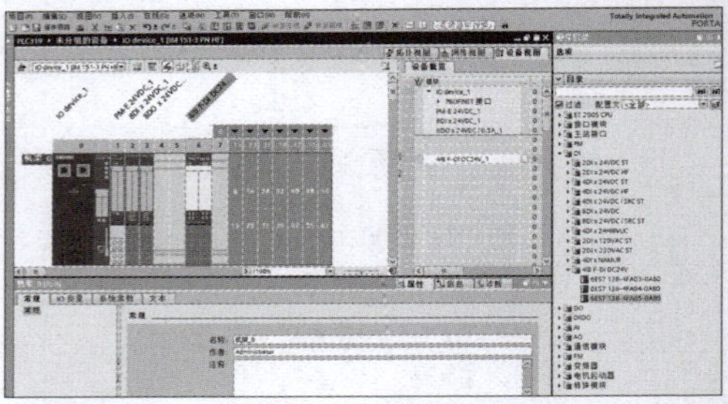
12	添加 ET200S DO 模块 4F-DO DC24V/2A，订货号：4 F-DO DC24V/2A_1	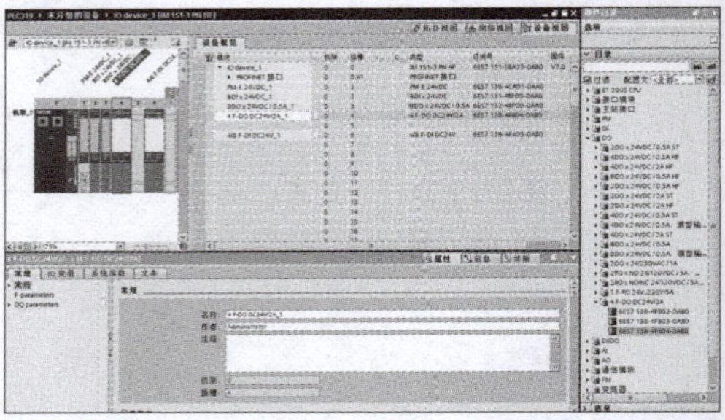

续表

操作步骤	操作说明	示意图
13	添加机器人模块 A05B-2600-R834：FANUC Robot Controller（1.0）	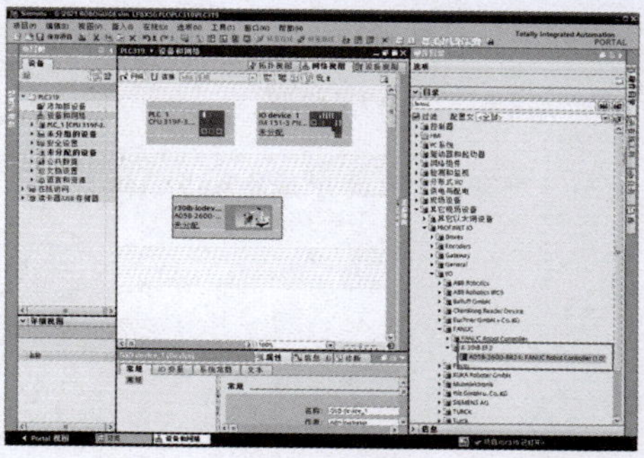
14	添加机器人输出模块 16 Output bytes_1	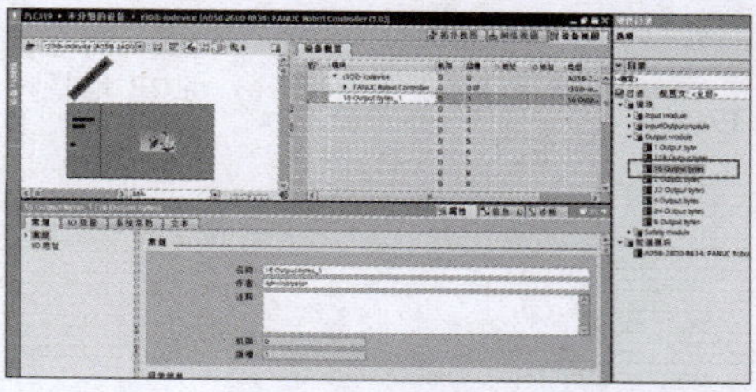
15	添加机器人输入模块 16 Input bytes_1	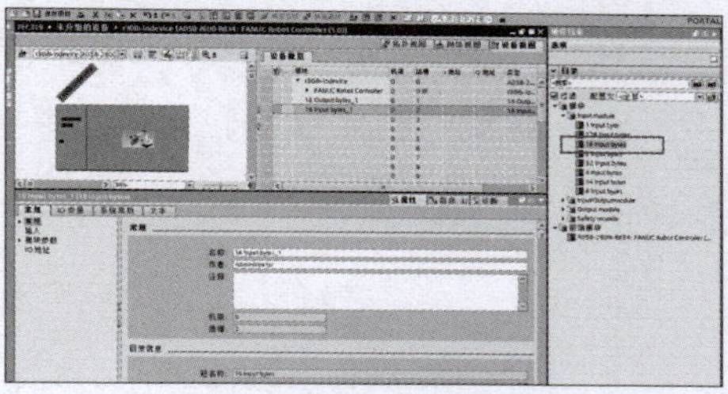
16	添加 12 英寸的触摸屏模块 TP1200 Comfort PRO，订货号：6AV2 124-OMC24-OAXO	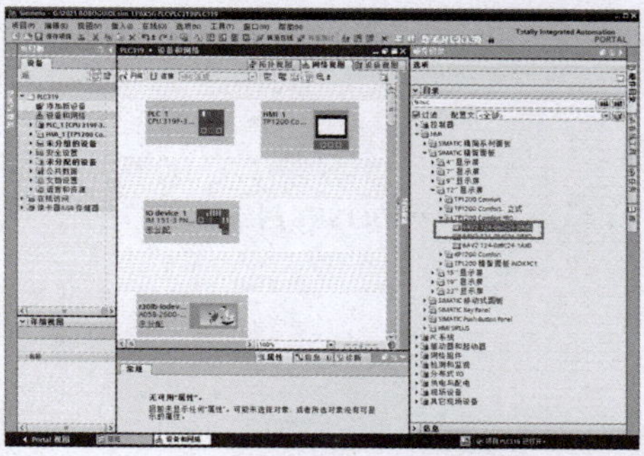
17	配置网络地址	网络地址配置： 设备 / IP 地址 PLC / 192.168.1.2 ET200S（NODE1） / 192.168.1.13 机器人 / 192.168.1.101 HMI / 192.168.1.3

学习笔记

学习笔记

续表

操作步骤	操作说明	示意图
18	修改 PLC 的 IP 地址为 192.168.1.2	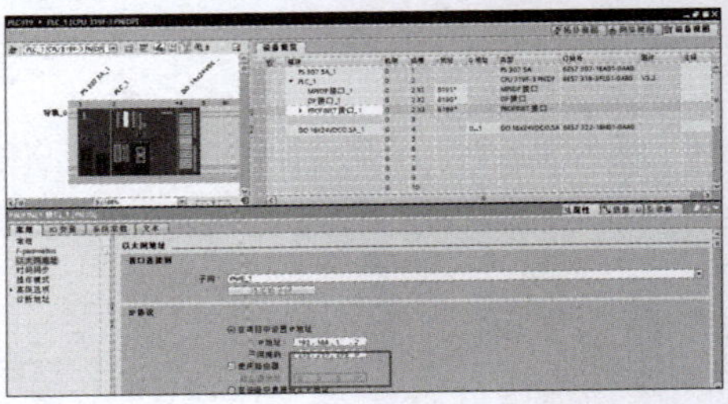
19	修改 ET200（NODE1）的 IP 地址为 192.168.1.13	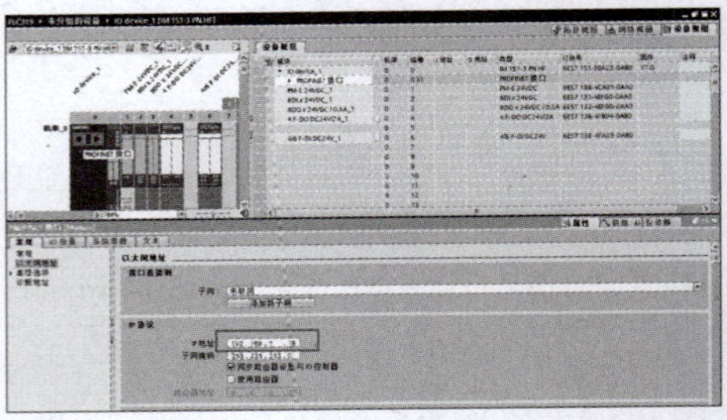
20	修改机器人的 IP 地址为 192.168.1.101	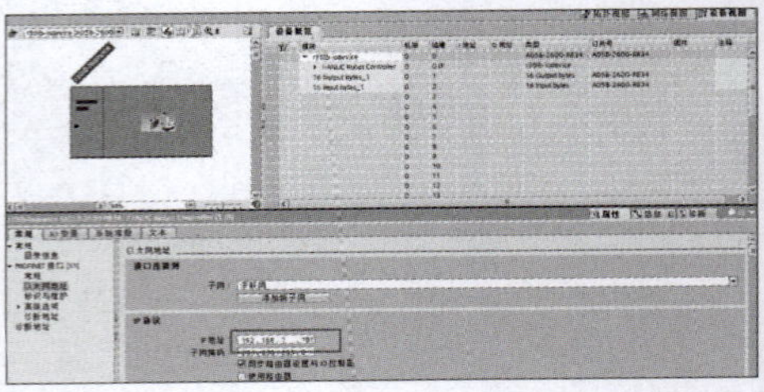
21	完成 PROFINET 网络组态	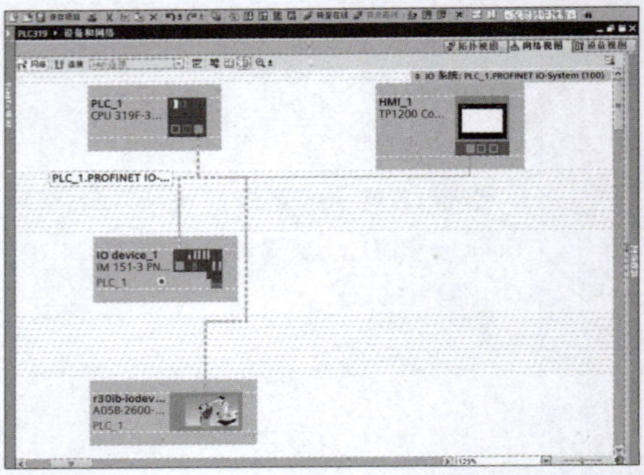
22	修改机器人的输入输出开始地址 1000-1015	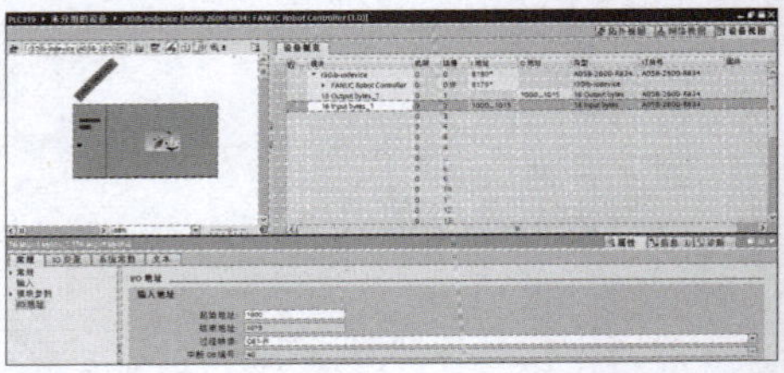

续表

操作步骤	操作说明	示意图
23	修改 ET200（NODE1）的输入输出开始地址 10	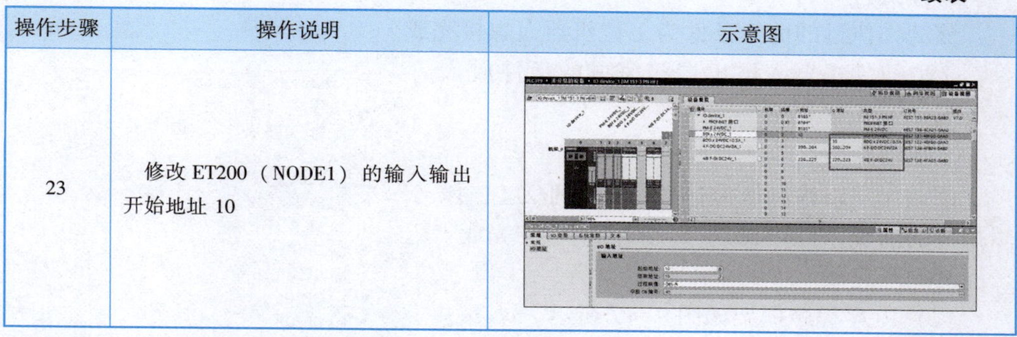

学习笔记

小贴士

完成所有网络组建后的示意图如图 9-16 所示，网络组建工作量大，只要出现设置错误的地方，就会影响整个项目运行，同学们要养成严谨认真的工作作风，避免出错！

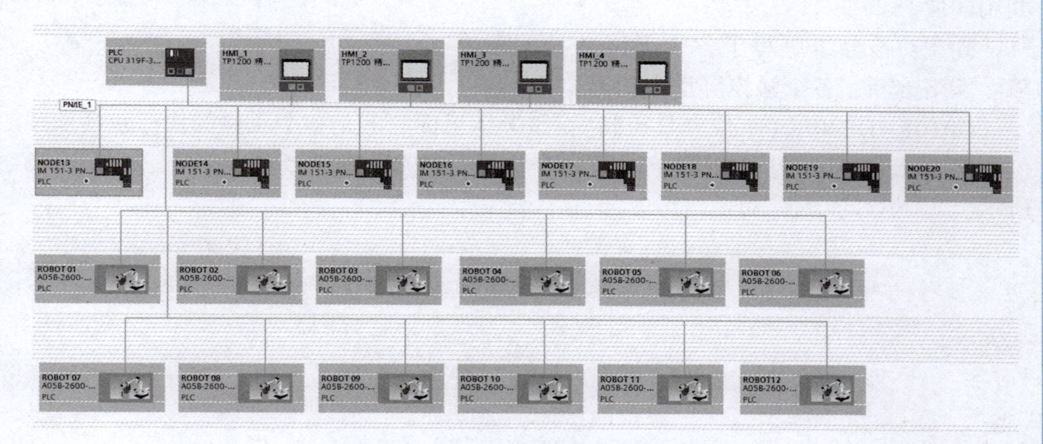

图 9-16　完成所有网络组建后的示意图

步骤 2：焊装线控制系统 PLC 编程（以 OP10 左工位为例）。

（1）OP10 工位动作流程：

①初始化所有信号。

工位的工作完成、焊接完成等均会被初始化。

②等待车型。

工作完成清零、车型接收/传送使能清零、焊接完成清零、下工位抓件完成清零、工位板件检测信号为零。

③检查工位状态。

对应车型的切换与夹具的切换。前提条件为工位车型信号正常即当前工位收到车型。

④人工上件。

人工上件完成，拍按钮完成。

⑤焊接。

气缸夹紧，工位机器人焊接。

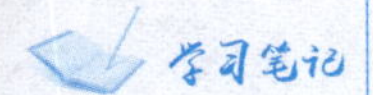

⑥夹具打开。

该动作执行的前提条件为工位机器人焊接完成。

⑦取放件机器人取出焊接完成的板件放入20工位。

⑧返回原位。

该动作用以检测板件信号是否全部为0，该步执行的前提条件为夹具打开到位、取件完成。

⑨循环完成。

（2）PLC程序框架如图9-17所示。

Safety Administration
程序块
添加新块
A_Safe
BLOCK_FB
BLOCK_OB
MCP
OP10L
OP10R
OP20L
OP20R
OP30L
OP30R
OP40L
OP40R
PRODUCT
ROBOT
STYLE
系统块

图9-17　PLC程序框架

A_Safe：该分组里面写的是区域的安全程序，区域的急停触发、安全门、光栅。

BLOCK_FB：该分组里面写的是底层块，比如机器人的底层块、阀、计数、气压检测等。

BLOCK_OB：该分组里面是主调用和一些共用的块。

MCP：该分组里写了各个工位夹具识别故障、网络诊断、各个触摸屏手自动等。

OP10L~OP40R（工位夹具控制）：该分组里面写的是各个工位的块，包括该工位的各个阀的夹紧/打开互锁条件及命令、工位故障、操作盒控制等，如图9-18所示。

OP10L
OP10L_Change_V1 [FC116]
OP10L_Change_V2 [FC117]
OP10L_Clamp_V1 [FC110]
OP10L_Clamp_V2 [FC111]
OP10L_Clamp_V3 [FC112]
OP10L_Clamp_V4 [FC113]
OP10L_Clamp_V5 [FC114]
OP10L_Clamp_V6 [FC115]
OP10L_FAULT [FC124]
OP10L_Lamp [FC121]
OP10L_Logic [FC123]
OP10L_Main [FC100]
OP10L_Mapping IO [FC102]
OP10L_PART_Fault [FC125]
OP10L_PB [FC120]
OP10L_Change_V1_DB [DB116]
OP10L_CHange_V2_DB [DB117]
OP10L_Clamp_V1_DB [DB110]
OP10L_Clamp_V2_DB [DB111]
OP10L_Clamp_V3_DB [DB112]
OP10L_Clamp_V4_DB [DB113]
OP10L_Clamp_V5_DB [DB114]
OP10L_Clamp_V6_DB [DB115]
OP10L_DATA [DB101]
OP10L_HMI [DB102]
OP10L_PART_Fault_DB [DB125]

图9-18　OP10L分组

ROBOT（机器人逻辑控制）：该分组里写的是机器人与 PLC 各类交互信号、机器人水压气压报警、焊接故障报警、从站网络报警、水阀控制。

FC116~FC117：夹具切换阀。

FC110~FC115：工位夹具阀，块中写了对应的阀的打开/夹紧互锁条件。

FC124：工位故障块，写了该工位的安全门光栅急停故障及传感器故障。

FC121：该工位安全门盒、光栅复位盒及工位操作盒各类指示灯触发。

FC123：该工位夹具的当前状态、气缸打开/夹紧到位、感应器全部感应到位、工位允许焊接、允许抓件、允许取件等。

FC100：各个阀的调用块。

（3）OP10L 工位控制逻辑块_ FC123-模块程序。

程序段 1：气缸全部夹紧到位，如图 9-19 所示。

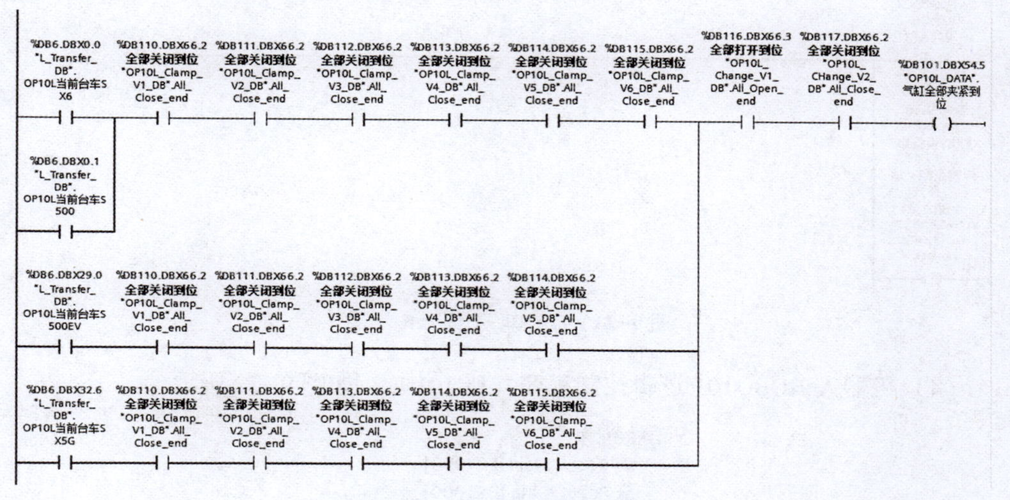

图 9-19　气缸全部夹紧到位

程序段 2：工件感应全部到位，如图 9-20 所示。

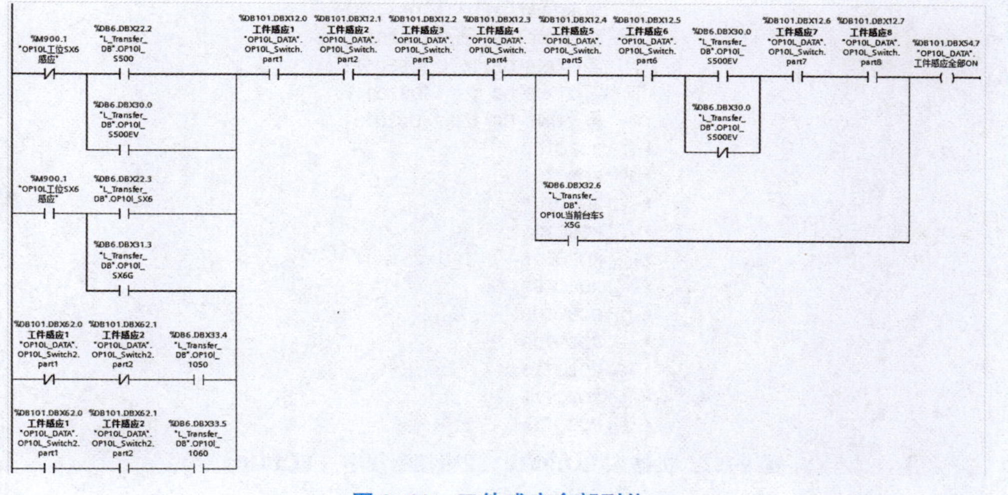

图 9-20　工件感应全部到位

学习笔记

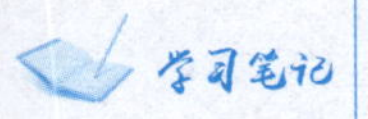

程序段 3：OP10L 工位允许焊接，如图 9-21 所示。

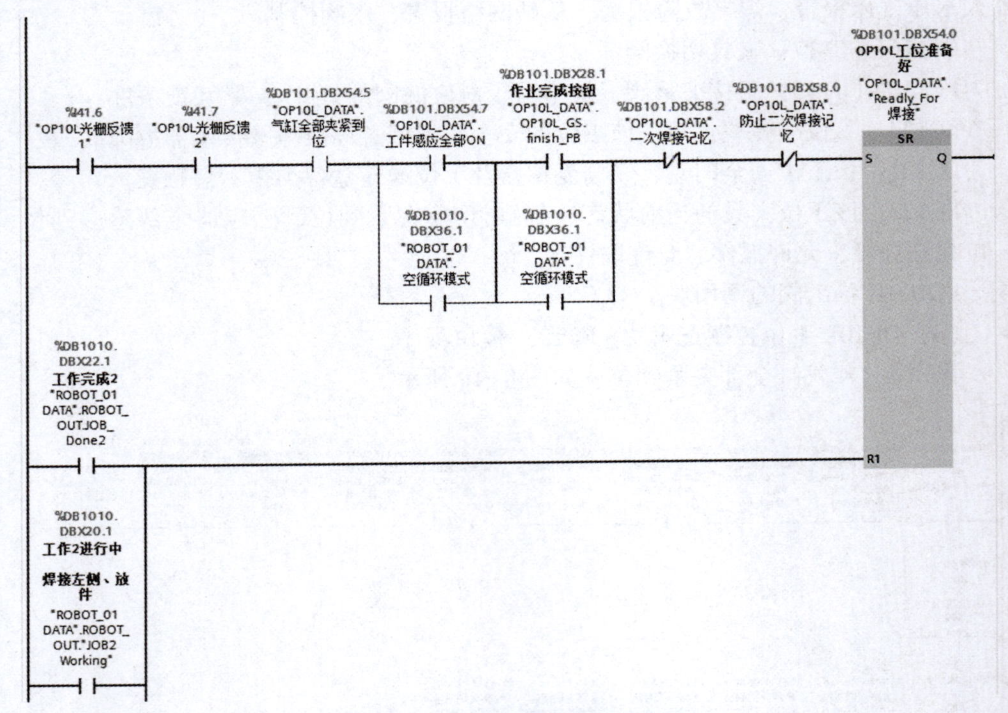

图 9-21　OP10L 工位允许焊接

（4）机器人 ROBOT01 逻辑控制程序（FC1010），如图 9-22 所示。

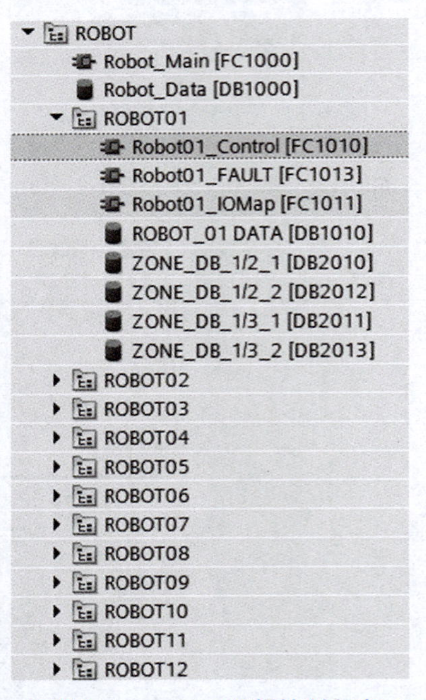

图 9-22　机器人 ROBOT01 逻辑控制程序（FC1010）

ROBOT01 机器人准备好程序，如图 9-23 所示。

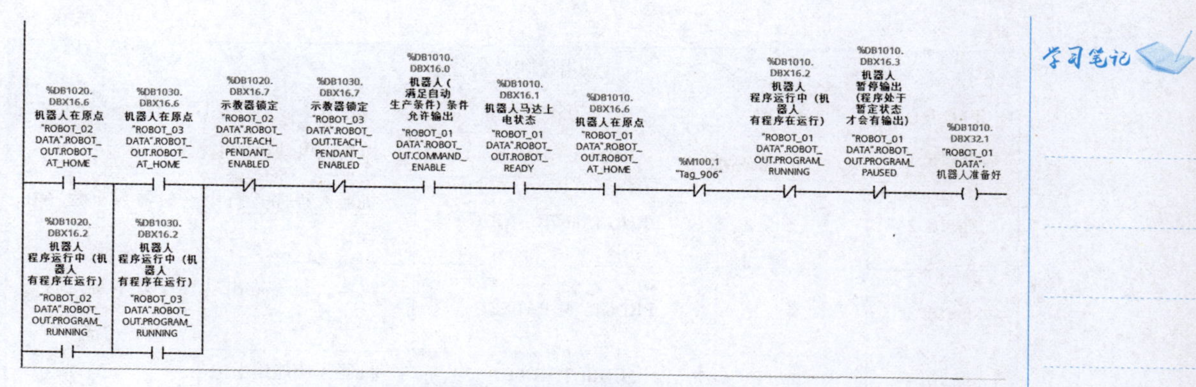

图 9-23　ROBOT01 机器人准备好程序

调用机器人 ROBOT01 程序号，如图 9-24 所示。

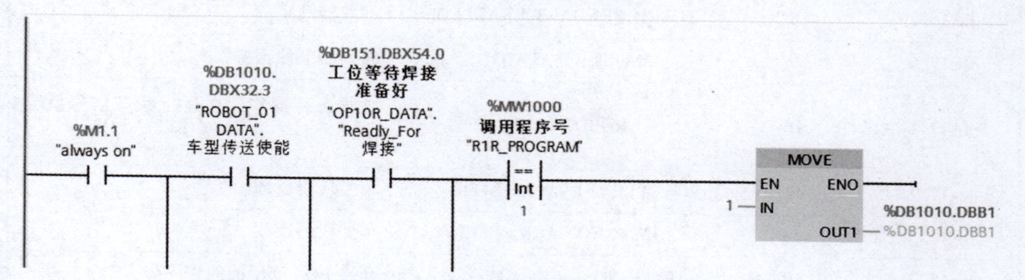

图 9-24　调用机器人 ROBOT01 程序号

焊接工作允许程序如图 9-25 所示。

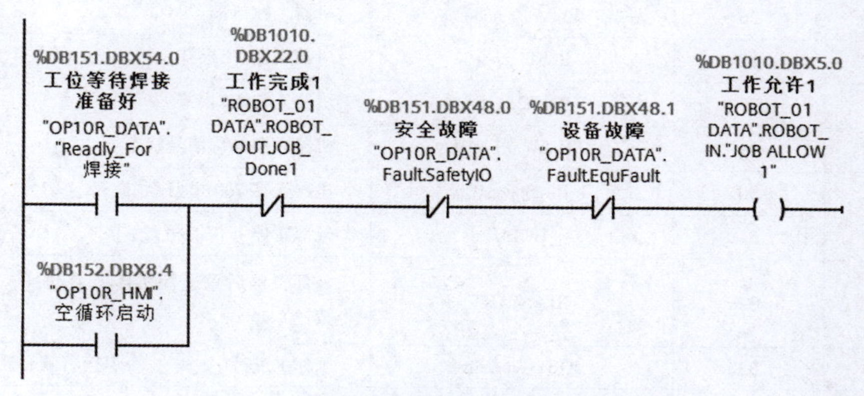

图 9-25　焊接工作允许程序

机器人输入、输出 I/O 分配表如表 9-8 所示。

表 9-8　机器人输入、输出 I/O 分配表

输出（DO）信号表			
PLC I/O	Link_DO	描述	备注
dbx16.0	1	COMMAND ENABLE	机器人（满足自动生产条件）条件允许输出

学习笔记

续表

输出（DO）信号表			
PLC I/O	Link_DO	描述	备注
dbx16.1	2	ROBOT READY	机器人电动机上电状态
dbx16.2	3	PROGRAM RUNNING	机器人程序运行中（机器人有程序在运行）
dbx16.3	4	PROGRAM PAUSED	机器人暂停输出（程序处于暂定状态有输出）
dbx16.4	5	ROBOT HELD	机器人使能键上电
dbx16.5	6	ROBOT FAULT	机器人故障
dbx16.6	7	ROBOT AT HOME	机器人在原点
dbx16.7	8	TEACH PENDANT ENABLED	示教器锁定
dbx17.0	9	BATTERY ALARM	编码器电池报警
dbx17.1	10	ROBOT BUSY	机器人有操作，在运行状态信号就会发出
dbx17.2	11	STYLE NO. ACK. BIT1	车型代码反馈
dbx17.3	12	STYLE NO. ACK. BIT2	车型代码反馈
dbx18.2	19	STYLE NO. ACK. STROBE	允许 PLC 读反馈的程序号
dbx18.3	20	RESERVED	备用
dbx19.0	25	RobEstop	机器人急停
dbx19.1	26	RobAutomode	机器人在自动
dbx19.2	27	RobT1mode	机器人在 T1 模式
dbx19.3	28	RobT2mode	机器人在 T2 模式
dbx19.4	29	I_RobWaitForDI	机器人在等待信号状态
dbx19.5	30	I_RobSpeed100	机器人在 100%速度状态
dbx19.6	31	HOLD	外部暂停（控制柜按钮）
dbx19.7	32	RE_START	外部暂停后重新让机器人启动（控制柜按钮）
dbx20.0	33	JOB1 Working	工作 1 进行中　　焊接右侧、抓件
dbx20.1	34	JOB2 Working	工作 2 进行中　　焊接左侧、放件
dbx20.2	35	JOB3 Working	工作 3 进行中　　右侧 2 次焊接
dbx20.3	36	JOB4 Working	工作 4 进行中　　左侧 2 次焊接
dbx21.0	41	JOB REQUEST 1	工作请求 1
dbx21.1	42	JOB REQUEST 2	工作请求 2
dbx22.0	49	JOB Done 1	工作完成 1
dbx22.7	56	JOB Done 8	工作完成 8
dbx23.0	57	TOOL_REQ1	机器人请求补焊 1（夹具动作条件）

续表

输出（DO）信号表				
PLC I/O	Link_DO	描述	备注	
dbx23. 1	58	TOOL_REQ2	机器人请求补焊 2（夹具动作条件）	
dbx23. 2	59	TOOL_REQ3	机器人请求补焊 3（夹具动作条件）	
dbx23. 3	60	TOOL_REQ4	机器人请求补焊 4（夹具动作条件）	
dbx23. 4	61	TOOL_REQ5	机器人请求补焊 5（夹具动作条件）	
dbx23. 5	62	TOOL_REQ6	机器人请求补焊 6（夹具动作条件）	
dbx23. 6	63	TOOL_REQ7	机器人请求补焊 7（夹具动作条件）	
dbx23. 7	64	TOOL_REQ8	机器人请求补焊 8（夹具动作条件）	
dbx27. 0	89	SPARE		
dbx27. 1	90	Robot Fault_code1	机器人故障反馈 1	
dbx27. 2	91	Robot Fault_code2	机器人故障反馈 2	
dbx27. 3	92	Robot Fault_code3	机器人故障反馈 3	
dbx27. 4	93	Robot Fault_code4	机器人故障反馈 4	
dbx28. 0	97	AIR WARN	水压预警	低电平有效
dbx28. 1	98	RobAirOk	水压报警	低电平有效
dbx28. 2	99	WATER WARN	气压预警	低电平有效
dbx28. 3	100	Robflow1ok	气压报警	低电平有效
dbx28. 4	101	SPARE		
dbx28. 5	102	Gun2 Warning	焊枪报警	低电平有效
dbx28. 6	103	WELD2 Alarm	焊接故障	高电平有效
dbx28. 7	104	WELD2 Finish	焊接完成	高电平有效
dbx29. 0	105	SPARE		
dbx29. 1	106	Gun1 Warning	焊枪 1 报警	低电平有效
dbx29. 2	107	WELD1 Alarm	焊接 1 故障	高电平有效
dbx29. 3	108	WELD1 Finish	焊接 1 完成	高电平有效
dbx29. 4	109	SPARE	小 C 枪在修磨中	
dbx29. 5	110	TIP DRESSING	在修磨中	
dbx29. 6	111	TIP CHANGE POS	换帽位置	
dbx29. 7	112	ROB SERVE POS	维修位置	
dbx30. 0	113	GET TOOL	取抓手中	
dbx30. 1	114	PUT TOOL	放抓手中	
dbx30. 2	115	SPARE	服务状态中	
dbx30. 3	116	Gun Open	焊枪小开	
dbx30. 4	117	Gun FullOpen	焊枪大开	
dbx30. 5	118	SPARE	小 C 枪小开	
dbx30. 6	119	SPARE	小 C 枪大开	

学习笔记

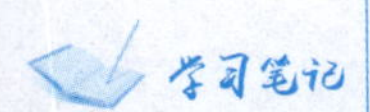

续表

输入（DI）信号表			
PLC I/O	Link_DI	描述	备注
dbx0.0	1	NO EMERGENCY STOP	机器人急停停止正常为1
dbx0.1	2	NO HOLD	外部暂停正常为1
dbx0.2	3	NO FENCE	安全速度，正常为1，慢速为0（机器人不动）
dbx0.3	4	CYCLE STOP	不用（rsr 取消预约功能，脉冲取消），PSN 没有用
dbx0.4	5	ROBOT FAULT RESET	故障复位
dbx0.5	6	RECOVERY CYLCE START	外部暂停后重新让机器人启动
dbx0.6	7	MOVE TO HOME	不用
dbx0.7	8	MOTION ENABLE	动作允许信号，正常为1
dbx1.0	9	STYLE BIT1	发车型代码
dbx1.1	10	STYLE BIT2	发车型代码
dbx2.0	17	PNS STROBE	允许机器人读程序号
dbx2.1	18	PRODUCTION START	机器人程序启动1 s的脉冲信号
dbx2.4	21	SPEED1	速度给定1
dbx2.5	22	SPEED2	速度给定2
dbx3.0	25	GO Serve	去服务位置
dbx3.1	26	Apply to dre	请求清洗电极
dbx3.2	27	Finish TIP change	换帽完成
dbx3.3	28	Finish change	换刀片完成
dbx3.4	29	Get_Tool	取抓手
dbx3.5	30	DRY RUN	空循环
dbx3.6	31	Go Home	回原点位置
dbx3.7	32	SPARE	小C枪请求清洗电极
dbx4.0	33	Water Open	水阀打开
dbx5.0	41	JOB ALLOW 1	工作允许1
dbx5.1	42	JOB ALLOW 2	工作允许2
dbx6.0	49	Done Feedback 1	工作完成反馈1
dbx6.1	50	Done Feedback 2	工作完成反馈2
dbx7.0	57	TOOL_ALLOW1	夹具动作后机器人动作允许1
dbx7.1	58	TOOL_ALLOW2	夹具动作后机器人动作允许2
dbx7.2	59	TOOL_ALLOW3	夹具动作后机器人动作允许3

续表

输入（DI）信号表			
PLC I/O	Link_DI	描述	备注
dbx7. 3	60	TOOL_ALLOW4	夹具动作后机器人动作允许 4
dbx7. 4	61	TOOL_ALLOW5	夹具动作后机器人动作允许 5
dbx7. 5	62	TOOL_ALLOW6	夹具动作后机器人动作允许 6
dbx7. 6	63	TOOL_ALLOW7	夹具动作后机器人动作允许 7
dbx7. 7	64	TOOL_ALLOW8	夹具动作后机器人动作允许 8
dbx8. 0	65	I_InterLock1	允许机器人进入干涉区 1

学习笔记

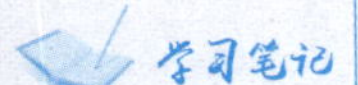

任务 9.3　工业机器人焊装线程序与 PLC 虚拟联调

【任务描述】

根据焊装线 OP10L 工位的虚拟仿真工作站，参考给定机器人焊接主程序和子程序，利用 OPC 软件 KEPServerEX 6 和 NetToPlcSim 工具，建立博途软件与 ROBOGUIDE 软件信号通道，进行 OP10L 的工位 PLC 逻辑控制程序与机器人焊接程序虚拟联调。

【学前准备】

(1) 了解焊装线机器人示教编程控制逻辑。

(2) 了解机器人焊接程序框架。

【学习目标】

(1) 学会 FANUC 工业机器人焊接程序编程。

(2) 学会构建博途软件与 ROBOGUIDE 软件信号通道方法。

预备知识 

1. 焊装线机器人示教编程控制逻辑

点焊主程序结构如图 9-26 所示。

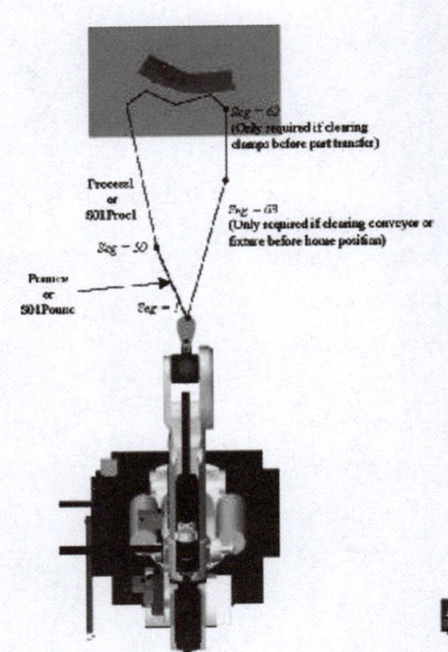

图 9-26　点焊主程序结构

程序流程如表 9-9 所示。

学习笔记

表 9-9　程序流程

程序流程	时间（sec）	终止方式	机器人动作
准备开始	0.8	—	复位 I/O，确认在 HOME 位置
Set Segment 1	0.0	—	通知 PLC 机器人进入 Segment 1
移动到 Pounce	Sim	Fine	移动到 Pounce 位置
Request Continue	0.2	—	等待 PLC 允许从 Pounce 进入工作程序
Set Segment 50	0.0	—	通知 PLC 机器人进入 Segment 50
工作程序	Sim	—	工作程序
退出工具的干涉	Sim	Fine/CNT*	移动到工具与工装无干涉的区域
Set Segment 62	0.0	—	通知 PLC 机器人进入 Segment 62
退出线体的干涉	Sim	Fine/CNT*	移动到机器人与线体无干涉的区域
Set Segment 63	0.0	—	通知 PLC 机器人进入 Segment 63
回到 HOME 点	Sim	Fine	移动到 HOME 点

2. 焊接程序框架

1）焊接主程序

```
1:  CALL CHECK_TOOL(2);                     调用判断当前是否为 SX5G 抓手检测程序(1 为
                                            SX6，2 为 SX5G)
2:  WAIT DI[41:OFF:工作允许 1]=ON;            等待 PLC 发送抓件允许
3:  DO[33:OFF:抓件]=ON;                       反馈 PLC 机器人抓件中
4:  CALL PICK_SX5G;                          调用抓件程序
5:  DO[33:OFF:抓件]=OFF;                      反馈 PLC 机器人不在抓件中
6:  DO[49:OFF:工作完成 1]=PULSE;              反馈 PLC 机器人抓件完成
7:  //CALL WDLD_SX5G_PT;
8:  CALL WDLD_SX5G_PT_32JPH;                 调用焊接程序
9:  DO[42:OFF:工作请求 2]=ON;                 反馈 PLC 机器人放件请求
10:  WAIT DI[42:OFF:工作允许 2]=ON;           等待 PLC 反馈放件允许
11:  DO[42:OFF:工作请求 2]=OFF;               机器人放件请求关闭
12:  DO[34:放件]=ON;                          反馈 PLC 机器人放件中
13:  CALL DORP_SX5G_0724;                    调用放件程序
14:  DO[34:OFF:放件]=OFF;                     反馈 PLC 机器人不在放件中
15:  DO[50:OFF:工作完成 2]=PULSE;             反馈 PLC 机器人放件完成
16:  IF DI[26:OFF:枪 1 请求铣洗电极]=ON OR DI[32:OFF:小 C 枪请求清洗电极]=ON,CALL TP_
DRESS;
17:  CALL HOME_IO;                           调用 HOME IO 程序,机器人信号初始化
/POS
/END
```

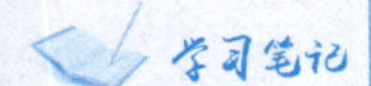
学习笔记

2）焊接子程序（WDLD_SX5G_PT_32JPH）

```
 1: TIMER[1]=RESET;
 2: TIMER[1]=START;
 3: UFRAME_NUM=0;
 4: UTOOL_NUM=3;
 5: PAYLOAD[3];
 6: ! ENTER ZONE7 WITH R11 DRESS;
 7: CALL ENTER_ZONE(7);
 8: CALL WATER_ON;
 9:J P[1] 100% FINE;
10:J P[2] 100% CNT100;
11:J P[3] 100% CNT60;
12:J P[4] 100% CNT60;
13:L P[5] 3000mm/sec FINE
   : SPOT[BU=(*,C),S=(0,5),BU=(*,*)];
14:L P[6] 3000mm/sec FINE
   : SPOT[BU=(*,C),S=(0,5),BU=(*,*)];
15:L P[7] 3000mm/sec CNT100;
16:L P[10] 3000mm/sec CNT60;
17:L P[12] 3000mm/sec CNT60;
18:L P[9] 3000mm/sec FINE
   : SPOT[BU=(*,C),S=(0,5),BU=(*,*)];
19:L P[11] 3000mm/sec CNT60;
20:L P[13] 3000mm/sec CNT60;
21:L P[14] 3000mm/sec CNT60;
22:L P[15] 2000mm/sec FINE
   : BACKUP[(*,CLOSE)];
23:L P[16] 3000mm/sec CNT60;
24:L P[17] 3000mm/sec CNT60;
25:L P[18] 3000mm/sec FINE
   : SPOT[BU=(*,C),S=(0,5),BU=(*,*)];
26:L P[19] 3000mm/sec FINE
   : SPOT[BU=(*,C),S=(0,5),BU=(*,*)];
27:L P[20] 3000mm/sec CNT60;
28:L P[21] 3000mm/sec CNT60;
29:L P[22] 3000mm/sec FINE
   : SPOT[BU=(*,C),S=(0,7),BU=(*,*)];
30:L P[23] 3000mm/sec FINE
   : SPOT[BU=(*,C),S=(0,6),BU=(*,*)];
```

学习笔记

```
31:L P[24] 3000mm/sec CNT60;
32:L P[25] 3000mm/sec CNT60;
33:L P[26] 3000mm/sec CNT60;
34:L P[27] 3000mm/sec CNT60;
35:L P[30] 3000mm/sec CNT60;
36:L P[31] 3000mm/sec CNT60;
37:L P[28] 3000mm/sec CNT60;
38:L P[63] 1000mm/sec CNT10;
39:L P[64] 1000mm/sec CNT10;
40:L P[32] 3000mm/sec FINE
  : SPOT[BU=(*,C),S=(0,7),BU=(*,*)];
41:L P[33] 3000mm/sec FINE
  : SPOT[BU=(*,C),S=(0,7),BU=(*,*)];
42:L P[34] 3000mm/sec FINE
  : SPOT[BU=(*,C),S=(0,9),BU=(*,*)];
43:L P[35] 3000mm/sec FINE
  : SPOT[BU=(*,C),S=(0,9),BU=(*,*)];
44:L P[29] 3000mm/sec CNT60;
45:L P[37] 3000mm/sec FINE
  : SPOT[BU=(*,C),S=(0,9),BU=(*,O)];
46:L P[57] 3000mm/sec CNT60;
47:L P[36] 3000mm/sec CNT60;
48:L P[61] 1000mm/sec CNT10;
49:L P[65] 1000mm/sec CNT10;
50:L P[38] 3000mm/sec CNT60;
51:L P[39] 3000mm/sec CNT60;
52:L P[40] 3000mm/sec CNT60;
53:L P[41] 3000mm/sec CNT60;
54:L P[42] 3000mm/sec CNT60;
55:L P[43] 3000mm/sec CNT60;
56:L P[44] 3000mm/sec CNT60;
57:L P[45] 3000mm/sec CNT60;
58:L P[46] 3000mm/sec CNT60;
59:L P[47] 3000mm/sec CNT60;
60:L P[48] 2000mm/sec FINE
  : BACKUP[(*,CLOSE)];
61:L P[49] 3000mm/sec FINE
  : SPOT[BU=(*,C),S=(0,7),BU=(*,*)];
62:L P[50] 3000mm/sec FINE
```

学习笔记

```
  63:L P[51] 2000mm/sec FINE
    : BACKUP[(*,OPEN)];
  66:L P[52] 3000mm/sec CNT60;
  67:L P[53] 3000mm/sec CNT60;
  68:L P[54] 3000mm/sec CNT60;
  69:L P[55] 3000mm/sec CNT100;
  70:L P[56] 3000mm/sec CNT100;
  71:J P[62] 100% CNT100;
  72:J P[60] 100% CNT100;
  73:J P[58] 100% CNT100;
  74:J P[8] 100% FINE;
  75: //J P[59] 100% FINE;
/POS
```

3)修磨器程序结构

```
1: ! TipDress Style 29;
2: MESSAGE[TIP DRESS CARRIED];
3: ! ECHO STYLE AND OPTION;
4: GO[1:ManualStyle]=29;                  ——反馈车型号给 PLC 做车型对比;
5: CALL TD_PROC1;                         ——调用修磨子程序
6: WAIT .50(sec);                         ——等待 0.5 s;
7: DO[89:doP1TipMantReqG1]=OFF;           ——手动修磨请求信号 OFF;
8: WAIT .50(sec);                         ——等待 0.5 s;
9: MOVE TO HOME;                          ——回原位;
```

3. 虚拟焊装线与 PLC 联调(图 9-27)

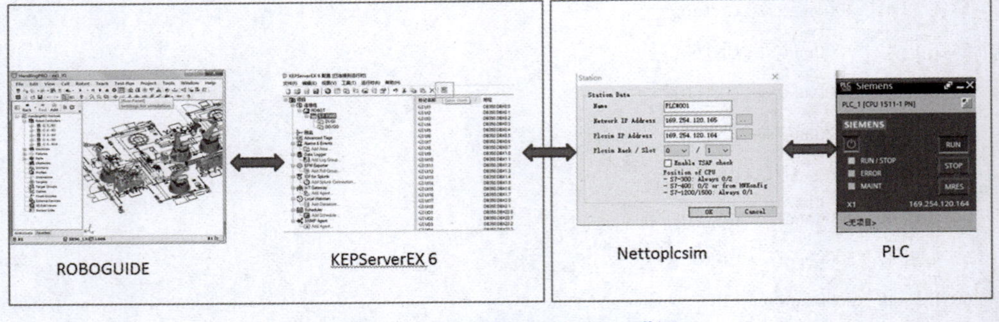

图 9-27　虚拟焊装线与 PLC 联调

任务实施

步骤 1:焊装线机器人与博途 PLC 联调仿真,如表 9-10 所示。

表 9-10　焊装线机器人与博途 PLC 联调仿真

操作步骤	操作说明	示意图
1	打开组态编程好的项目,在项目属性勾选“块编译时支持仿真”	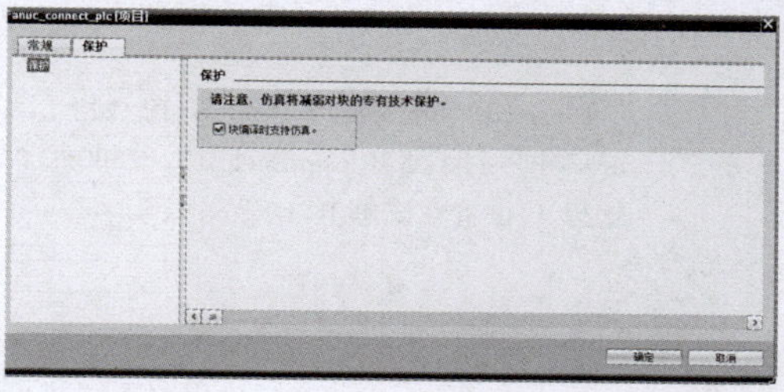
2	在设备属性中连接机制勾选“允许来自远程对象的 PUT/GET 通信访问”	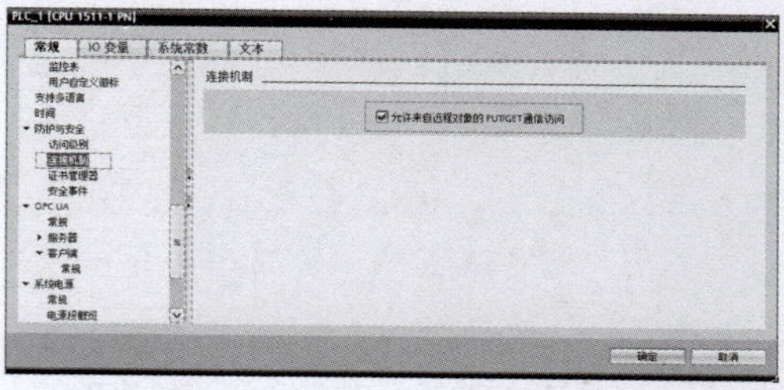
3	新建 DB 块,以及其他程序块,在 Mian 中调用并下载至仿真器	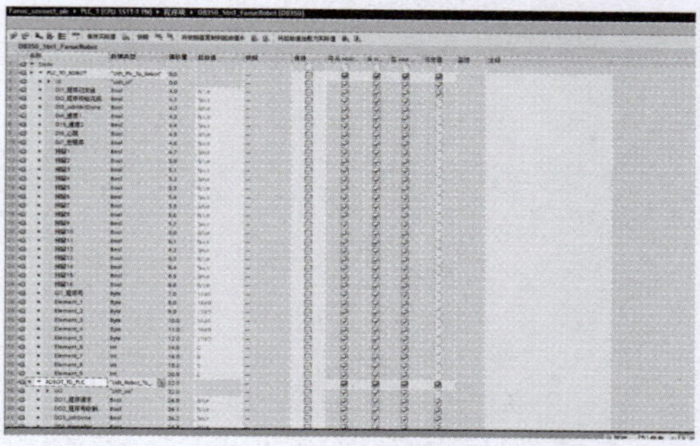
4	以管理员运行 Nettoplcsim	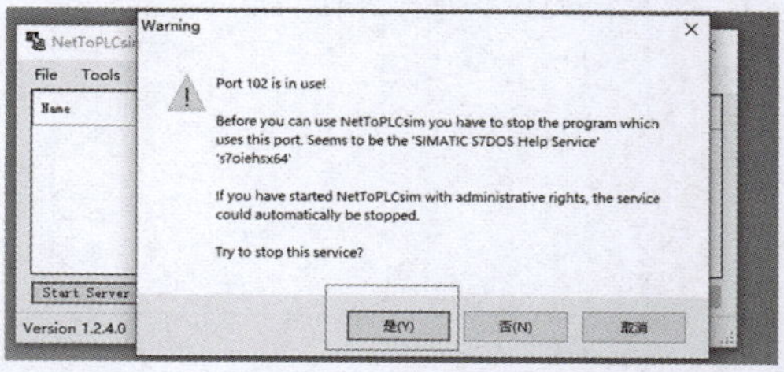
5	选择“Add”,选择网卡 IP 地址,这里选择 Siemens PLCSIM Virtual 虚拟网卡	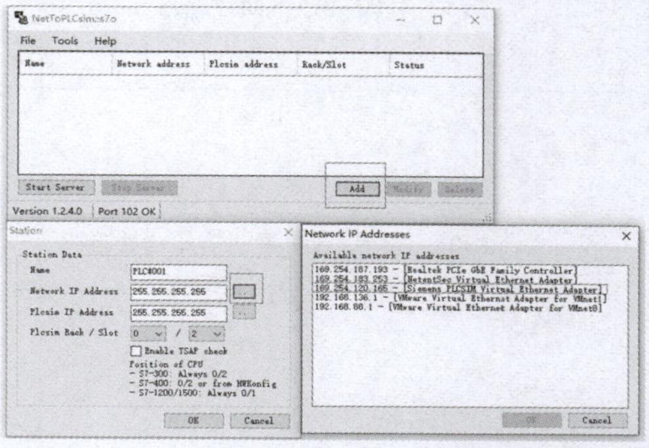

学习笔记

续表

操作步骤	操作说明	示意图
6	Plcsim IP Address 与 Network IP Address 同一网段，PlcsimRack/Slot 1500 选择 1，设置完成单击“OK”	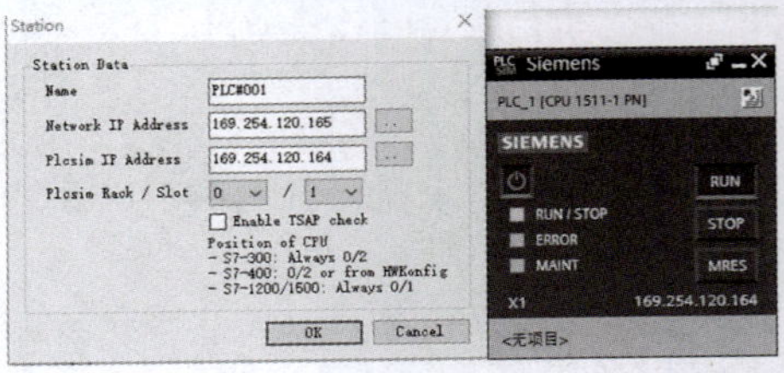
7	单击“Start Sever”	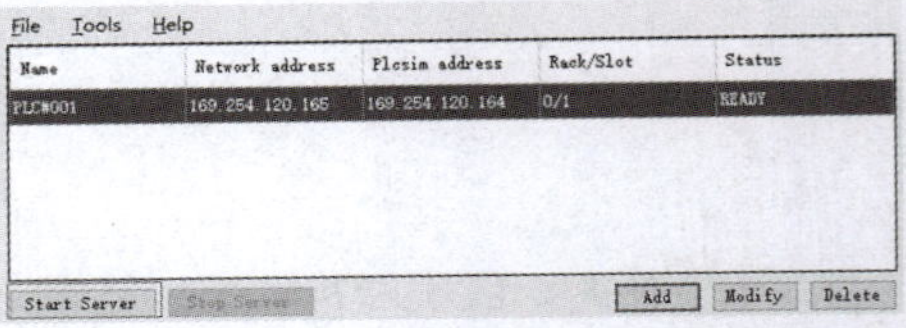
8	打开 KEPServerEX 软件，选择“连接性”，右键属性“新建通道”	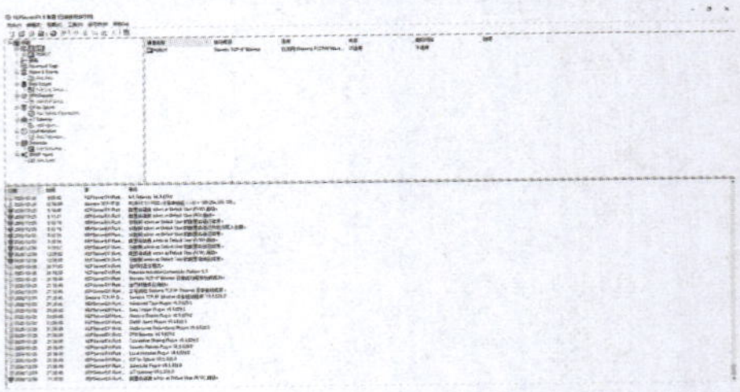
9	新建 S7-1500 通道注意： （1）选择 Siemens TCP/IP Ethemet； （2）IP 地址与 NetToPLCsim NetWork address 一致	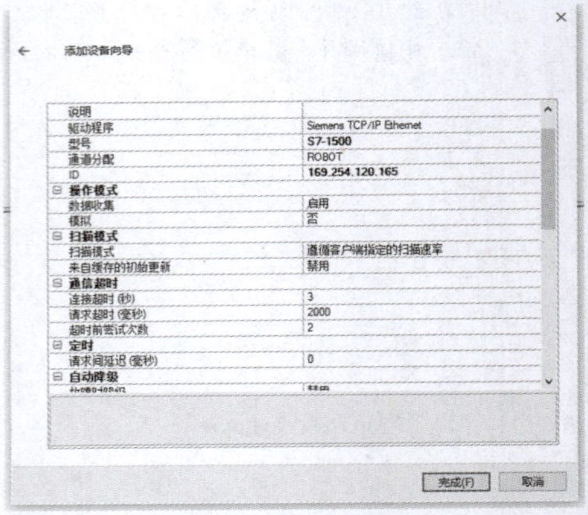
10	在 S7-1500 通道下面建立信号	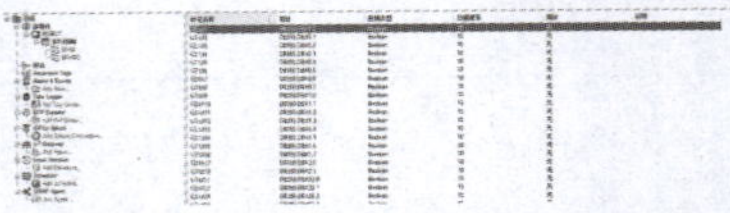
11	KEPServerEX 6 新建的信号地址与博途 DB 块的地址保持一致	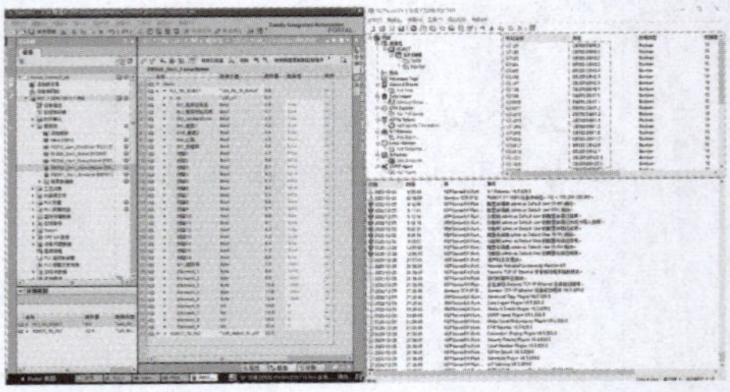

续表

操作步骤	操作说明	示意图
12	单击“Quick Client”可以看到信号的状态为良好	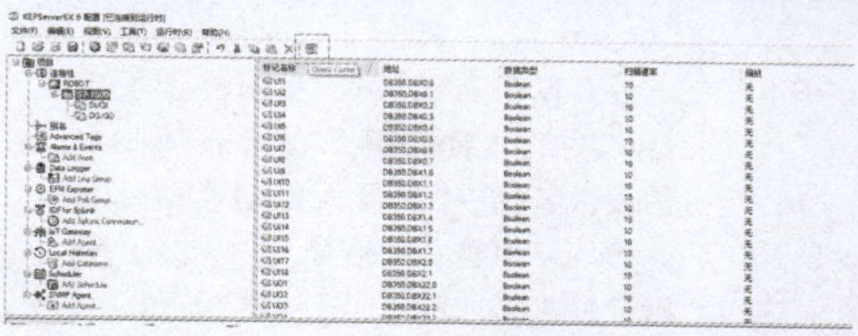 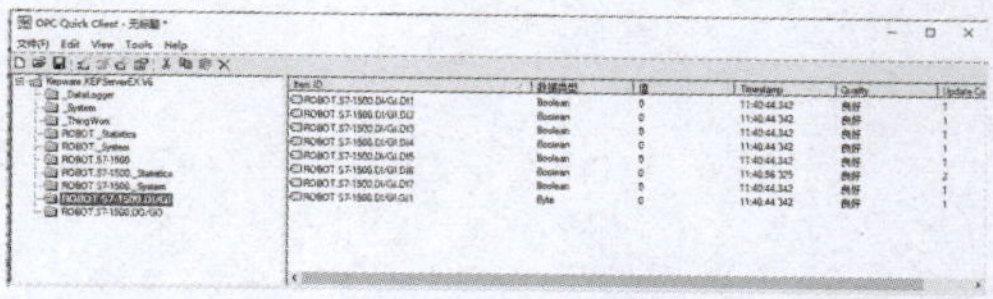
13	打开 ROBOGUIDE，选择“Extermal Devices”外部连接，右键属性“添加外部连接”	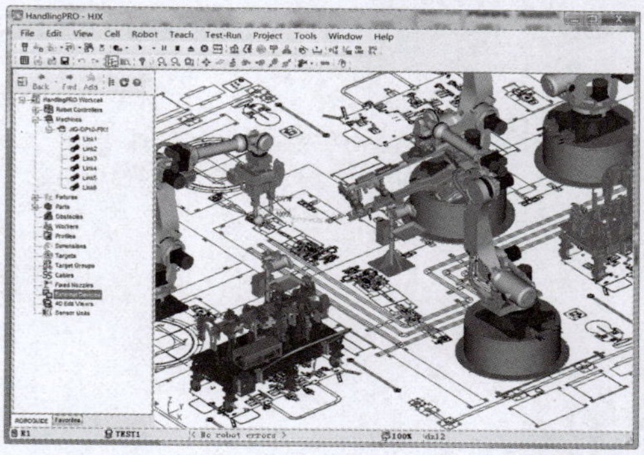
14	在添加外部设备对话框选择“OPC Server”	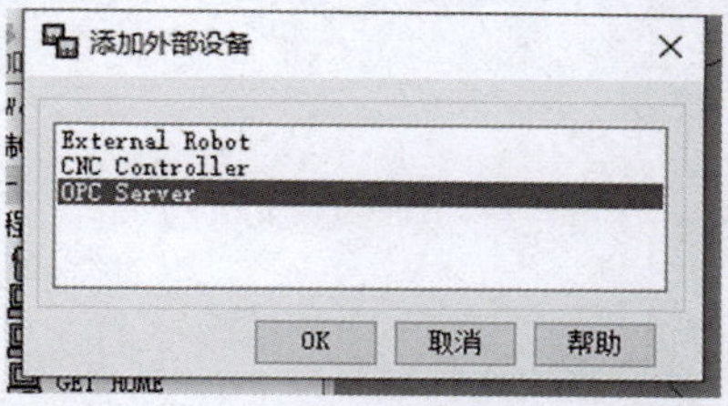 添加外部设备 External Robot CNC Controller OPC Server OK 取消 帮助
15	名称可定义，OPC ProgID 选择 Kepware KepServerEx. V6，然后指定设置选择刚才在 KepServer 中建立的设备，产品/接口选择 Anonymous，监视时间为 100 ms，单击“确定”按钮	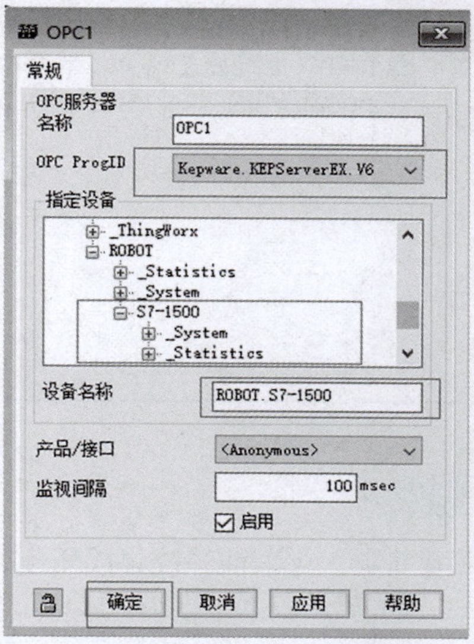 OPC1 常规 OPC服务器名称 OPC1 OPC ProgID Kepware.KEPServerEX.V6 指定设备 _ThingWorx ROBOT _Statistics _System S7-1500 _System _Statistics 设备名称 ROBOT.S7-1500 产品/接口 <Anonymous> 监视间隔 100 msec 启用 确定 取消 应用 帮助

学习笔记

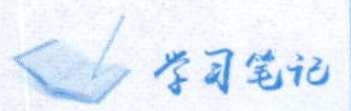

续表

操作步骤	操作说明	示意图
16	外部设备右键属性，单击外部设备I/O连接，里面会显示在Kepserver中的设备名称，将机器人控制器信号与kepServer中建立的信号一一对应。随后设置连接时间，单击“连接”按钮	
17	在机器人示教器设置变量，远程/本地设置“远程变量”，$RMT_MASTER修改为0，设置好调用方式	HandlingPRO6 Robot Controller1 RSR0121 RSR0121 行0 T2 中止TED 世界 100 42/60 40 倍率信号=100时的输出信号 DO[0] 42 远程/本地设置: 44 UOP自动分配: 禁用 48 J7, J8点动键设置: <*详细* > 49 集合名(F1): [STYLE] 50 集合名(F2): [COL] 51 集合名(F3): [*******] 52 集合名(F4): [*******] 53 集合名(F5): [*******] 58 FWD/BWD操作时的检查仿真I/O 禁用 59 AUTO确认信号: DI [0] 60 环境温度: <*详细* > 606/821 589 $REFPOS8 REFPOS81_T 590 $REFPOSMASK [8] of REFPSMSK_T 591 $REFPOSMAXNO [8] of INTEGER 592 $REMOTE 0 593 $REMOTE_CFG REMOTE_CFG_T 594 $REPL_RANGE 0 595 $REPOWER REPOWER_T 596 $RESM_DRYPRG *uninit* 597 $RESTART RESTART_T 598 $RESUME_PROG *uninit* 599 $RE_EXEC_ENB FALSE 600 $RGSPD_PREXE FALSE 601 $RGTDB_PREXE FALSE 602 $RGTRM_PREXE FALSE 603 $RIA_OPTION 1 604 $RINGVERSION *uninit* 605 $RI_AIRPURGE [0] of BOOLEAN 606 $RMT_MASTER 0 607 $ROBOT_ISOLC [4] of INTEGER 608 $ROBOT_NAME *uninit* 609 $ROB_ORD_NUM [8] of STRING[5] [类型]
18	设置好程序调用是PNS启动方式，这样可以进行博途的PLC程序与ROBOGUIDE虚拟焊装线体机器人联调操作	HandlingPRO6 Robot Controller1 RSR0121 RSR0121 行0 T2 中止TED 世界 100 选择程序 2/13 1 程序选择模式: RSR 2 自动运行开始方法: UOP 自动运行检查: 3 原点检查: 禁用 4 恢复运行时位置容差: 启用 5 模拟I/O: 禁用 6 整体倍率< 100%: 禁用 7 程序倍率< 100%: 禁用 8 机器人锁定: 禁用 9 单步模式: 禁用 10 处理准备就绪: 禁用 [类型] [选择]

任务评价

工业机器人焊装线系统集成任务评分，如表9-11所示。

表 9-11　任务评价

序号	考核要点	项目（配分：100 分）	教师评分
1	焊装线工艺布局设计	完成焊装线 OP10L 工位机器人、夹具、抓手、焊枪安装及配置（20 分）	
2	焊装线控制系统网络框架	完成 OP10L 工位的 PLC、机器人、ET200 网络组建（10 分）	
3	OP10L 工位的控制程序编写	完成编写 OP10L 工位的夹具控制 PLC 程序（20 分）	
4	机器人控制 PLC 程序编写	完成编写 OP10L 工位的机器人控制 PLC 程序（20 分）	
5	机器人 ROBOT01 焊接程序编程	完成编写 ROBOGUIDE 的机器人焊接程序（10 分）	
6	焊装线机器人程序与 PLC 虚拟联调	完成博途 PLC 程序与 ROBOGUIDE 机器人虚拟联调（20 分）	
得分			

学习笔记

参考文献

[1] 叶晖. 工业机器人典型应用案例精析 [M]. 北京：机械工业出版社，2013.

[2] 叶晖. 工业机器人工程应用虚拟仿真教程 [M]. 北京：机械工业出版社，2014.

[3] 宋云艳. 周佩秋工业机器人离线编程与仿真 [M]. 北京：机械工业出版社，2017.